RAPPORT

SUR

L'INDUSTRIE LINIÈRE,

PAR

M. THÉODORE MÂREAU,

ANCIEN REPRÉSENTANT.

TOME DEUXIÈME.

PARIS.
IMPRIMERIE IMPÉRIALE.

M DCCC LIX.

INDUSTRIE LINIÈRE.

RAPPORT
SUR
L'INDUSTRIE LINIÈRE,

PAR

M. THÉODORE MÂREAU,

ANCIEN REPRÉSENTANT.

TOME DEUXIÈME.

PARIS.
IMPRIMERIE IMPÉRIALE.

M DCCC LIX.

INTRODUCTION.

Pour opérer méthodiquement, nous croyons devoir commencer par ce qui concerne la Belgique et la Hollande. Dans le principe, notre mission était limitée à l'étude des procédés en usage dans ces deux pays; déjà nous avions recueilli toutes les notes et documents nécessaires pour faire le rapport dont nous étions chargé, lorsqu'on nous confia la mission de compléter, en Angleterre, nos recherches sur l'industrie linière.

En présence des procédés nouveaux introduits en Irlande, en Écosse et en Angleterre, on est fondé à se demander si l'antique usage de préparer les lins à la main, ainsi que les anciens modes de rouissage, ne vont pas disparaître comme tant d'autres industries, dont la mécanique s'est emparée.

Il n'y a peut-être jamais eu de révolution industrielle aussi vaste, aussi radicale, s'attaquant à autant de bras, et à des usages aussi profondément entrés dans le foyer domestique, que celle qu'apporta la filature mécanique du lin. C'est à peine si les traces de la misère qu'elle fit peser sur plusieurs contrées de l'Europe sont effacées; c'est en grande partie à cette révolution industrielle que les Flandres et l'Irlande durent leurs souffrances.

Il était pénible, sans doute, de voir des milliers de familles privées d'une ressource qu'elles n'avaient jamais soupçonné pouvoir leur manquer; mais la filature mécanique, en jetant le trouble dans l'existence de populations nombreuses, apportait aussi ses bienfaits; elle était une amélioration sérieuse, un progrès réel, elle s'est établie pour toujours sur les ruines de sa devancière.

Au nombre des avantages nés de la filature mécanique, nous pouvons citer l'abaissement considérable du prix des tissus de lin mis aujourd'hui à la portée de tous, et le développement qu'a pris la culture de cette plante dans les centres qui savent lui donner une bonne préparation. Chaque nouvel hectare de terre, consacré à la culture du lin et préparé d'après la méthode flamande, assure, en moyenne, pour le rouissage et le teillage seulement, 250 journées de travail.

Qu'on se reporte maintenant aux tableaux statistiques que nous avons fournis dans la première partie de cet ouvrage, et on appréciera, d'un seul coup d'œil, quelle est la somme de travail manuel dont l'existence est mise aujourd'hui en question par les procédés nouveaux. Mais qu'on se rassure; si l'ancienne méthode disparaît, la nouvelle, sans jeter une perturbation aussi grande que celle qu'apporta la filature mécanique, viendra aussi avec ses avantages, et nous croyons ceux-ci susceptibles d'indemniser largement la classe des travailleurs, en même temps qu'ils profiteraient à tous les consommateurs.

Un immense intérêt se rattache à la solution du problème du meilleur mode à employer pour la préparation des lins. Si, comme on en entrevoit la possibilité, l'industrie manufacturière vient à s'emparer de cette branche de travail, elle atteindra une perfection et sera effectuée à des prix inconnus jusqu'à ce jour. De leur côté, les cultivateurs, affranchis de soins minutieux et peu connus du plus grand nombre, pouvant livrer le lin en tiges, sans plus d'embarras que n'en exigent le foin ou la paille, pourront donner une grande extension à cette culture et rendre ainsi, par les sarclages et autres préparations du sol, une abondante main-d'œuvre. Les ateliers de rouissage et de teillage, occupant eux-mêmes un grand nombre de bras, aideraient à rétablir l'équilibre.

La conséquence de ces perfectionnements sera la substitution du lin au coton pour une foule d'usages. Quelle ne sera pas la consommation des tissus de lin, si un jour ils sont offerts aux consommateurs aux mêmes prix et peut-être à des prix inférieurs à ceux du coton ?

La lutte engagée entre les anciens procédés et les nouveaux est assez grave pour que nous apportions tous nos soins à bien faire ressortir le mérite de chacun d'eux ; c'est ce que nous allons essayer de faire dans cette partie de notre travail.

CONCLUSIONS

SUR LES DIVERS MODES DE ROUISSAGE

USITÉS

EN BELGIQUE ET EN HOLLANDE.

CHAPITRE PREMIER.

DU ROUISSAGE DU LIN.

De toutes les préparations que doit subir le lin, celle du rouissage est peut-être la plus importante. Il exerce une très-grande influence sur la qualité, et même sur la quantité de filasse qu'on peut obtenir du lin en bois. Il n'est pas rare de voir des lins provenant de terres excellentes, et dont la culture a été passablement bien traitée, être réduits presque à nulle valeur par le fait d'un rouissage mal exécuté [1].

Nous allons essayer de décrire les divers modes de rouissage usités en Belgique et en Hollande, et nous préciserons, autant que possible, les effets obtenus de chacun d'eux, pour en faire ressortir les avantages ou les inconvénients. Plus loin nous parlerons du rouissage irlandais.

Les lins de la Belgique sont rouis d'après trois systèmes différents :

Le rouissage à l'eau courante ;

Le rouissage à l'eau stagnante ;

Le rouissage sur terre, ou rorage.

---

[1] Dans cette opération, le but qu'on doit se proposer est d'obtenir la filasse la plus pure et la plus abondante, en lui conservant toute la force qu'elle peut avoir. Le lin peut être ou trop ou pas assez roui ; il peut l'être inégalement. Dans le premier cas, le lin perd de son éclat et de sa consistance ; dans le second et dans le troisième, il se travaille difficilement : sa force, sa couleur sont inégales ; il donne plus de perte.

Le mode de rouissage est tantôt déterminé et tantôt imposé, ou par la situation de la localité, ou par la quantité, ou par son état sec ou vert.

Il y a un quatrième mode, mais il est moins usité; il n'est pratiqué que sur la frontière française, dans les environs de Bergues; il tient une sorte de milieu entre les systèmes à l'eau courante et à l'eau stagnante.

§ 1er.

DU ROUISSAGE À L'EAU COURANTE.

Les lins destinés au rouissage à l'eau courante sont traités de diverses manières, d'après leur qualité. Les qualités inférieures sont rouies dans l'année même de la récolte. Les secondes qualités le sont au printemps de l'année suivante, et les qualités supérieures sont soumises à un double rouissage [1].

Voici comment on opère pour les qualités inférieures :

Après avoir cueilli le lin, on le laisse en haie sur le champ jusqu'à ce que la dessiccation soit à peu près complète; alors on bat la graine et l'on met le lin à l'eau. Lorsque le rouissage a atteint le degré jugé convenable, on retire le lin de l'eau et on se contente de le faire sécher. Le lin ainsi traité est celui qu'on appelle *lin vert*.

Les secondes qualités passent l'hiver dans la grange, comme nous l'avons dit plus haut; ces lins ne sont mis à l'eau qu'au printemps, et, lorsqu'ils en sont retirés, on les fait sécher, puis on les étend sur une prairie où ils restent pendant cinq à six jours seulement. Ce sont ceux qu'on désigne sous le nom de *lins à la minute*.

Enfin, les qualités supérieures, comme les secondes, sont mises à l'eau au printemps. On les y laisse plus ou moins longtemps, selon qu'on veut ou non les soumettre à un second rouissage. Dans l'affirmative, on retire le lin avant son complet rouissage, puis, après l'avoir séché, on l'étend sur une prairie, où il

---

[1] Le lin reçoit une qualification particulière, selon le traitement qu'il a subi : il s'appelle lin vert, lin à la minute et lin blanc.

reste pendant environ quatre semaines. Ensuite on rentre ce lin dans la grange pour recommencer la même opération au printemps suivant. Si on renonce à rouir ce lin une seconde fois, on attend, avant de le retirer de l'eau, qu'il ait atteint le degré de rouissage convenable, et on le laisse quatre à cinq semaines sur la prairie avant de le rentrer en grange. Les lins traités de cette façon s'appellent *lins blancs.*

Le rouissage à l'eau courante se fait depuis le mois de mai jusqu'à la fin de septembre; il peut durer de cinq à vingt jours, selon la température et selon la qualité du lin. Les lins qui sont récoltés très-mûrs exigent un plus long rouissage. Les lins de mai, qui sont plus tendres que ceux de mars, ne doivent pas rester à l'eau aussi longtemps que ces derniers.

Les routoirs belges à l'eau courante étaient anciennement des fosses pratiquées sur les bords de la Lys; ces fosses, sans être de grandeur uniforme, avaient généralement 6 à 8 mètres de largeur, sur 12 à 20 de longueur. Elles étaient mises en rapport avec la rivière, à laquelle elles empruntaient un petit filet d'eau, destiné à renouveler sans cesse celle des fosses. D'autres routoirs étaient établis au moyen de barricades formées avec des pieux et des perches qu'on fixait dans la rivière, à quelque distance du rivage. Le lin, placé dans ces routoirs, était maintenu sous la superficie de l'eau au moyen de perches et de bâtons entrelacés et liés ensemble.

Aujourd'hui on a recours à un autre moyen, qui est préférable à beaucoup d'égards; voici en quoi il consiste :

Nous devons dire, tout d'abord, qu'un excellent usage s'est introduit dans les environs de Courtrai, et généralement sur les bords de la Lys; il consiste à avoir des rouisseurs de lin qui font leur état de cette occupation. On comprend tout l'avantage qui doit en résulter : des hommes qui font constamment le même ouvrage le font certainement bien mieux que celui qui ne s'en occupe que pendant quelques jours chaque année.

Les rouisseurs de lin s'établissent sur le bord de la rivière, dans une prairie dont la grandeur est proportionnée à l'importance de leur clientèle. Ceux qui sont bien montés ont des granges qui leur servent à emmagasiner les lins qui sont rouis deux fois. Ces magasins sont utiles, surtout aux fermiers qui sont éloignés des routoirs; ils évitent par là un double transport.

Il est d'usage que les fermiers amènent leur lin au routoir et qu'ils viennent l'y chercher; les rouisseurs n'ont d'autre soin que celui du rouissage à l'eau, et de l'étendage sur le pré, quand il y a lieu.

Les lins sont mis à l'eau dans des ballons. On appelle ballon l'appareil dans lequel les rouisseurs placent leur lin pour le mettre à l'eau. Ces ballons représentent une caisse carrée, sans couvercle, dont le fond et les parois ont plus de vide que de plein; ils doivent avoir environ 1 mètre 20 centimètres de hauteur, sur 4 mètres de long et de large. La dimension de la hauteur est la seule qu'il soit nécessaire d'observer; elle est commandée par la longueur des lins. On peut bien mettre des lins courts dans un ballon plus haut, mais il y aurait de l'inconvénient pour le lin s'il dépassait les bords du ballon qui sont destinés à le maintenir et à le protéger.

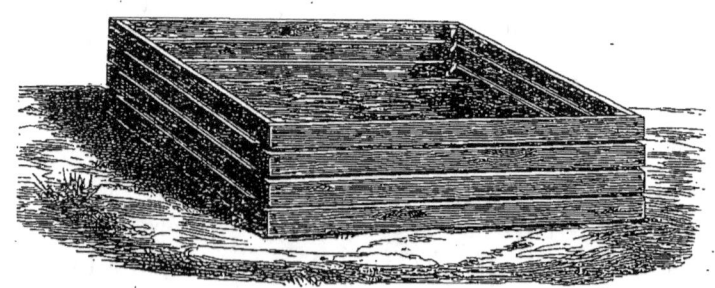

Ceux qui font métier de rouir le lin ont des ballons à contenir 120 bottes, d'environ 5 kilogrammes chaque botte.

Le rouissage se faisant payer un prix uniforme, 6 francs par ballon, chacun de ces ballons devait naturellement avoir la même capacité. Celui qui ferait rouir pour son propre compte serait parfaitement libre d'avoir des ballons plus ou moins grands.

Sauf le cas où le lin serait très-court, chaque botte doit être attachée avec trois liens en paille. C'est dans cet état qu'on le place verticalement dans les ballons. Quoique les eaux de la Lys soient généralement bien limpides, on a cependant soin de garnir de paille les parois verticales des ballons, afin que les corps étrangers, apportés par le cours de la rivière, ne soient pas introduits dans le lin.

Quand le ballon est garni de lin, on met une couche de paille sur le tout. On y place la quantité de planches nécessaire pour maintenir la paille, et, au moyen de pierres, on charge sur ces planches, jusqu'à ce que le ballon soit maintenu sous la surface de l'eau, sans aller cependant jusqu'au fond de la rivière.

On voit, par cet exposé, que la partie de la rivière dans laquelle on veut faire rouir, d'après ce système, ne doit pas avoir moins de 1 mètre 50 centimètres à 1 mètre 60 de profondeur.

Grâce à l'emploi de ces moyens, le lin est mis à l'abri des inconvénients d'un courant trop rapide, l'effet de ce courant étant paralysé par la paille qui garnit les parois du ballon. Les mêmes causes le préservent du limon et autres objets que peut charrier la rivière.

Le lin n'a rien à craindre de la variation du niveau de l'eau, il en suit les mouvements, ce qui ne peut avoir lieu quand le tas repose sur le sol même de la rivière. Enfin, le ballon étant amarré au rivage, on n'a pas à craindre qu'une crue ne l'enlève et le disperse.

Les eaux les plus limpides, dont le courant est modéré et le niveau assez constant, sont les plus propres au rouissage du lin. L'eau limpide donne au lin la couleur blanche qui est toujours très-estimée : un courant trop fort détruirait le lin sans le rouir; les décroissances d'eau, qui laisseraient une partie du lin exposé à l'action de l'air, compromettraient le succès de l'opération. Les conditions favorables que nous venons d'énumérer existent dans la rivière de la Lys; aussi les lins rouis dans ses eaux sont-ils généralement très-beaux. On a remarqué que les eaux de la Lys sont plus favorables au rouissage entre Courtrai et la frontière française qu'entre Courtrai et Gand : la seule raison qu'on en donne, c'est la pureté et la limpidité de l'eau, naturellement plus grandes quand on se rapproche de la source [1].

La durée du temps que le lin doit séjourner dans le routoir n'étant pas déterminée, puisque cela dépend du plus ou du moins de chaleur dont on jouit, il est nécessaire de visiter le lin de temps en temps pour s'assurer s'il est suffisamment roui. Quand l'opération touche à sa fin, il est utile d'y regarder deux fois par jour, car, le rouissage étant terminé, le lin ne doit pas rester une heure de plus dans le routoir, où il perdrait bien vite de sa force. On reconnaît que le lin est assez roui quand la filasse se détache facilement de l'écorce dans toute la longueur de la tige. Pour faire cette expérience, on fait sécher une petite poignée de lin qui a été prise dans le routoir; il serait difficile de juger le lin qui serait encore mouillé.

Quand on a reconnu que le lin est suffisamment roui, on le retire du ballon, et les grosses bottes sont mises debout, sur le bord de la rivière, afin qu'elles puissent s'égoutter. Dans ce moment, le lin est tellement faible, que, si on voulait l'étendre sur le pré, il ne pourrait supporter cette manutention, il se briserait entre les mains comme s'il était entièrement pourri; il retrouve toute sa force en séchant. C'est pour cela, qu'avant de faire l'étendage sur le pré, aussitôt que les bottes ont un peu perdu l'eau qu'elles contenaient, on les délie et on les divise en un certain nombre de poignées qu'on met sur le terrain en forme de cône

---

[1] Les eaux limoneuses ou ferrugineuses conviennent peu au rouissage du lin. Ces dernières ont l'inconvénient de donner une nuance foncée très-difficile à blanchir.

droit. Cette opération se fait facilement au moyen d'un mouvement circulaire et horizontal de la main qui a saisi la poignée de lin par la tête.

Le lin ne reste dans cette position que jusqu'à ce qu'il ait atteint le degré de dessiccation nécessaire pour supporter l'étendage sur le pré. On comprend, d'après cela, que le plus ou moins de temps dépend de la pluie, du vent ou du soleil. Le lin vert, ne devant pas être étendu sur le pré, restera dans la forme conique dont nous venons de parler, jusqu'à parfaite dessiccation.

Nous devons faire remarquer que les poignées de lin, mises en cône pour sécher, ne sont attachées d'aucun lien, et qu'elles sont assez peu épaisses pour que l'air les pénètre également dans toutes leurs parties. L'importance de cette remarque nous est révélée par les inconvénients qui résultent d'un mode presque analogue en usage dans diverses contrées. Voici ce qui arrive :

Quand le lin est roui, on le met en cône sur le terrain, pour le sécher, par poignées qui sont attachées d'un lien; on a bien soin de repousser le lien vers la tête de la botte, mais cela ne suffit pas, parce qu'il y a trop de lin dans la botte. Pendant que l'extérieur se sèche, l'intérieur se pourrit. Le moindre inconvénient qui puisse en résulter est d'avoir des nuances différentes dans la même poignée.

Les comices agricoles qui ont reçu du ministère de l'agriculture et du commerce une des collections d'échantillons de lins que nous avons fournies, pourront reconnaître le défaut que nous signalons dans du lin roui et cultivé en Vendée.

Le lin mis au blanchissage sur le pré doit être étendu en lignes droites et en couches légères. Le lin doit être retourné tous les quatre ou cinq jours. C'est pour la facilité de ce travail qu'il importe que les lignes soient aussi droites que possible. L'ouvrier qui en est chargé passe sous le lin une gaule ou perche légère, longue de 3 à 4 mètres, et retourne, d'un seul coup, tout ce qu'embrasse la longueur de la gaule. Il parcourt ainsi les lignes avec une promptitude d'autant plus grande, que le terrain est plus uni et que l'étendage a été mieux fait.

L'avantage qu'offrent les couches légères, c'est que toutes les parties dont elles se composent peuvent recevoir également l'action de la rosée. On évite ainsi l'inconvénient d'avoir des parties plus ou moins rouies, plus ou moins blanches.

On doit faire en sorte de lever le lin de l'étendage dans un moment où il est bien sec. On le remet en bottes de 4 à 5 kilogrammes, liées avec la paille qui avait déjà servi avant le rouissage. Dans cet état, on le conduit dans la grange, où il doit attendre quelques semaines avant d'être soumis au teillage. On prétend que le lin gagne à ce repos.

Les lins blancs, destinés à un second rouissage, restent dans la grange jusqu'au printemps de la seconde année; on recommence pour eux l'opération que nous venons de décrire.

Nous avons vu que les rouisseurs de lin font payer 6 francs par ballon pour le rouissage à l'eau seulement; quand ils y joignent le blanchissage sur le pré, ils font payer 7 francs de plus; de manière que les qualités supérieures coûtent :

1° Pour deux rouissages...............	12^f
2° Pour deux blanchissages............	14
TOTAL	26^f par ballon.

§ 2.

RÉSULTATS DU ROUISSAGE À L'EAU COURANTE.

Le mode de rouissage que nous venons de décrire est celui qui produit les plus beaux lins connus; ceux qui ont le plus de valeur. Ils sont d'une couleur jaune-blanc; la nuance est d'autant plus claire que les eaux sont plus limpides et que l'étendage sur le pré a été plus prolongé. Ces lins joignent la force à la finesse [1].

---

[1] Il existe en Angleterre une machine servant à éprouver la force comparative des fils. Il a été reconnu que, quand le lin de Courtrai a 90 degrés de force, les lins gris n'en ont que 62.

La qualité dite *lin blanc* a beaucoup d'apparence ; elle laisse voir toute sa beauté ; aussi les préparations qui la déterminent tournent-elles plus souvent au profit du cultivateur qu'à celui de l'acheteur. La qualité dite *à la minute* a moins d'apparence ; souvent elle trompe agréablement l'acquéreur ; il obtient au serançage des produits plus fins qu'il ne l'avait espéré. La troisième qualité, dite *lin vert*, a l'inconvénient de produire une poussière fort désagréable.

Il est peu de contrées en France qui soient plus à même de suivre utilement le mode de rouissage à l'eau courante que nous venons d'expliquer, que celle de la vallée de la Loire.

Les expériences qui ont été faites à diverses époques, par M. Boutron-Lévêque, dans les environs d'Angers, ont démontré que ce beau pays peut produire les meilleures qualités de lin ; il ne reste qu'à perfectionner les moyens de préparation.

Bien que nous pensions que l'usage de rouir à l'eau stagnante est celui qui prévaudra dans beaucoup de localités, nous croyons que celles qui avoisinent la Loire doivent mettre à profit les avantages que la nature leur offre.

§ 3.

DU ROUISSAGE À L'EAU STAGNANTE.

Nous avons vu plus haut que, lorsque les lins étaient destinés au rouissage à l'eau stagnante, il fallait en séparer la graine de la tige aussitôt qu'ils sont cueillis. Cette nécessité naît de celle où l'on est de mettre le lin à l'eau immédiatement, afin d'éviter la fermentation. Quand la mise à l'eau n'a pas lieu dans la journée même de la récolte, cela se fait le lendemain. D'après cela, le rouissage à l'eau stagnante se fait toujours vers le mois de juillet, époque ordinaire de la récolte.

Est-il rigoureusement nécessaire, pour obtenir les effets du rouissage à l'eau stagnante, que les lins soient mis au rouissage aussitôt cueillis ?

Ne pourrait-on pas les laisser sécher sur le sol, comme cela se pratique pour les autres modes de rouissage?

N'y aurait-il pas utilité et amélioration pour le lin s'il était séché et qu'il reposât quelque temps en chaume?

Nous avons été amené involontairement, et sans préméditation, à faire les questions que nous venons de poser, par suite de l'une de nos expériences; cette expérience est renfermée dans celle que nous avons faite à Lokeren, et dont il est rendu compte dans la première partie de ce travail.

Tous les lins qui furent soumis à notre expérience ne furent pas récoltés le même jour : quelques-uns vinrent de loin; les autres étaient pris à la porte. Force fut donc de faire sécher les premiers venus, et ainsi de suite, jusqu'à ce qu'ils fussent tous arrivés au routoir. Les derniers venus eux-mêmes durent être séchés, afin qu'il ne manquât rien à l'identité des soins que devaient recevoir ces divers échantillons.

L'expérience involontaire dont nous rendons compte ici n'a pas été aussi complète que possible, puisque nous n'avons pas soumis à notre routoir et à nos teilleurs des lins verts de même provenance que ceux que nous avions fait sécher; nous le regrettons.

Toujours est-il que notre expérience a démontré :

1° Qu'il n'est pas rigoureusement nécessaire, pour obtenir les effets du rouissage à l'eau stagnante, que les lins soient mis au routoir aussitôt cueillis;

2° Qu'on peut les laisser sécher en haies, comme cela se pratique pour les autres modes de rouissage.

Nous ne prendrons pas sur nous de trancher la troisième question, d'autant qu'on se rappelle que si la plupart des lins préparés à Lokeren ont augmenté de valeur, il en est cependant qui ont perdu en qualité. Il faudrait une ou plusieurs expériences faites avec soin; peut-être arriverait-on à résoudre le problème.

Il est possible que le lin vert se laisse plus facilement pénétrer par l'eau, et que la décomposition du mucilage s'opère plus promptement. Mais, pendant les premières semaines après la récolte, les filaments ne continuent-ils pas à se faire, ne contractent-ils pas un nouveau nerf? C'est ce que la force des lins jaunes permettrait de supposer.

On fait sécher, avant de le rouir, le lin destiné à la fabrication de la batiste et de la dentelle. Pourquoi, si ce procédé est reconnu bon pour le fil de mulquinerie, ne le serait-il pas pour les autres qualités? Dans le Hainaut, où l'on rouit à la rosée, on s'accorde à dire que le lin qui a reposé après la récolte donne des filaments supérieurs en qualité.

En attendant que l'expérience ait démontré quel est le procédé le plus avantageux, nous allons indiquer ceux suivis dans le pays de Waës, d'où sortent les plus beaux lins rouis à l'eau stagnante. Il restera constaté, néanmoins, par les considérations que nous venons de présenter, que, si des raisons venaient s'opposer à la mise immédiate à l'eau de lins destinés au mode de rouissage qui nous occupe, on peut, sans les compromettre, les faire sécher préalablement. Dans tous les cas, la graine ne manquerait pas de se bien trouver de cette disposition.

A mesure que le lin est drégé, il est lié au milieu avec une seule attache faite avec le lin même, en bottes de 16 à 20 centimètres de diamètre.

Les routoirs sont préparés à l'avance. Ils sont pris dans des fossés qu'on divise en raison des besoins. Ainsi, un fossé de 100 mètres de longueur pourra être divisé en quatre, cinq, six ou huit routoirs de grandeurs inégales; chacun est proportionné à la quantité de lin qu'on veut y mettre. Les fossés n'ont pas une largeur uniforme; elle varie de 3 à 5 mètres [1].

Plusieurs jours avant d'apporter le lin au routoir, on a eu soin

---

[1] Dans le cas où l'on devrait se servir d'un routoir nouvellement creusé, on fera bien de le remplir d'eau quelques semaines avant, et, au moment d'y placer le lin, de le vider, le nettoyer et le remplir d'eau nouvelle.

de nettoyer les parois des fossés. Quand cette opération est faite, et qu'au moyen de cloisons en terre ou en planches on a, en quelque sorte, établi chaque routoir, on y jette des petites branches d'aune avec leurs feuilles; quelques-uns y mettent des coquelicots; cela donne une belle nuance bleue au lin.

La couleur bleu-clair ou gris-argenté étant la plus estimée, l'addition de branches d'aune ou de coquelicots est surtout nécessaire dans les routoirs dont le sol est argileux; c'est le moyen de neutraliser la couleur jaune ferrugineuse que le lin ne manquerait pas de prendre dans ces routoirs.

L'eau des routoirs est généralement très-limpide. Beaucoup d'entre eux prennent leurs eaux aux rivières voisines; quelques-uns ne doivent leur existence qu'à l'humidité naturelle du lieu où ils se trouvent. Les premiers sont dans des conditions plus favorables, parce qu'ils règlent, en quelque façon, la quantité d'eau dont ils ont besoin. Cela se fait d'autant plus facilement que plusieurs rivières et ruisseaux du pays de Waës sont soumis au flux et au reflux, par suite de leur proximité de la mer.

La profondeur des routoirs est d'environ 1 mètre. Quand le lin y est placé de la manière que nous allons le décrire, la masse flotte entre la couche de boue dont on l'a recouverte et le fond du routoir. Elle touche les parois du routoir, mais sans compression.

Quand le lin est arrivé au routoir, un ou deux ouvriers se mettent à l'eau et placent les bottes de lin qu'on leur approche de la même manière qu'on arrange les gerbes de blé dans une aire. On commence à l'une des extrémités du routoir; le premier rang de bottes a ses racines le long de la paroi; le second est placé en sens inverse, de manière que les racines de l'un sont sur la tête de l'autre. Tous les rangs qui suivent sont placés la racine vers l'ouvrier qui fait le travail, et superposés de façon que le rang nouvellement placé laisse à découvert la tête du rang précédent, jusqu'au tiers environ de la longueur totale du lin.

Lorsque trois ou quatre rangs de bottes de lin garnissent la largeur du routoir, l'ouvrier, armé d'une pelle, prend la boue qui se trouve au fond du routoir et en recouvre le lin déjà placé; la couche peut avoir 8 à 10 centimètres d'épaisseur. Elle repose directement sur le lin, et est bien étendue sur le tout, moins la partie qui doit servir de point d'appui au rang suivant. On continue ainsi l'opération, en recouvrant de boue à mesure de la mise à l'eau, jusqu'à ce que le routoir soit rempli.

Quand ce travail est fini, la boue dont on a recouvert le lin se trouve à peu près au niveau de la surface de l'eau; son poids est suffisant pour entraîner le lin à cette profondeur, sans néanmoins le précipiter jusqu'au fond. Si les rouisseurs s'aperçoivent qu'il y ait trop d'eau, ils en ôtent; de même que si le lin devait reposer sur le fond du routoir, ils y introduiraient la quantité d'eau nécessaire pour le remettre à flot. Nous avons vu faire ce travail quand il y avait déjà plusieurs jours que le routoir était garni.

Le lin roui d'après ce mode est, en quelque sorte, cuit dans son jus. Il faut qu'il ait assez d'eau, mais il ne lui en faut pas trop. C'est pour cela que les routoirs sont disposés en raison de la quantité de lin qu'on veut leur confier.

Si on se servait d'un routoir qui ne contiendrait pas la boue nécessaire pour recouvrir le lin, on aurait recours à des gazons qu'on enlèverait d'une prairie [1]. Les routoirs du pays de Waës n'ont pas cet inconvénient, surtout ceux qui servent depuis plusieurs années, parce qu'on y laisse, d'une fois à l'autre, la boue qu'ils contiennent.

Ce que nous avons dit, en parlant du lin roui à l'eau courante, sur la nécessité de visiter souvent le lin quand approche la fin de l'opération, est peut-être plus important encore ici que dans le premier cas. On comprend, en effet, quelle doit être l'action du lin agissant sur une faible quantité d'eau qui ne se renouvelle pas. Quelque limpide qu'elle soit au début de l'opération, elle

---

[1] Il faudrait éviter de prendre le gazon dans une prairie dont le sol serait argileux, pour ne pas donner une mauvaise couleur au lin.

est bientôt fortement chargée par la décomposition de la gomme résineuse contenue dans le lin, et par l'action des feuilles d'aune ou de coquelicots qu'on y a ajoutées. La concentration de ces eaux contribue aussi à en élever la température, d'autant plus que cela a toujours lieu dans la saison la plus chaude de l'année. Il faut donc de temps en temps faire ce que nous avons indiqué pour le lin roui à l'eau courante; il faut prendre une poignée de lin, la faire sécher et s'assurer si le rouissage est assez avancé.

On reconnaît que le rouissage s'avance quand le nombre des bulles d'air qui viennent crever à la surface du liquide a beaucoup diminué, et le lin est assez roui quand les filaments se détachent facilement de la tige dans une longueur de 12 à 15 centimètres. Alors on retire le lin de l'eau, en commençant par les bottes les dernières placées. L'ouvrier qui se met à l'eau agite un peu chaque botte dans l'eau du routoir, afin de les dégager le plus possible de la boue qui les recouvre; ensuite il jette les bottes sur le sol voisin, où des ouvriers les placent debout, pour faciliter l'écoulement de l'eau et en rendre ainsi le transport plus facile.

§ 4.

DES ROUTOIRS D'EAU STAGNANTE AU POINT DE VUE DE L'HYGIÈNE.

L'odeur qui s'échappe des routoirs dont nous venons de parler est des plus fortes, surtout dans le moment où les lins en sont retirés. Nous avons personnellement assisté à plusieurs de ces opérations, et il nous a été fort difficile de supporter pendant longtemps l'odeur infecte qu'exhalait l'eau des routoirs et le lin qu'on en retirait. Cependant, les ouvriers occupés à ce travail, quoiqu'en contact immédiat avec le foyer d'infection, ne paraissaient pas en être gênés. Ils paraissaient familiarisés avec cette odeur, que nous trouvions presque suffocante.

En considérant la grande quantité de lin qui est rouie dans le pays de Waës à une même époque, celle où les chaleurs de l'année sont les plus fortes, et en remarquant que la plupart des chemins de cette contrée sont bordés de routoirs, nous avons pensé que cela pouvait avoir une influence fâcheuse sur la santé des habitants, principalement sur la santé de ceux qui se livrent aux travaux du rouissage. Nous avons, en conséquence, pris des renseignements sur les effets que pouvait produire le rouissage du lin dans les communes où il est le plus répandu. On nous a généralement affirmé qu'on ne s'apercevait pas qu'il y eût plus de malades à l'époque du rouissage que dans les autres temps de l'année. Nous reproduisons ici trois fois la même question faite dans le cours de l'enquête belge, sur des points différents, et les réponses qu'elles ont obtenues :

Le rouissage du lin est-il insalubre? Non. Quand on rouit dans des fossés, il y a une mauvaise odeur.

Le rouissage du lin est-il insalubre? Non, il est antiputride. Il a préservé du choléra; le poisson seul en souffre.

Le rouissage du lin est-il insalubre? Il exhale une mauvaise odeur, mais je ne vois ni hommes ni bestiaux malades. On fait boire aux bestiaux de l'eau où l'on a roui du lin.

Nous avons en France une contrée qui ressemble, à beaucoup d'égards, à la Hollande; les routoirs n'y sont pas moins nombreux que dans le pays de Waës, et la forme en est presque la même, dans ce sens que le rouissage du lin et du chanvre se pratique dans des fossés dont l'eau est presque stagnante. C'est dans la Vendée que se trouve le pays dont nous parlons. Nous nous sommes renseigné, sur les lieux-mêmes, à un honorable médecin qui a bien voulu nous donner des détails sur ses observations, fruit de dix-huit années de pratique. Il en résulterait, 1° que le bétail et même les hommes pourraient boire impunément de l'eau qui se trouve en contact immédiat avec celle des routoirs; 2° que les émanations des routoirs seraient un préservatif contre le choléra morbus. (*Voir, annexe n° 1, la lettre de M. Biré.*)

La culture du lin est probablement appelée à prendre un

grand développement, et le rouissage à l'eau stagnante, celui qui répand l'odeur la plus infecte, étant susceptible d'être pratiqué sur une vaste échelle, à cause des avantages qu'il offre, nous croyons utile d'entrer dans des détails circonstanciés sur cette intéressante question, pour prémunir contre l'opinion généralement répandue qu'il y a dans cette opération un véritable danger pour la santé publique.

Chacun sait de combien de lois, d'ordonnances et de tracasseries le rouissage du lin et du chanvre ont été l'objet, à toutes les époques et dans tous les pays, surtout quand il s'agissait de l'opérer dans le cours des rivières.

Des rapports nombreux, souvent dus à des sociétés savantes, se sont accordés pour signaler le rouissage du lin et des chanvres comme une cause d'insalubrité et nuisible à l'hygiène publique; quelquefois la conservation du poisson a suffi pour les motiver.

M. Parent-Duchatelet étant celui qui a apporté le plus de lumières sur ce sujet de l'hygiène publique, nous allons rendre compte succinctement de son important travail; et, comme nous croyons ne pas pouvoir réduire en peu de lignes tous les faits qu'il établit, avec la clarté et la précision qui leur sont particulières, nous renverrons à la lecture de son œuvre, que nous joignons textuellement, sous le numéro 2, à nos pièces justificatives.

M. Parent-Duchatelet, pour s'éclairer sur la question de l'influence du rouissage sur la santé publique, question qui avait donné lieu à tant d'ordonnances diverses et à une infinité de livres, tous empreints des préjugés populaires, toujours vivants dans les campagnes, entreprit de faire le dépouillement de tous les auteurs qui avaient traité de ces matières avant lui, et de rapprocher et comparer leurs opinions. Ce travail n'ayant pu fixer son jugement, il se mit immédiatement à l'œuvre pour résoudre ce problème par une voie nouvelle, mais plus sûre, celle des expériences directes.

Ces expériences ont été faites pendant deux années consécutives et présentent toutes le degré d'évidence que permet d'obtenir un travail de laboratoire.

M. Parent-Duchatelet réduit à quatre points principaux tout ce qui a été dit sur les routoirs, et, comme il le suppose indécis, il en fait le titre des quatre paragraphes suivants, qui font le sujet spécial de son travail :

« § 1. — L'eau dans laquelle on fait rouir le lin ou le chanvre « contracte-t-elle des propriétés malfaisantes et capables de nuire « à la santé de ceux qui s'en servent comme boisson ?

« § 2. — L'eau dans laquelle on fait rouir le lin ou le chanvre « nuit-elle véritablement au poisson ?

« § 3. — Le chanvre et ses préparations diverses agissent-ils à la « manière des narcotiques et des purgatifs ?

« § 4. — L'air, chargé des émanations du lin et du chanvre, « peut-il nuire à la santé de ceux qui le respirent ? »

Le premier de ces paragraphes a donné lieu à treize différentes expériences qui ont montré :

1° Que les petits oiseaux et les gallinacés pouvaient prendre impunément, et pendant un temps fort long, des macérations très-chargées de chanvre ;

2° Qu'il en était de même pour les cochons d'Inde ;

3° Que l'usage de cette macération ne nuisait pas à l'accroissement des jeunes animaux. Ces mêmes essais répétés avec des feuilles et des tiges de chanvre vert, dont la macération répand une odeur tout autrement putride que celle qui est due au chanvre parvenu à sa maturité, il a trouvé :

1° Que certains herbivores ne peuvent supporter cette macération concentrée ;

2° Que des coqs, parvenus à leur croissance, peuvent très-bien engraisser en ne buvant que cette macération et ne mangeant que du grain qu'on y a fait gonfler ;

3° Que la même boisson et la même nourriture ne contrarient pas l'accroissement des jeunes poules ;

4° Enfin qu'elle n'est pas plus nuisible à l'espèce humaine qu'aux animaux et aux oiseaux, et il conclut du fait qui concerne l'humanité, que, si l'homme peut prendre impunément des doses énormes de cette macération,

1° Tout ce qu'on a débité à ce sujet sur de prétendus accidents et de prétendues épizooties, n'était probablement qu'un jeu de l'imagination, et nullement le fruit de l'observation;

2° Qu'on peut, sans danger, conduire les bestiaux dans les lieux où on fait rouir le chanvre, et que, quelle que soit la masse de chanvre accumulée dans un endroit quelconque, l'eau qui le baigne ne nuira pas à ces bestiaux, si toutefois ils ne répugnent pas à la boire : depuis longtemps l'expérience des agriculteurs leur avait appris cette vérité;

3° Qu'on peut, sans inconvénient, recevoir et introduire, dans les bassins destinés à l'approvisionnement des villes, dans les tuyaux répartiteurs, l'eau des ruisseaux dans lesquels on aura fait macérer des chanvres; que la présence des produits du rouissage peut tout au plus nuire à la sapidité de l'eau, et qu'à cet égard les sens du goût et de l'odorat sont les meilleures règles à suivre pour savoir ce qu'il convient de faire. Les animaux et l'homme peuvent prendre intérieurement avec impunité des doses considérables de matière parvenue à une putridité qui n'existe pas dans la nature et qu'il faut faire naître artificiellement.

Le second paragraphe : « l'eau dans laquelle on fait rouir le chanvre nuit-elle véritablement au poisson ? » a nécessité dix-sept expériences. Voici en quels termes M. Parent-Duchatelet parle de leur résultat:

« On a accusé le chanvre de tuer le poisson : ce fait est con-
« firmé par mes expériences, mais cette mort est-elle occasionnée
« par un principe délétère et toxique, particulier et inhérent au
« chanvre ? C'est ce que ces mêmes expériences sont loin de dé-
« montrer. »

Il résulte, en effet, de ces expériences qu'un grand nombre de corps ont la propriété de transmettre à l'eau des principes qui, s'il sont concentrés, peuvent tuer le poisson et les autres animaux d'une conformation analogue à la leur. Les feuilles de saule, d'aune et de peuplier, et plus encore l'écorce de ces arbres, sont nuisibles au poisson. Le choux, et même l'humble foin sont, à doses égales et dans les mêmes conditions, plus nuisibles au poisson que le chanvre lui-même.

Si l'on compare maintenant la masse de chanvre que l'on fait rouir dans les étangs et dans les rivières à la masse des feuilles d'aune, de saule et de peuplier qui y tombent en été et en automne, on verra s'il est juste d'attribuer au lin ou au chanvre la mort de quelques poissons que l'on voit flotter, dans les temps chauds, sur nos étangs et sur nos rivières.

Il paraît qu'on est encore dans une ignorance complète sur la pathologie des poissons; les causes des épizooties qui les attaquent quelquefois sont entièrement inconnues; ils meurent sans qu'on sache pourquoi.

L'usage où l'on est, dans divers pays, d'appâter le poisson avec du chanvre, ne prouve-t-il pas contre les propriétés nuisibles attribuées à ce dernier? Si le poisson en meurt, n'est-ce point par l'excès d'une bonne chose, comme feraient les liqueurs fortes sur un homme qui en abuserait[1]?

Le troisième paragraphe : « le chanvre et ses préparations agissent-ils à la manière des narcotiques et des purgatifs? » a donné lieu à six expériences. Elles ont eu pour résultat qu'il restait encore beaucoup d'obscurité sur cette partie de l'histoire naturelle.

Enfin, quatorze expériences ont été consacrées au quatrième paragraphe : « l'air, chargé des émanations du chanvre, peut-il nuire à la santé de ceux qui le respirent?

M. Parent-Duchatelet a fait ses premières expériences sur

---

[1] Ce qui vient à l'appui de l'opinion que nous émettons ici, c'est une note de l'honorable M. Dalbis du Salze, représentant du peuple; elle figure aux pièces justificatives sous le n° 3.

lui-même, sur les membres de sa famille et enfin sur d'autres sujets.

« Voilà huit personnes, dit-il, en exposant les résultats, un « homme de quarante ans, trois femmes de vingt-quatre à qua-« rante, une petite fille de huit ans, deux garçons de trois à quatre « ans, et un autre de quinze mois, qui peuvent s'exposer impu-« nément aux émanations du rouissage ; plusieurs d'entre eux s'y « exposent pendant trois, quatre et cinq nuits de suite ; je pourrais « même ajouter pendant autant de jours, car, comme la pièce desti-« née à ces expériences était mon laboratoire, je m'y étais installé « pour y travailler dans la journée ; je dois ajouter que l'air de « cette pièce ne se renouvelait pas, car j'avais eu soin de fermer « les trappes qui se trouvaient dans les cheminées ; il n'y avait de « communication avec l'air extérieur que par le tuyau du poêle. »

Il est à remarquer aussi que les fièvres intermittentes, dont plusieurs des sujets soumis aux expériences étaient affligés dans leur jeunesse, n'ont pas été rappelées chez eux par les émanations du chanvre.

Après ces expériences, il reste démontré, par M. Parent-Duchatelet, que l'on a attribué, aux routoirs et au chanvre, des influences fâcheuses qui sont dues aux localités dans lesquelles on fait rouir plus communément le lin et le chanvre. On ne doit pas perdre de vue, en effet, que le rouissage se fait ordinairement dans les marais, dans les fossés, dans les petites rivières qui coulent au milieu des prairies, et l'on ne peut pas révoquer en doute l'action de ces localités dans l'arrière-saison, justement au moment où s'opère le rouissage. Sans doute, si les émanations des marais eussent été odorantes et désagréables par leur fétidité et que, par contre, celles du chanvre n'eussent indiqué leur présence ni par la couleur ni par l'odeur, on ne se serait pas trompé sur leur action respective, et on n'aurait pas attribué aux unes ce qui était probablement dû aux autres.

Nous espérons que, quelque longs que soient les détails dans lesquels nous sommes entrés à l'occasion de l'insalubrité prétendue des routoirs, on ne nous en saura pas mauvais gré. Il faut se rappeler que l'un des motifs invoqués en faveur du nouveau mode de rouissage est qu'il n'a rien d'insalubre, tandis qu'on donne à entendre que l'ancien système est dangereux pour la santé publique. Nous avons, du reste, promis de dire tout ce que nous saurions pour ou contre chacun des deux systèmes qui sont en présence.

Nous reprenons la suite des opérations qu'exige le rouissage à l'eau stagnante.

Après avoir retiré le lin du routoir et l'avoir laissé debout pendant une demi-journée ou un jour tout au plus, on le conduit sur le terrain où l'on veut le blanchir. Si le temps était très-pluvieux, on serait forcé d'attendre; il faut faire l'étendage des lins par un temps sec. Il est vrai qu'une heure de beau temps suffit pour préserver le lin du dommage que lui causerait une averse au moment de l'étendage, alors que les tiges sont encore sous le coup de l'affaiblissement qu'elles prennent au rouissage.

Une prairie dont l'herbe est courte est ce qui convient le mieux pour blanchir le lin. On se trouve très-bien aussi d'un étendage fait sur un jeune trèfle. Il en est même qui étendent sur le sol nu; dans ce cas il faut éviter de se servir d'un terrain ferrugineux: il aurait une action fâcheuse sur la couleur et la qualité du lin.

Si l'étendage a lieu sur une prairie, le lin n'a pas besoin d'y rester aussi longtemps que sur le sol nu. On peut établir à peu près cette proportion : trois semaines sur une prairie et quatre semaines sur un terrain sec. La cause de cette différence est attribuée à l'humidité que retient une prairie. Dans tous les cas, un temps pluvieux avance le blanchissage et un temps sec oblige à le prolonger.

L'étendage du lin roui à l'eau stagnante se fait de la même manière que pour celui qui a été roui à l'eau courante, c'est-à-dire qu'il doit être en lignes droites et en couches peu épaisses.

On le retourne de la même manière et par le même moyen en usage pour le lin roui à l'eau courante.

Les signes qui servent à reconnaître que le blanchiment sur le pré est assez avancé sont, pour le lin à l'eau stagnante, les mêmes que pour celui qui est roui à l'eau courante; il faut que les filaments se détachent assez facilement dans la longueur de la tige.

§ 5.

QUELS SONT LES AVANTAGES ET LES INCONVÉNIENTS QUI RÉSULTENT DU MODE DE ROUISSAGE QUE NOUS VENONS DE DÉCRIRE?

Le lin roui à l'eau stagnante est plus moelleux que celui qui est roui à l'eau courante; il donne un fil et une toile qui se blanchissent facilement. Après les belles qualités de lin de Courtrai, celui du pays de Waës, roui à l'eau stagnante, est celui qui a le plus de valeur: il se prête admirablement bien aux exigences de la filature mécanique; aussi cette qualité est-elle celle qui a le plus profité de la création de la nouvelle industrie. Alors qu'on ne filait qu'à la main, on négligeait la différence de facilité de filature qui existe entre le lin blanc et le lin gris, on ne faisait cas que de la force qui caractérise le lin roui à l'eau courante; la différence de prix était plus sensible qu'aujourd'hui. Quand la filature mécanique a besoin de numéros de fils extra-fins, c'est au lin roui à l'eau stagnante qu'elle s'adresse.

L'un des caractères distinctifs du rouissage à l'eau stagnante est que le lin est roui vert et sans délai après la récolte. Il en ressort cette différence dans le résultat, c'est qu'au lieu de reposer longtemps en grange, comme le lin blanc, il peut être immédiatement préparé et mis en vente. Dans le cas où un cultivateur aurait à choisir entre les deux modes de rouissage, il aurait encore à examiner quel est celui qui est le plus favorable à ses intérêts, en combinant la dépense avec le prix qu'on obtient de l'une et de l'autre qualité.

On s'accorde à reconnaître que le lin roui à l'eau stagnante donne plus de poids que celui qui l'est à l'eau courante, la différence est d'environ 6 à 8 p. o/o. Ce résultat n'a rien que de très-naturel : l'eau stagnante laisse dans le lin bien des molécules que l'eau courante en détache ; de là vient la différence. Toutefois c'est une différence dont le cultivateur doit tenir compte, par la raison fort simple qu'il doit vendre son lin au kilogramme.

En parlant de l'odeur désagréable produite par les routoirs d'eau stagnante, nous avons signalé un de leurs principaux inconvénients. Nous devons ajouter que l'eau de ces routoirs doit être changée chaque fois qu'on veut y mettre de nouveau lin. Pour donner une idée du prix qu'on attache à un bon routoir, de celui dont le sol n'est ni argileux ni ferrugineux, nous ferons savoir qu'on paye jusqu'à 40 francs pour rouir le produit d'un hectare.

§ 6.

DU ROUISSAGE SUR TERRE.

C'est dans la province du Hainaut, dans celle de Namur et dans les environs de Grammont et de Ninove que le rouissage à la rosée est le plus en usage.

Il est nécessaire que le lin qu'on veut rouir sur terre soit préalablement séché. Ce résultat s'obtient en mettant le lin en haies de la même manière que pour celui qui doit être roui à l'eau courante. Trois semaines suffisent ordinairement pour obtenir une dessiccation convenable. Sans cette opération il y aurait une réduction de poids considérable. Quand le lin est sec, on bat la graine et on étend ensuite le lin, soit sur un pré, soit sur un jeune trèfle ; ce dernier est généralement préféré.

Il y a des cultivateurs qui, au lieu de rouir immédiatement leur lin, le mettent en grange et attendent le mois de février suivant. De cette manière on obtient un lin plus blanc et meilleur ; on l'appelle *lin de mars*.

Le rouissage sur terre exige ordinairement de quatre à six semaines.

Toutes les précautions que nous avons déjà indiquées sur la manière d'étendre le lin, et pour le retourner pendant le temps du rouissage, s'appliquent également au mode dont nous nous occupons en ce moment. S'il devait y avoir une qualité de lin plus soignée que les autres pendant qu'il blanchit sur le pré, ce devrait être le lin roui à la rosée, puisque c'est la seule opération qu'il subit; il importe donc qu'elle soit aussi bien faite que possible. La perfection en ce genre est de faire que toutes les parties soient également soumises aux influences atmosphériques.

Nous avons dit, en commençant ce chapitre, que le mode de rouissage était tantôt déterminé et tantôt imposé. Voici les motifs sur lesquels s'appuient les Wallons pour justifier le mode de rouissage qu'ils ont adopté :

Les uns disent : la qualité de notre lin ne se prêterait pas au rouissage à l'eau; les autres donnent pour raison l'étendue de leur exploitation et la grande quantité de lin qu'ils cultivent; ils reconnaissent la supériorité du rouissage à l'eau; mais ils font remarquer qu'ils manqueraient de bras pour traiter leur lin d'après ce système. Enfin, il y en a qui vont jusqu'à prétendre que le rouissage à la rosée donne plus de qualité au lin que les divers modes de rouissage faits à l'eau. Voici ce qu'ils disent à l'appui de leur opinion : « Quand on a lessivé le fil qui provient
« de ce lin, il devient plus fin, et en se resserrant il acquiert de la
« force. Il en est de même pour les toiles : elles prennent de la
« finesse au blanc; les lins rouis à l'eau fournissent un fil qui gagne
« peu de finesse au blanchiment. Un quatrième avantage, qui res-
« sort du rouissage à la rosée, c'est que le cultivateur obtient beau-
« coup plus de poids que par les autres modes. »

Quand les cultivateurs wallons et ceux qui les imitent disent que leur lin ne supporterait pas le rouissage à l'eau, ils sont dans l'erreur : l'expérience que nous en avons faite à Lokeren prouve le contraire. Ceux que nous avons traités par le rouissage à l'eau ont gagné 30 à 33 p. o/o de valeur. Cet exemple n'est pas le seul; d'autres expériences plus concluantes encore ont été faites à diverses reprises.

La seconde raison qu'on invoque est plus sérieuse; les fermes sont beaucoup plus étendues, dans les provinces du Hainaut et de Namur, qu'elles ne le sont dans les Flandres. La culture du lin s'y fait plus en grand, et les bras sont rares. Il serait, dès lors, difficile de donner des soins aussi minutieux que ceux que donnent les Flamands, beaucoup plus soigneux, du reste, que leurs voisins. C'est probablement là la véritable cause qui a déterminé la préférence qu'on donne au rouissage sur terre.

La manière dont on explique la supériorité du fil et de la toile provenant de lin roui à la rosée est le meilleur moyen, à notre sens, d'en constater l'infériorité. On dit: Le fil et la toile provenant de lin roui à la rosée prennent beaucoup de finesse au blanchiment. (Cela est vrai; notre expérience nous l'a appris.) On ajoute: Le fil, en se resserrant, devient plus fort. Nous contestons cette dernière assertion. Si le fil, en devenant plus fin et en se resserrant, ne perdait pas de son poids, l'opinion émise en faveur du rouissage à la rosée pourrait être vraie; mais il n'en est rien. Le blanchiment de ce fil occasionne un déchet qui atteint environ 25 à 30 p. o/o. Il en est de même de la toile; si elle a été fabriquée avec du fil écru, quelque forte qu'elle paraisse en cet état, vous aurez toujours une toile creuse et légère après le blanchiment.

Qu'est-ce donc que cette perte considérable de poids, si ce n'est la disparition, par l'opération du blanchissage, des corps étrangers aux filaments que n'a pu enlever un rouissage trop imparfait? Cela explique parfaitement l'excédant de poids que les cultivateurs obtiennent par le rouissage à la rosée. Cela explique aussi comment le fil provenant de lin roui à l'eau perd peu de son poids et prend peu de finesse au lessivage; c'est qu'il a déjà subi une sorte de lessivage dans l'eau qui l'a roui, et qu'il ne conserve que des filaments purs. Ce qui prouve notre assertion, c'est que les lins rouis à l'eau courante perdent moins que ceux rouis à l'eau stagnante; ils ont été plus épurés.

§ 7.

EFFETS DU ROUISSAGE SUR TERRE.

Les lins rouis sur terre valent depuis 30 jusqu'à 50 p. o/o de moins que les mêmes sortes rouies à l'eau. Les cultivateurs qui croiraient trouver une compensation du bas prix de leur lin dans l'excédant de poids seraient dans l'erreur. L'abaissement du prix n'est pas le seul inconvénient qui soit inhérent à ce mode de rouissage. La réussite du rouissage sur terre est beaucoup plus incertaine que celle des autres modes; elle dépend presque exclusivement de l'inconstance de la température. Les résultats sont plus inégaux et plus incertains. La filasse qui en provient a moins de force; elle est de plusieurs couleurs; elle a des taches d'un brun plus ou moins foncé, causées par les parties ferrugineuses du sol, taches toujours très-difficiles à blanchir. Il n'y a donc lieu de recourir à ce mode que lorsque la situation des localités ne permet pas d'en pratiquer d'autre.

Ce qui vient corroborer l'opinion que nous émettons ici, c'est que les lins rouis sur terre sont de plus en plus délaissés, malgré leur bas prix. Ce qui le confirme encore, c'est que la culture diminue dans les contrées qui suivent cet usage, tandis qu'elle s'accroît sans cesse dans les autres pays, encouragée qu'elle est par une augmentation de prix presque constante.

§ 8.

ROUISSAGE DU LIN EN HOLLANDE.

On trouve en Hollande du lin de deux couleurs différentes : le lin bleu et le lin jaune. C'est uniquement au mode de rouissage qu'est dû ce résultat.

Le pays de Brielle, la Zélande et la Frise fournissent du lin blanc-jaune. Le rouissage, dans ces contrées, se fait de la manière suivante :

Le lin, après avoir été séché et que la graine en a été enlevée, est mis en grosses bottes de 5 à 6 kilogrammes. Ces bottes sont mises dans des routoirs qui ont beaucoup d'analogie avec ceux qu'on trouve sur le bord de la Lys, en Belgique ; mais, au lieu d'être entassées comme cela se fait dans les ballons que nous avons décrits plus haut, ou à la façon des lins rouis dans l'eau stagnante, elles flottent librement à la surface, de manière que, tandis qu'une partie du lin est dans l'eau, la partie qui surnage est exposée aux rayons du soleil. Les rouisseurs ont soin de venir chaque jour tourner les bottes, afin que toutes les parties soient successivement soumises à l'action de l'eau. Les bottes sont tournées dans l'eau au moyen d'une perche qui porte un crochet à l'une de ses extrémités.

Ce rouissage, comme les autres rouissages à l'eau dont nous avons parlé, dure de 5 à 20 jours, selon la température et la force du lin.

Quand on juge que le lin est assez roui, on le retire et on l'étend sur le sol pendant quelques semaines, jusqu'à ce qu'il ait été lavé par les eaux pluviales ; cette condition est nécessaire, l'eau des routoirs, dans ces contrées, étant toujours salée dans une proportion plus ou moins grande.

La qualité des produits prouve que cette manière de rouir est inférieure à celle employée sur les bords de la Lÿs ; elle tient une sorte de milieu entre l'eau courante et l'eau stagnante, sous le rapport du volume d'eau auquel le lin est soumis.

C'est dans une partie des provinces de la Hollande méridionale, de la Gueldre et du Brabant septentrional, qu'on produit les lins de nuance bleue. Le rouissage, dans ces provinces, se fait à l'eau stagnante, de la même manière qu'il est pratiqué dans le pays de Waës. Nous ne reviendrons donc pas sur le détail de ces opérations; nous nous bornerons à signaler en quoi elles peuvent différer. Ce n'est qu'à partir du moment où le lin est retiré de l'eau qu'il reçoit, dans les provinces que nous venons de désigner, une préparation différente de celle usitée dans le pays de Waës. Au lieu de blanchir le lin par un étendage sur le pré, on se contente de le faire sécher. Les cultivateurs prétendent qu'ils ne pourraient faire blanchir des quantités de lin aussi considérables que celles qu'ils récoltent.

Le lin traité de cette façon conserve une couleur plus noire que celui du pays de Waës; la nuance est gris-bleu au lieu d'être gris argenté. L'odeur est plus forte et la perte plus considérable, dans les opérations subséquentes. Les qualités sont généralement inférieures à celles de Belgique.

Le rouissage hollandais a un autre inconvénient; c'est que fort souvent les teilleurs sont obligés de faire sécher leur lin sur le feu, avant de le soumettre au teillage. Cela peut tenir à deux causes; les eaux saumâtres du pays y sont peut-être pour quelque chose; mais, peut-être aussi, la dessiccation n'est-elle pas aussi parfaite quand les pluies ou la rosée n'ont pas enlevé au lin les parties étrangères qu'il contient encore en sortant du routoir.

On rencontre en Hollande un certain nombre de routoirs pratiqués dans des tourbières. L'expérience a démontré que le rouissage est plus prompt dans ces sortes de routoirs; six jours, en moyenne, suffisent ordinairement. Les lins provenant de ces routoirs conservent une nuance d'autant plus foncée qu'on est dans l'usage de les sécher, comme il est dit plus haut, sans les blanchir sur le pré.

CHAPITRE II.

§ 1er.

DU TEILLAGE.

L'opération du teillage est celle qui succède au rouissage. Elle consiste à séparer la partie filamenteuse ou filasse, du lin, de la tige ligneuse de cette plante.

Les meilleurs procédés de teillage sont ceux avec lesquels on obtient le plus de lin, dans un temps donné, et le moins de déchet. Cette opération bien dirigée a aussi une grande influence sur la qualité du lin. Pour s'en convaincre, il suffit de savoir qu'il y a, en Belgique, des hommes dont le commerce consiste à fréquenter les marchés de lin, pour y acheter ceux qui n'ont pas été autant travaillés que la force et la finesse de leurs filaments le permettent.

Il n'est pas rare de voir ces fabricants de lin augmenter d'un tiers, et quelquefois du double, la valeur des parties qu'ils ont soumises à une nouvelle manipulation.

Les tentatives faites dans divers pays pour diminuer les frais de teillage et en augmenter le rendement ont été nombreuses et souvent inutiles. Avant de parler des divers moyens mécaniques actuellement employés en France ou à l'étranger, nous allons essayer de décrire les moyens pratiques de teillage belge et hollandais.

§ 2.

TEILLAGE DU LIN EN BELGIQUE ET EN HOLLANDE.

En Belgique et en Hollande on teille de deux manières : à la main et au moulin. Les hommes et les femmes sont également utilisés pour ce travail, surtout lorsqu'il s'agit du teillage à la main.

Quel que soit le mode du rouissage auquel ait été soumis le lin qu'on veut teiller, il est traité avec les mêmes instruments et de la même façon. Seulement il est d'usage, pour les lins fins de Courtray, de les laisser reposer pendant plusieurs mois après le rouissage. Il convient aussi de laisser quelques semaines de repos aux lins rouis à l'eau stagnante. Cependant il ne paraît pas que ces derniers gagnent autant au magasinage que le font ceux rouis à l'eau courante. Il y a plus, c'est que les lins rouis à l'eau stagnante perdent de leur qualité par un trop long séjour en magasin ; ils doivent être teillés dans le cours de l'hiver ou du printemps qui suit leur récolte.

La première opération du teillage belge consiste à briser la paille du lin ; ce travail se fait ordinairement dans la grange où la récolte a été emmagasinée.

L'ouvrier délie une gerbe de lin, et il la divise en poignées ; ces poignées ne doivent pas être trop fortes, afin que le teilleur puisse en maintenir une facilement sur le sol, en mettant le pied sur la tête des tiges, tandis que le pied du lin forme une ligne demi-circulaire qui représente assez bien un éventail. Le lin étant ainsi disposé en couche légère, étendu avec régularité sur une aire plane, est soumis à l'action d'un maillet cannelé, en bois de noyer, dont l'ouvrier est armé et avec lequel il frappe sur le lin, sur le pied d'abord, puis sur la pointe, enfin sur le milieu des tiges, jusqu'à ce que la paille en soit bien brisée. La planche I donne la forme du maillet en usage. Après cette première opération, l'ouvrier doit secouer les poignées de lin pour en détacher les impuretés et les débris de bois, ensuite il le remet en paquets.

Pl. I.

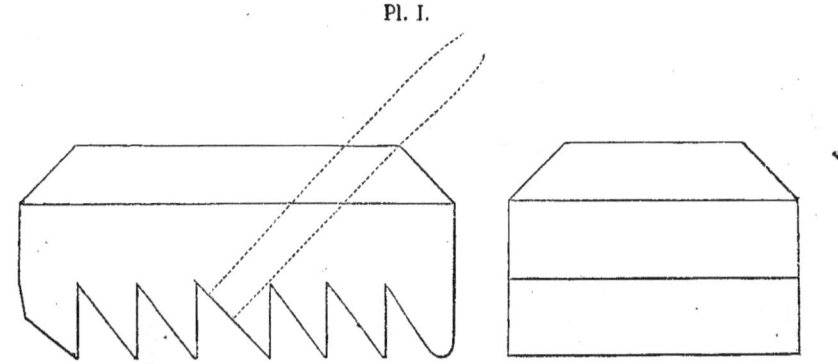

Le lin gagne de la qualité quand on le laisse reposer pendant quelques semaines après l'avoir maillé, c'est-à-dire après en avoir brisé la paille; il est donc bon de le remettre en bottes et en magasin avant l'opération du teillage.

L'écang est l'outil auquel on soumet le lin après que la paille en a été brisée par l'opération du maillage. L'écang est une sorte de hachoir ou couperet plat et mince, muni par le haut d'une tête qui est destinée à lui donner de la volée; le manche est court, fixé sur une des faces du couperet par des chevilles en bois. Les écangs sont ordinairement en bois de noyer, d'une épaisseur d'environ 5 millimètres; leur poids total ne dépasse pas 500 à 600 grammes; les planches II représentent cet outil sous ses divers aspects.

Pl. II.

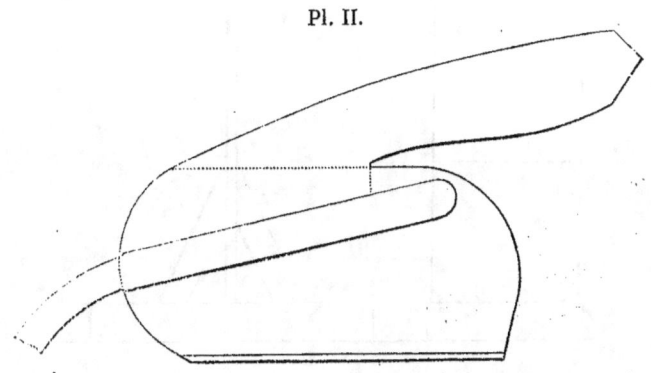

Pl. II. (Suite.)

La figure III représente la planche à écanguer.

Pl. III.

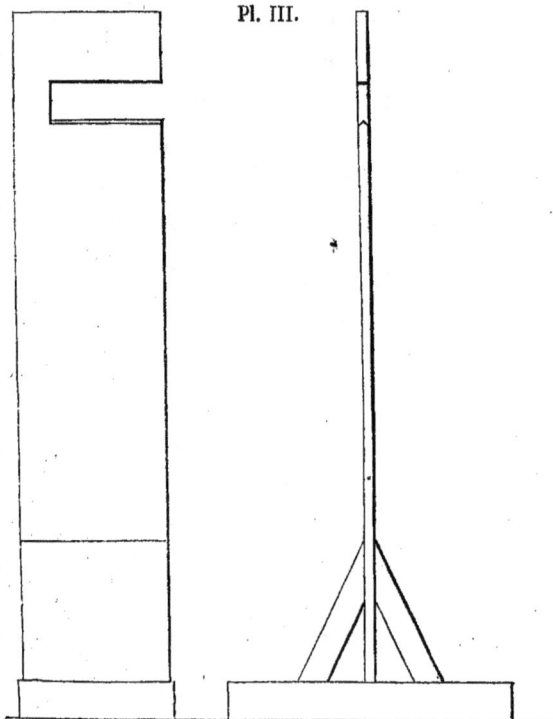

Cette planche a environ 1^m,40 de hauteur, 0^m,33 de large, et 3 à 4 centimètres d'épaisseur; elle est assemblée verticalement sur une autre planche épaisse, horizontale, qui lui sert de patin, et porte à 0^m,80 de hauteur une échancrure d'environ 8 centimètres de hauteur sur 15 à 18 de profondeur. L'arête inférieure, celle du côté où frappe l'écang, est taillée en biseau pour que cet écang en tombant ne soit pas arrêté par ce bord et ne coupe pas la filasse. Quelques ouvriers tendent une courroie ou une corde, à 0^m,50 de hauteur, de manière à arrêter l'écang qui se trouve relevé par le contre-coup, et qui ne peut ainsi leur frapper les jambes.

L'écangueur prend dans sa main gauche autant de lin qu'elle peut en contenir; il commence par froisser vivement cette poignée de lin pour en dégager les chènevottes et commencer à l'assouplir; il la passe ensuite dans l'échancrure de la planche à écanguer, jusqu'au milieu de sa longueur; il l'étend sur le bord inférieur, puis frappe verticalement, plutôt en frottant ou glissant qu'en frappant dessus, du côté du biseau, avec l'écang qu'il tient à la main droite, et il en frappe successivement toutes les parties de la poignée de lin qu'il prépare. Pour faciliter ce résultat, la main gauche tourne et retourne le lin autant que le besoin s'en fait sentir. Quand on a opéré sur l'une des extrémités du lin, on présente l'autre, afin de le dégager de la chènevotte dans toute sa longueur.

L'action de l'écang sur le lin ne suffit pas pour lui donner toute la souplesse désirable, ni même pour lui enlever toute la chènevotte. On a recours à deux autres outils : l'un d'eux est un peigne en bois doux, il sert principalement à nettoyer la tête du lin, où les chènevottes sont plus tenaces que sur les autres parties des filaments. La planche IV représente le peigne dont nous parlons.

Pl. IV.

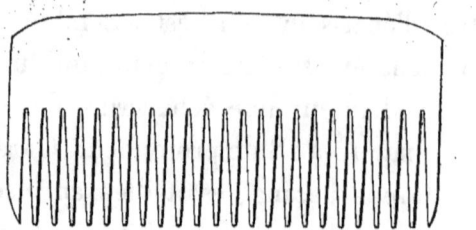

Après avoir fait usage du peigne, on revient ordinairement à l'écang, et cela autant de fois et aussi longtemps que la qualité du lin l'exige.

Le dernier outil dont on fasse usage, celui qui contribue beaucoup à assouplir le lin, est une espèce de couteau qui ressemble assez au coupe-pâte des boulangers; il ne doit pas avoir la lame tranchante; car, dans ce cas, il couperait le lin au lieu de l'assouplir. Cet outil est représenté planche V.

Pl. V.

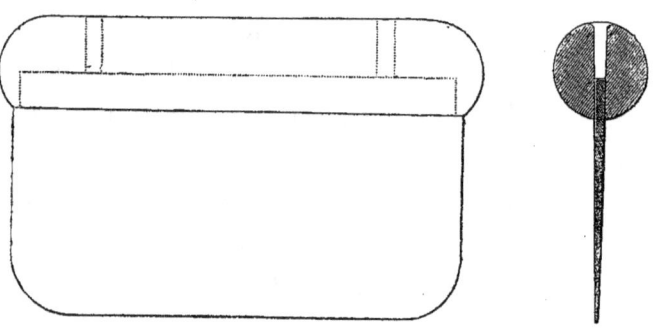

Pour s'en servir, l'ouvrier revêt un petit tablier de cuir fort, qui prend de la ceinture jusqu'aux genoux; le plus souvent il ne recouvre que la cuisse droite. La poignée de lin est appuyée sur le tablier de cuir, et l'ouvrier la soumet à l'action répétée du couteau, que nous appellerons *racloir*, à cause de la manière de s'en servir. Le travail du râcloir doit être proportionné à la nature du lin. Ceux dont les filaments sont fins et forts gagnent beaucoup à cette manutention. L'excès, comme en toutes choses, ne vaudrait rien; c'est à l'ouvrier à juger le lin qu'il travaille.

Le teillage à la main, pratiqué avec les outils dont nous venons de parler, est le plus usité en Belgique et en Hollande, surtout en Belgique; c'est celui qui produit les meilleurs résultats. Le prix de tout l'outillage ne dépasse pas 20 francs. Le produit d'un ouvrier peut s'évaluer en moyenne à 3 ou 4 kilogrammes de lin teillé, par jour, pour les lins fins.

On fait aussi usage, en Belgique et en Hollande, d'un appareil auquel on donne le nom de *moulin*, parce qu'en effet il ressemble à un moulin. La vue du dessin (pl. VI) fera facilement comprendre de quelle manière on doit s'en servir.

Pl. VI.

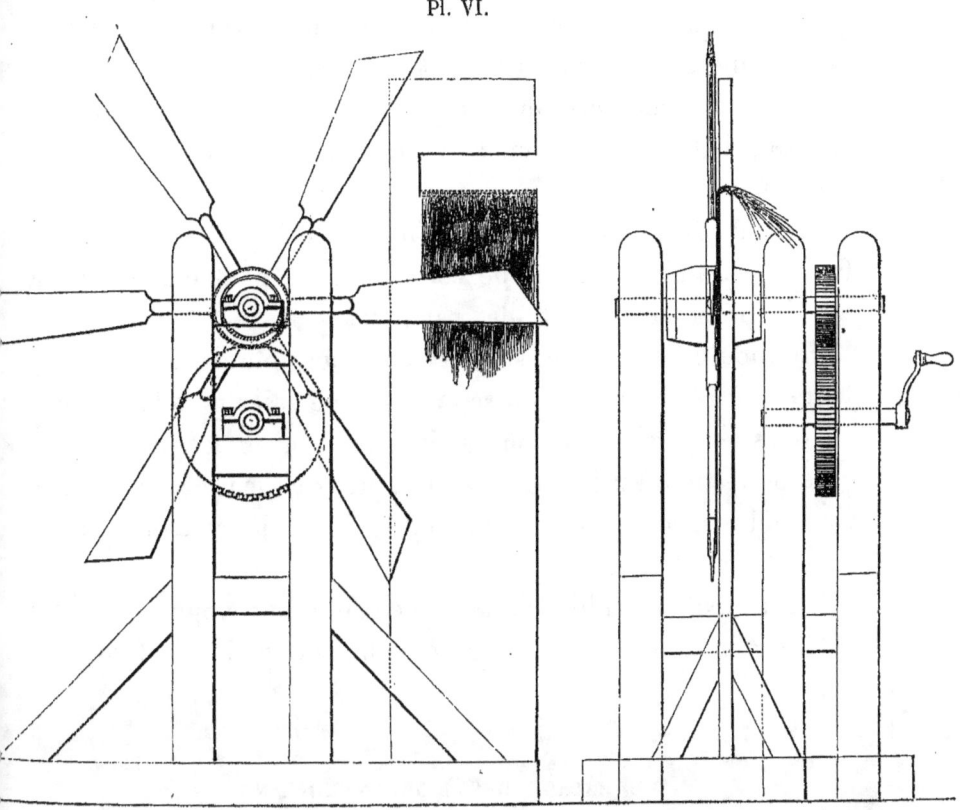

Le moulin ne remplace que l'écang décrit plus haut, ses ailes sont en bois. Ainsi il ne dispense pas du maillet, avec lequel il faut préalablement briser la paille du lin. Il ne dispense pas non plus du peigne en bois, ni du racloir, auquel il faut avoir recours après avoir soumis le lin à l'action du moulin.

Trois personnes, au moins, sont nécessaires pour desservir un moulin à teiller :

1° Celle qui imprime le mouvement à la machine ; c'est habituellement un homme ;

2° Celle qui soumet le lin au teillage ; c'est aussi ordinairement un homme, et ce doit être celui qui a le plus de connaissances dans la partie ;

3° Celle qui prépare les poignées, qui les remet à l'ouvrier teilleur et qui les reçoit de lui à mesure que le travail est achevé ; une femme ou un enfant suffisent pour cela ;

Une quatrième personne est quelquefois employée à remettre le lin en bottes et lui donner une dernière façon quand cela est nécessaire.

Le coût du moulin à teiller, fait en Belgique, est d'environ 60 francs. Le rendement de cette machine peut être évalué à 20 kilogrammes de lin teillé, par jour.

Le moulin à teiller n'est guère en usage que dans les exploitations où la culture du lin se fait sur une assez grande échelle, ou dans les localités où on ne tient pas à avoir les produits les plus perfectionnés. L'ouvrier avance plus qu'avec l'écang, mais le lin, moins ménagé qu'avec cet outil, est toujours moins net et fournit plus de déchet.

On trouve des cultivateurs soigneux qui font usage du moulin à teiller, mais seulement pour leurs lins de qualités inférieures.

§ 3.

DU HÂLAGE DES LINS EN HOLLANDE.

Les procédés de teillage sont les mêmes en Hollande et en Belgique ; la seule différence à signaler a déjà été mentionnée à l'occasion du rouissage. Elle est due au défaut de dessiccation qu'on rencontre dans certains lins de Hollande ; dans ce cas, les teilleurs passent le lin sur le feu avant de le soumettre aux instruments du teillage. Voici comment on opère :

Les cultivateurs, ou les fabricants de lin qui ont habituellement à s'occuper du teillage, font construire un mur en briques, élevé d'environ 2 mètres; ils donnent à ce mur une longueur proportionnée à l'importance de l'exploitation, et, au moyen de petits murs latéraux, construits de 2 mètres en 2 mètres, ils forment des cases qui ont 1 mètre de profondeur sur 2 mètres de long et 2 mètres de haut; le devant et le dessus restent ouverts. Des perches ou bâtons sont placés sur les murs latéraux, et servent de point d'appui au lin qu'on veut faire sécher. La dessiccation s'opère au moyen d'un peu de feu allumé au bas de chaque case.

On brûle ordinairement des chènevottes, et on entretient le feu avec prudence pour que le lin sèche également partout et ne s'enflamme pas.

Il paraît que ce mode de dessiccation, quoique regrettable au fond, est cependant bien préférable à celui qui est en usage dans quelques contrées où l'on met le lin dans le four.

En effet, les lins mis dans des fours de boulangers dont on vient de retirer le pain, ou dans des fours chauffés exprès, sont, le plus souvent, soumis à une température de 80 à 100 degrés centigrades, et quelquefois davantage. Cette température élevée roussit le lin et l'altère; la matière gommo-résineuse qui enveloppe encore ses fils, au lieu de se dessécher pour être ensuite enlevée en poussière, se fond, et en refroidissant agglutine de nouveau les fils qu'il devient difficile de séparer au teillage. L'humidité du lin réduite en vapeur, n'ayant pas d'issue, retombe par le refroidissement sur les tiges qui reprennent une partie de leur flexibilité; le rendement est moins considérable, la filasse, moins brillante et moins solide, est plus dure et plus cassante.

L'exposition au soleil est le meilleur moyen dont on puisse faire usage quand les lins exigent un supplément de dessiccation avant d'être soumis au teillage; c'est aussi le plus économique et le moins dangereux.

A défaut de ce moyen naturel, nous croyons qu'on pourrait utilement avoir recours à la vapeur ou à un poêle; en tenant le lin en paille à une température de 25 à 30 degrés centigrades, le travail en serait facile. Ces précautions ne sont, du reste, nécessaires que pour les temps humides.

§ 4.

DE LA BROIE COMME INSTRUMENT DE TEILLAGE.

La broie est l'instrument primitif avec lequel on teillait le lin; la Belgique et la Hollande l'ont remplacée par les instruments dont nous venons de donner la description. Beaucoup de contrées sont encore dans l'habitude de se servir de la broie, plusieurs supposent même qu'elle est préférable aux outils adoptés en Belgique. Nous engageons les cultivateurs qui partagent cette opinion à s'en rapporter à l'expérience de ceux dont les produits justifient les usages. Nous ne connaissons nulle part de lins aussi bien préparés que ceux qui le sont par les procédés que nous venons de faire connaître.

Il est possible que la broie soit plus expéditive que l'écang, mais assurément elle ménage moins les filaments, et nuit, par conséquent, à leur qualité et au rendement.

Le prix de revient du broyage et du teillage du lin travaillé à la main avec le maillet et l'écang peut être évalué à 35 centimes par kilogramme pour les lins fins, et à 25 centimes pour les sortes les moins belles. Quand le travail se fait à l'aide du moulin, la dépense par kilogramme varie de 20 à 25 centimes.

CHAPITRE III.

DESCRIPTION DE DIVERS PROCÉDÉS CHIMIQUES OU MÉCANIQUES EN USAGE, OU SEULEMENT PROPOSÉS, POUR LE ROUISSAGE DU LIN ET DES CHANVRES EN FRANCE ET EN ANGLETERRE.

Le temps que nous avons consacré à l'étude de l'industrie linière en Angleterre ne nous a pas mis à même de joindre la pratique à la théorie; nous avons dû nous borner à l'examen des appareils, à la réunion des dessins propres à les faire comprendre, et à recueillir des renseignements auprès d'hommes pratiques.

Partout nos efforts ont été secondés, soit à l'exposition universelle, soit dans l'intérieur du pays, et nous nous faisons un devoir de signaler ici l'obligeance de M. Bucquet, consul de France à Newcastle, ainsi que celle de M. R. Plummer, manufacturier dans la même ville.

Nous consacrons donc ce chapitre à l'exposé et à la description des méthodes de rouissage qui y sont mentionnées, nous réservant de conclure, sur leur mérite respectif, dans un chapitre destiné au compte rendu des expériences auxquelles nous nous livrons cette année à l'Institut agronomique de Versailles. Ces expériences, qui font suite à nos essais de culture, porteront principalement sur les divers modes de rouissage et de teillage qui sont actuellement en usage, et parmi lesquels il importe de distinguer les plus avantageux.

§ 1ᵉʳ.

PROCÉDÉS CHIMIQUES FRANÇAIS.

Les inconvénients attachés aux différents procédés de rouissage des plantes filamenteuses ont, depuis longtemps, tourné les esprits vers la recherche de moyens exempts de ces inconvénients, et qui, cependant, fussent propres à donner les mêmes résultats.

Les moyens proposés dans ce but sont chimiques ou mécaniques. Parmi les premiers, nous citerons ceux de M. Bralle, qui émurent assez l'opinion publique, dans le temps, pour que le Gouvernement impérial fît appeler l'auteur de cette découverte à Paris, où, en l'an XI, des essais nombreux furent faits en présence de MM. Monge, Berthollet et Tessier, sous la direction de M. Molard, administrateur du Conservatoire des arts et métiers. Tout ce qui pouvait éclairer sur les éléments et la combinaison des moyens de M. Bralle, tout ce qui pouvait en déterminer les effets et en garantir l'efficacité fut mis en usage; les résultats répondirent aux espérances qu'on avait conçues, et la connaissance de cette découverte, qui intéressait à la fois l'agriculture et l'industrie, fut répandue par une instruction ministérielle.

Les expériences dont il est rendu compte ont été faites sur du chanvre. Nous ne les mentionnons ici que pour qu'il soit bien établi que le mode de rouissage, usité aujourd'hui en Angleterre, est connu depuis longtemps en France, du moins le même principe, car on reconnaîtra que, si la pratique a donné lieu à de légères modifications, au fond le système reste le même. Voici comment on rend compte de ces expériences.

« Le rouissage du chanvre, par ce procédé, n'exige qu'un vase cylindrique en cuivre, posé sur un petit fourneau de briques.

« Un routoir de ce genre, contenant 240 litres d'eau, suffit pour rouir à la fois 18 kilogrammes de chanvre en paille, et, comme l'opération se fait en deux heures, on peut en rouir aisément 100 kilogrammes par jour.

« Les moyens employés par M. Bralle, pour le rouissage du chanvre, consistent :

« 1° A faire chauffer de l'eau dans un vase, à la température de 72 à 75 degrés du thermomètre de Réaumur ;

« 2° A y ajouter une quantité de savon vert proportionnée au poids du chanvre que l'on veut rouir ;

« 3° A y plonger de suite le chanvre, de manière que l'eau surnage ; à fermer le vase et cesser le feu ;

« 4° A laisser le chanvre dans cette espèce de routoir pendant deux heures avant de le retirer.

« Le poids du savon nécessaire pour un rouissage complet doit être à celui du chanvre en baguettes, comme 1 est à 48, et le poids du chanvre à celui de l'eau, comme 48 est à 650.

« On peut effectuer plusieurs rouissages à la suite les uns des autres ; il suffit, avant chaque rouissage, de remplacer la quantité d'eau savonneuse absorbée par le précédent, et d'élever la température du bain au degré ci-dessus. On fait servir de cette manière la même eau pendant quinze jours consécutifs.

« Lorsqu'on a retiré les bottes de chanvre du routoir, on les couvre d'un paillasson, pour qu'elles refroidissent peu à peu sans perdre leur humidité.

« Le lendemain, on étend sur un plancher les poignées, en repoussant les liens vers le sommet des tiges ; on fait passer dessus, à plusieurs reprises, un rouleau de pierre ou de bois chargé d'un poids pour les aplatir et disposer la filasse à se détacher facilement de la chènevotte, ce qui s'opère au moyen de la broie, le chanvre étant humide ou sec ; il se teille parfaitement dans l'un ou l'autre état.

« Après avoir lié par le sommet les poignées de filasse du chanvre teillé à l'humide, on les étend sur le gazon, on les retourne, et, après six à sept jours, on les enlève pour les mettre en magasin.

« Il faut également exposer sur le gazon les poignées de chanvre roui et aplati que l'on veut broyer et teiller au sec. Cette exposition sur le pré est absolument nécessaire pour blanchir la filasse et faciliter la séparation de sa chènevotte.

« Au moyen d'un routoir portatif, on a pu opérer les rouissages sur différentes quantités de chanvre, varier à volonté la température de la liqueur savonneuse, et observer l'état du chanvre pendant le cours de chaque opération, dont on a prolongé plus ou moins la durée, afin de s'assurer :

« 1° Du degré de température que doit avoir la liqueur savonneuse avant d'y plonger le chanvre ;

« 2° Du temps nécessaire pour obtenir un rouissage complet à une température déterminée ;

« 3° De la quantité de savon absolument nécessaire pour un poids donné de chanvre en baguettes, pesé avant l'immersion, etc.

« Il résulte d'un très-grand nombre d'expériences faites sur cette méthode :

« 1° Que l'eau dans laquelle on a fait dissoudre la quantité de savon vert, indiquée par M. Bralle, pour un poids déterminé de chanvre, opère le rouissage complétement ;

« 2° Que le rouisage est d'autant plus prompt, que la température de la liqueur est plus près du degré d'ébullition au moment de l'immersion du chanvre dans le routoir ;

« 3° Que, si l'on conserve le chanvre dans le routoir plus de deux heures, temps indiqué comme suffisant par M. Bralle pour obtenir un rouissage complet, la filasse se sépare également bien de la chènevotte, mais elle prend une couleur plus foncée et perd une partie de sa force ;

« 4° Que, si l'on plonge le chanvre dans la liqueur savonneuse encore froide pour les faire chauffer ensemble, le rouissage ne s'opère pas aussi complétement, quelque soit le degré de température que l'on fasse prendre à la liqueur, et quelle que soit la durée de l'immersion ;

« 5° Que les bottes de chanvre, plongées et retenues verticalement dans le routoir, se rouissent d'une manière plus égale que si on les couche horizontalement ; d'ailleurs cette position rend la manœuvre plus facile.

« Cette méthode offre principalement les avantages suivants :

« 1° On peut rouir toute l'année, excepté néanmoins pendant les fortes gelées, à cause de la difficulté de faire sécher le chanvre. Cependant, si l'on veut teiller à l'humide, le froid n'est plus un obstacle ; il ne s'agit alors que de prendre les précautions convenables pour que la filasse ne gèle pas pendant qu'elle est humide.

« 2° La durée du rouissage, n'étant que de deux heures, présente une économie de temps bien précieuse pour le cultivateur, surtout pendant la saison des récoltes.

« 3° L'ouvrier n'a rien à craindre pour sa santé. Il suffit d'établir un courant d'air lorsqu'on plonge et au moment qu'on retire les bottes du routoir ; les poignées en baguettes ou en filasse, exposées ensuite sur le pré, ne répandent aucune mauvaise odeur et n'altèrent pas la pureté de l'air, quelle que soit la quantité de chanvre que l'on fasse sécher à la fois dans le même lieu.

« Pour accélérer l'opération du rouissage, par le nouveau procédé, dans les pays de grande culture, au lieu du routoir portatif qui a servi aux expériences, on peut employer l'appareil suivant, composé d'une chaudière et de quatre tonneaux en bois servant de routoirs.

« Après avoir fait chauffer l'eau savonneuse dans la chaudière jusqu'à ébullition, on la fait couler, en ouvrant un robinet, dans deux de ces routoirs remplis de bottes de chanvre et fermés par leurs couvercles.

« Au moyen de cet appareil très-simple, on peut rouir, par jour, et sans interruption, une très-grande quantité de chanvre.

« 4° Les frais du rouissage à l'eau, comparés à ceux que nécessite la méthode de M. Bralle, sont à peu près les mêmes quand le rouissage se fait avec le petit routoir ; mais, si l'on fait usage d'une chaudière un peu grande et des routoirs en bois, dont on vient de parler, les frais seront diminués de plus de moitié.

« En effet, les premiers se composent du transport des chanvres à rouir et des journées employées pour former des espèces de radeaux des bottes de chanvre, pour les faire plonger en les chargeant de pierres, de gazon, de mottes de terre, de vase même, afin de fixer et de retenir les radeaux au moyen de pieux qu'on enfonce, travail long et d'autant plus pénible qu'on ne peut opérer l'immersion de 10 kilogrammes de chanvre en paille que par un poids de 15 à 20 kilogrammes, et qu'après le rouissage il faut enlever toute cette masse, retirer les bottes de l'eau et les laver.

« Les frais du nouveau procédé consistent principalement dans le prix du dissolvant que l'on emploie et dans celui du combustible.

« A égalité de frais, on ne peut disconvenir que le nouveau procédé ne mérite encore la préférence sur l'ancien, en ce qu'il rend la main-d'œuvre, d'après ce qui a été dit, plus expéditive et plus facile.

« 5° 8 kilogrammes de chanvre en paille rouis par le nouveau procédé produisent communément 2 kilogrammes de filasse pure, par le teillage à l'humide, tandis que le chanvre roui à l'eau par l'ancien procédé, et broyé, ne donne, au plus, sur 8 kilogrammes, que 14 ou 15 hectogrammes en filasse.

« Le teillage en sec du chanvre roui par l'ancien procédé ne produit pas la même quantité que celui qui se fait à l'humide, la la rupture de la chènevotte, en plusieurs endroits, occasionne un plus grand déchet de filasse.

« Le chanvre, dans l'ancien procédé, lavé au sortir du routoir, broyé et peigné, on obtient, sur 4 kilogrammes de filasse, un kilogramme de long brin, 15 hectogrammes de second brin, le reste en pattes, étoupes et poussière.

« La même quantité de chanvre manipulée, suivant le nouveau procédé, a donné 2 kilogrammes de long brin, 1 kilogramme de second brin, et environ 1 kilogramme de pattes et d'étoupes.

« Ainsi, sur 8 kilogrammes de chanvre en paille, on a obtenu, par le nouveau procédé, 2 kilogrammes en filasse, et, sur cette filasse, 1 kilogramme de premier brin, ce qui n'existe dans aucune des manipulations connues.

« 6° Les riverains et les habitants des vallées sont presque les seuls qui cultivent le chanvre; ils doivent ce privilége au voisinage des eaux et à l'humidité du sol. Par le nouveau procédé, la récolte des chanvres pourra s'étendre à un beaucoup plus grand nombre de localités. »

§ 2.

PROCÉDÉ MÉCANIQUE.

L'invention mécanique qui fit concevoir le plus d'espérances pour le rouissage du lin et du chanvre fut celle de M. Christian, directeur du Conservatoire des Arts et Métiers, à Paris. Cette machine parut en 1818.

Nous ne chercherons pas à décrire cette machine, nous nous bornerons à citer la juste critique, selon nous, qui en a été faite par M. le comte G. Gallesio, auteur d'un excellent mémoire italien sur la culture et la manipulation des chanvres et des lins. Elle suffira, nous l'espérons, pour prémunir contre tous autres essais du même genre.

« L'écorce du chanvre est la partie qui fournit le tissu; elle est
« composée d'une infinité de fibres longitudinales superposées les
« unes aux autres, et unies ensemble, non-seulement par la force
« d'adhésion propre au tissu végétal, mais plus encore par une
« sorte de substance gommeuse qui en forme l'union avec le
« ligneux.

« Aucun mécanisme ne pourra jamais dépouiller la tille de cette

« substance, et moins encore la partie ligneuse qui en contient
« elle-même aussi.

« J'ai essayé plusieurs des moyens proposés, j'ai reconnu que le
« chanvre non macéré contient, 1° un ligneux plus flasque, qui
« ne se brise pas comme dans le chanvre qui a subi cette opération,
« et dont, par conséquent, il est plus difficile de dépouiller le tissu;
« 2° une tille plus dense et plus attachée au ligneux. Le chanvre
« se rompt pendant la préparation, résiste à l'action du séran, et
« n'acquiert jamais la mollesse et la finesse du fil.

« La macération est le seul procédé qui réussisse à dissoudre
« cette substance, à la décomposer, et à donner au tissu cette flexi-
« bilité, ce brillant, et cette disposition à se subdiviser jusqu'à
« l'extrême possible, selon la nature de ses fibres.

« Il semble que cette opération agisse de deux manières, par
« fermentation et par solution.

« Par la première, la substance gommo-résineuse est décom-
« posée et perd sa ténacité; par la seconde, elle reste dissoute
« dans l'eau et se perd.

« Les procédés chimiques sont les seuls qui parvienent à tirer
« du chanvre non macéré un tissu souple et fin, et des chanvres
« de nature revêche, comme sont les chanvres à cordages, une
« tille fine et susceptible de service à l'usage des toiles.

« Mais il faut considérer que ces procédés n'obtiennent un tel
« résultat qu'autant qu'ils équivalent exactement à la macération
« qu'ils suppléent.

« La substance gommeuse, restée dans la tille préparée par les
« diverses machines qui ont été inventées, est dissoute dans ces
« appareils, et le chanvre qui en résulte doit éprouver les mêmes
« effets qu'il eût éprouvés par la macération avant d'être broyé;
« la seule différence qu'il y a dans ces deux cas consiste en une
« plus grande perte qui doit nécessairement survenir dans le se-
« cond, parce que toutes les opérations qui se font sur un chanvre
« non encore ramolli par la macération doivent nécessairement

« en gâter une partie, attendu la difficulté qu'elles ont à sur-
« monter pour diviser les fils, et pour les dépouiller, par un
« procédé mécanique, des substances hétérogènes qui y sont
« unies.

« Ces considérations générales suffisent pour décider la ques-
« tion relative à la machine de M. Christian.

« Si on la considère comme une invention simplement destinée
« à remplacer la tillette, broie, pour le chanvre soumis à la ma-
« cération, je n'hésiterai pas à me prononcer sur son utilité ; mais
« si l'on veut soutenir qu'elle soit propre à suppléer cette prépa-
« ration, j'observerai que, n'étant qu'un agent mécanique, elle ne
« pourra jamais produire les effets des agents chimiques, et que,
« par conséquent, elle ne fera que gâter la tille, rompant et per-
« dant beaucoup de fils, et laissant au reste toute la rudesse et la
« grossièreté qui caractérisent les chanvres non macérés.

« J'en ai fait souvent l'expérience sur une machine que je
« m'étais procurée, et j'en ai toujours obtenu le même résultat.
« J'ai répété les mêmes expériences à Bologne avec la belle ma-
« chine du jardin agraire de l'Université, en la compagnie et
« avec le concours de M. Contri, alors directeur du jardin ; je me
« suis toujours convaincu davantage de son peu d'utilité.

« En premier lieu, elle ne sert que pour le chanvre de mé-
« diocre grosseur ; il n'est pas possible de s'en servir pour le
« chanvre à cordes, vu la dureté et le volume de ses bâtons.

« Le chanvre fin cède plus facilement à son action, et se brise
« contre les cylindres entre lesquels on le fait passer ; mais il con-
« serve toute sa substance, il n'abandonne pas, dans l'opération,
« la plus petite partie du ligneux. D'un faisceau de troncs ligneux
« qui le formaient avant l'opération, il se convertit en un faisceau
« de filasse pliante, dont les parties sont adhérentes, en cent
« points, avec leur ligneux, et se déchirent ensuite immanquable-
« ment quand on les porte au séran.

« Il se pourrait que la machine de M. Christian fût plus utile

« avec le chanvre déjà macéré. J'observe cependant que la tillette
« broie, par ses coups, rompt le ligneux en petits morceaux et le
« détache des fibres; elle détache encore, en vertu de la réaction
« des coups, les fibres d'entre elles, et fait tomber en poussière le
« reste de la substance gommeuse qui y était comme dans un état
« de cristallisation. La machine, au contraire, n'agit que par pres-
« sion, et par cela même ne peut produire aucune réaction ca-
« pable de détacher les parties qu'elle comprime.

« Elle ne fait que plier sans rompre, et la partie fibreuse, qui
« forme le tissu, ne reste jamais bien libre de la partie ligneuse
« et de la substance gommeuse qui les réunissait. »

Les expériences faites par les commissaires que le gouvernement français avait chargés d'expérimenter la machine de M. Christian n'ont fait que confirmer l'opinion de M. Gallesio, que nous venons de reproduire.

S'il était nécessaire d'ajouter encore quelque chose qui pût démontrer l'inutilité des moyens mécaniques pour opérer le rouissage des lins et des chanvres, nous pourrions rappeler ce qui s'est passé en 1825.

La Société d'encouragement pour l'industrie nationale avait proposé, pour l'année 1825, une médaille d'or de la valeur de 1,500 fr. à l'auteur de la meilleure machine mécanique propre à suppléer le rouissage ordinaire des lins et des chanvres. M. Barbou, propriétaire à Saint-Georges-du-Plain, obtient la médaille promise, et la lettre d'avis qui la lui annonce se termine par ces mots :

« Les succès que vous avez déjà obtenus lui font espérer (à la
« Société d'encouragement) que vous approcherez de plus en
« plus du but désiré, etc. »

La Société d'encouragement reconnaît que le but n'a pas été atteint. Il ne l'a pas été davantage depuis ce moment; car la même société propose de nouveau (1852) un prix à celui qui pourra trouver le moyen de perfectionner les modes de rouissage actuellement en usage. Nous avons vu tout récemment M. Barbou, l'auteur de la machine récompensée; M. Barbou nous a dit lui-même que sa machine, pour laquelle il a dépensé 50,000 fr., est bandonnée, faute de pouvoir en obtenir de bons résultats.

Nous avons été initié à plusieurs autres procédés pour la préparation des lins : les uns s'appliquent au rouissage, d'autres ont pour but la désagrégation du lin et sa cotonisation, ainsi que le blanchiment.

Quelques-uns de ces procédés nous font concevoir des espérances sérieuses, notamment ceux de MM. Ch. Flandin et de Ruoltz, chimistes distingués; celui de M. Terwangne, qui s'occupe depuis longues années de la question des lins.

Nous ne faisons qu'indiquer ici l'existence de procédés autres que ceux déjà connus, nous réservant d'en rendre un compte détaillé, s'il y a lieu, quand ils auront été soumis aux expériences que nous devons faire avant de terminer ce rapport.

Nous devons encore citer le chevalier Claussen, qui, à l'exposition universelle de Londres, prétendait faire trembler les Américains avec son lin-coton transformé en fils et tissus de diverses qualités. Une brochure, reproduite annexe n° 5, fournit d'amples détails sur cette innovation.

§ 3.

ROUISSAGE À L'EAU CHAUDE USITÉ EN ANGLETERRE ; SYSTÈME SCHENCK.

Le rouissage du lin à l'eau chaude, d'après le système Schenck, a été introduit en Irlande en 1847.

Dès l'année 1850, la Société royale établie à Belfast, pour le développement et l'amélioration de la culture du lin dans ce pays, constata l'existence de 20 routoirs du nouveau système pouvant préparer le produit d'environ 7,000 acres de terre.

Dans son rapport annuel de 1850, la Société royale de Belfast paraît avoir eu pour objet principal la propagation du rouissage à l'eau chaude; elle lui attribue de nombreux avantages et elle s'efforce de les faire ressortir.

Parmi les avantages qu'elle promet à l'Irlande et à l'Angleterre, par suite de l'application du système Schenck, se trouvent, pour l'Irlande, la conservation de la graine de lin, et, pour l'Angleterre, le produit qu'on peut retirer des tiges de cette plante.

Jusqu'à présent l'Irlande était dans l'usage d'abandonner la graine du lin; les tiges étaient mises au routoir avec leurs capsules. Aussi, la Société de Belfast, qui annonce que, grâce à ses efforts, le sixième des lins cultivés en Irlande aujourd'hui est préparé d'après le nouveau mode, fait-elle remarquer que, si les cultivateurs irlandais avaient généralement adopté ce système dix ans plus tôt, ils en auraient retiré plus de 45 millions de francs, seulement par la graine qu'ils ont perdue.

En Angleterre, au contraire, beaucoup de cultivateurs sacrifient les tiges du lin pour ne s'attacher qu'au produit de la graine.

Ce simple exposé, qui démontre quel était autrefois l'état d'infériorité de la culture du lin en Irlande et en Angleterre, prouve qu'une réforme était plus urgente là qu'ailleurs.

La Société de Belfast reconnaît bien, dans son rapport, qu'un cultivateur habile peut obtenir d'aussi bons résultats, à l'aide des procédés anciens, qu'au moyen du système Schenck, mais elle n'en conclut pas moins en faveur de ce dernier. Elle s'appuie principalement sur ce que les bons préparateurs de lin sont rares, sur ce que le travail industriel établit nécessairement une grande régularité dans la préparation et dans le classement des lins; elle s'appuie aussi beaucoup sur ce que chaque routoir, selon le nouveau système, crée un véritable marché pour les cultivateurs de la contrée.

Ce qui démontre que les considérations que fait valoir la Société royale de Belfast ont été appréciées en Angleterre, c'est que le rouissage suivant le système Schenck y a été importé d'Irlande, et qu'on le trouve en usage sur plusieurs points de la Grande Bretagne.

Nous avons eu occasion de faire remarquer, dans la première partie de notre rapport, combien, en Angleterre, la division du travail se généralise, comment les intermédiaires sont de plus en plus éliminés; en un mot, combien l'aptitude des manufacturiers les porte à tirer la quintessence de leur industrie. C'est ainsi que, dans le cours du voyage que nous venons d'accomplir, nous avons pu visiter un établissement dans lequel se trouvent réunis :

1° Le rouissage du lin, système Schenck ;
2° Le teillage mécanique ;
3° Le peignage mécanique ;
4° La filature mécanique;
5° Enfin le tissage mécanique de la toile.

Cet établissement n'est pas le seul qui centralise ainsi les travaux que comporte l'industrie linière; cet état de choses tend de plus en plus à se généraliser, et il est, du reste, favorisé par l'application des nouveaux procédés de préparation qui permettent à l'industrie de s'emparer de cette branche de travail.

Le bon agencement d'une manutention industrielle est toujours une condition de succès ; mais, dans le cas qui nous occupe, il semble que cela soit encore plus utile que dans beaucoup d'autres ; en effet, ici on opère sur des masses considérables et sur une matière de peu de valeur.

On sait aussi que le lin mouillé est d'un maniement difficile ; il importe donc que tout, dans un routoir industriel, soit parfaitement coordonné.

D'après les documents que nous possédons et les expériences qui ont déjà été faites, il faut, pour qu'un routoir à l'eau chaude soit dans de bonnes conditions, l'installer de la manière suivante :

CHOIX DU LIEU.

Il faut choisir un lieu bien aéré pour faciliter la dessiccation des lins, qui se fait à air libre, autant que la saison le permet.

Un établissement de rouissage étant susceptible d'opérer sur des masses considérables, il est important que les abords en soient faciles.

DE LA QUALITÉ DE L'EAU.

Il faut que l'eau soit abondante et, autant que possible, elle doit être douce; les eaux séléniteuses ou calcaires sont moins propres à la fermentation; elles rendent l'opération plus longue et conséquemment plus coûteuse.

DISPOSITIONS DES BÂTIMENTS.

D'après le plan ci-annexé, planche VII[1], les bâtiments doivent être disposés de la manière suivante :

1° Le magasin où l'on reçoit le lin en paille avec sa graine. Cette pièce, au-dessus de laquelle règne un grenier, est très-vaste; elle doit avoir une ou plusieurs ouvertures assez larges pour que les charrettes puissent entrer dans le magasin et s'y décharger;

2° La chambre aux cuves, dans laquelle on ménage un espace pour garnir les perches d'étendage avec le lin qui doit être porté aux hangars dès qu'il a subi l'opération du rouissage;

3° Les hangars-séchoirs pour la dessiccation du lin à l'air libre;

4° Séchoir à chaud; il se compose de deux chambres contiguës;

5° Le magasin où l'on met le lin roui séché et les machines destinées à lui donner les manutentions subséquentes;

6° Le moteur et les appareils hydrauliques nécessaires à l'exploitation;

7° Les fourneaux et générateurs.

---

[1] Cette planche, ainsi que plusieurs autres, formeront un atlas joint au présent rapport.

La figure 8 représente un séchoir à air, dans lequel le lin est placé horizontalement. Ce mode de séchoir est peu usité; néanmoins, des personnes très-compétentes le recommandent.

DE L'ÉGRENAGE.

Il est nécessaire que l'appartement où se fait la manipulation de la graine soit très-vaste.

L'égrenage se fait au moyen d'une machine à doubles cylindres, inventée en Irlande; on prétend que le travail de cette machine est préférable aux autres modes. On reproche au battage ordinaire de briser l'extrémité des tiges du lin et de laisser une partie de la graine dans les capsules. L'emploi de la machine irlandaise à égrener est, du reste, fort simple : il suffit de passer une ou deux fois, entre les deux cylindres, la portion chargée de graines de chaque poignée de lin pour détacher les graines, qui tombent avec les enveloppes. En frappant la tête de la poignée de lin sur la machine même, l'ouvrier fait tomber les quelques graines qui pourraient rester entre les tiges.

La planche n° VIII donne le dessin de la machine à égrener.

Fig. 1, vue d'ensemble.

2, élévation latérale.

3, coupe perpendiculaire.

Cette machine est disposée pour être mue mécaniquement; néanmoins la force d'un homme suffit pour la mettre en mouvement, au moyen d'une manivelle adaptée sur l'axe du cylindre qui porte les poulies motrices.

Après l'opération qui précède, la graine n'a plus besoin que d'être nettoyée : cela se fait à l'aide d'un crible ou autres instruments analogues.

Il est d'usage de ventiler plusieurs fois la graine destinée pour semence; on recommande aussi de la mettre en tonnes, où elle se conserve mieux qu'en sacs.

Quand les lins sont égrenés, c'est alors le moment de les assortir par qualité, longueur, etc., ensuite on en retranche les racines au moyen d'un coupe-racines construit d'après le dessin n° VIII.

Fig. a, élévation principale.
     b, élévation latérale.
     c, coupe longitudinale.
     d, sortie du lin.

DU ROUISSAGE.

Le lin, étant préparé comme il est dit ci-dessus, est prêt à porter aux cuves.

La chambre aux cuves est un simple rez-de-chaussée; on doit laisser des ouvertures à la toiture, au-dessus des cuves, pour laisser dégager les émanations. Les cuves doivent être de forme cylindrique ou ovale, en bois cerclé : celles qui seraient de forme carrée, quoique solidement construites, ne résisteraient pas à la pression du lin.

Nous avons eu occasion de signaler, au commencement de ce chapitre, l'obligeance dont M. R. Plummer a fait preuve à notre égard : c'est ce manufacturier habile que nous allons laisser parler pour décrire le rouissage américain introduit chez lui.

Procédé de Schenck pour le rouissage du lin à l'eau chaude.

« Pour procéder à ce mode de rouissage, on place les tiges
« dans des cuves qui peuvent en contenir environ de quatorze à
« vingt crots (de 700 à 1000 kilogrammes) sans être trop pressés.
« On emplit ensuite ces cuves d'eau de manière à ce que les tiges
« en soient couvertes de dix à douze centimètres. Au fond de la
« cuve se trouve un faux fond, à claire-voie, sur lequel reposent
« les tiges.

« Les tuyaux dans lesquels circule la vapeur qui doit chauffer
« l'eau de la cuve sont sous ce faux fond, qui doit toujours être
« placé à une hauteur suffisante pour isoler les tiges de ces

« tuyaux. Comme les tiges tendent toujours à surnager, elles doi-
« vent être maintenues dans la cuve par un autre faux fond à
« claire-voie ou par des madriers qu'on arrête au moyen de bou-
« lons à écrous, étrésillons, etc. Quand la cuve est chargée, on y
« envoie la vapeur graduellement, de manière à n'atteindre le
« degré le plus élevé de température nécessaire qu'en douze,
« seize et vingt heures. Il semble que plus la température est
« élevée graduellement, mieux cela vaut, et il est très-important
« de la maintenir toujours au même degré jusqu'à la fin de l'opé-
« ration.

« Schenck indique 90 degrés Fahrenheit (32° 2 centésimaux)
« comme étant le point de chaleur le plus convenable; mais quel-
« ques personnes pensent qu'un degré inférieur est préférable,
« environ 82° ou 84° : je pencherais vers cette opinion. En main-
« tenant la température de la cuve à 90 degrés, l'opération est or-
« dinairement terminée au bout de soixante heures; mais, en
« raison de la nature de la plante elle peut durer quelques heures
« de plus ou de moins, et, si la cuve est maintenue à une tempé-
« rature au-dessous de 90 degrés, il faut plus de temps. Je crois
« que le travail lent est préférable et donne du lin de meilleure
« qualité. Je connais une personne qui possède un établissement
« de ce genre et qui donne de cent à cent douze heures à chaque
« opération : il n'y a que l'expérience qui puisse indiquer que la
« plante est suffisamment rouie. Pour qu'il en soit ainsi, il faut
« que la fibre se détache complétement et facilement de la partie
« ligneuse.

« Une amélioration importante a été introduite dernièrement
« dans ce procédé. On arrête l'opération vers le milieu, on sort la
« paille, qu'on laisse refroidir, et ensuite on recommence. On ob-
« tient par ce moyen de meilleur lin, mais il faut plus de
« temps.

« Les tuyaux de vapeur ne sont pas percés : s'il en était ainsi,
« les tiges du fond, qui seraient exposées à la vapeur, seraient gâ-

« tées avant que le reste ne fût roui ; la vapeur ne fait que cir-
« culer dans ces tuyaux.

« Pour bien arrimer les tiges dans la cuve, il est nécessaire
« qu'elles soient mises avec soin en petites bottes.

« La dépense de ce procédé, en supposant qu'une tonne de
« tiges donne cinq crots de lin (25 pour cent), s'élève, savoir,

« Pour main-d'œuvre et mouvement des eaux :

« Par tonne.................................	6	13	4
« Droit du brevet...........................	1	10	0
« Loyer....................................	1	0	0
« Réparations..............................	0	5	0
« Intérêts de mise de fonds.................	0	5	0
£	9	13	4

« Un rendement moindre augmenterait naturellement les frais
« par tonne de lin, et il est prudent de ne pas calculer sur un
« rendement de plus de quatre crots (20 pour cent) de lin par tonne
« de tiges. »

Pour compléter la description qui précède, nous ajouterons
que les tiges doivent être placées, la racine au fond des cuves,
et qu'elles ne doivent pas être trop pressées pour faciliter la circulation des gaz qui se dégagent.

Il convient de chauffer les cuves aussitôt que l'eau y a été introduite ; la durée du rouissage compte du moment où l'on introduit la vapeur. Le travail est, du reste, plus ou moins long, suivant qu'on opère sur les tiges cueillies parfaitement mûres ou sur
des tiges arrachées encore vertes ; ces dernières exigent moins de
temps. La qualité du lin qu'on veut obtenir au rouissage sert
aussi de règle dans la manière d'opérer. Pour avoir du lin d'une
grande finesse, il faut prolonger la durée du rouissage ; ce sera le
contraire si on tient à la force. Ainsi on peut modifier les résul-

tats, soit en prolongeant la durée du rouissage, soit en variant la température des cuves.

Si l'on en croit MM. Bernard et Kock, de Belfast, le lin qui est roui deux fois consécutives doit être complétement séché entre chaque opération ; ces messieurs reconnaissent que les lins durs gagnent beaucoup à ce double rouissage.

DU SÉCHAGE.

Il est important que le lin soit mis promptement aux séchoirs pour arrêter à temps la décomposition. Pour cette raison, dès que le lin est sorti des cuves, on l'étend entre des tenants en bois qu'on porte ensuite aux hangars-séchoirs. Ces tenants consistent en une double baguette de bois réunie au centre par un fil de métal et une cheville, puis un anneau à chaque bout. L'une des baguettes est placée sur une table, dans le local réservé pour cet usage, près des cuves; le lin y est étendu en couche légère, et la seconde baguette s'ajoute par le moyen ci-dessus indiqué.

Quand le temps est favorable, trois jours suffisent pour opérer une dessiccation parfaite; alors le lin peut être mis en magasin. Mais, si le temps est humide, il faut sécher par les moyens artificiels, en ayant soin que la chaleur ne s'élève pas au-dessus de 90 à 100 degrés Fahrenheit.

Ce dernier moyen réclame une grande surveillance; car si le lin est trop sec, la qualité perd considérablement.

Le lin ne devant, dans aucun cas, être broyé immédiatement après le séchage, on doit le mettre en tas dans des hangars aérés: le défaut d'air exposerait le lin à fermenter.

Suivant les termes du dernier rapport de la Société royale de Belfast, le lin préparé d'après le système que nous venons de décrire serait inférieur en qualité à celui préparé par les anciens procédés, si l'opération a été mal conduite, surtout si les cuves ont été chauffées avec trop d'irrégularité ; au contraire, cette société affirme que le rendement et la qualité sont supérieurs, si le travail a été fait avec soin, et elle produit à l'appui de son assertion plusieurs tableaux rendant compte d'expériences comparatives; les uns constatent un rendement plus considérable, les autres établissent que le même lin, préparé d'après le système Schenck, a produit des fils plus fins.

D'après l'opinion de MM. Bernard et Kock, de Belfast, les lins rouis suivant le système Schenck doivent reposer pendant six semaines au moins en magasin, avant d'être soumis aux opérations du broyage et du teillage. Ce temps de repos est également nécessaire aux lins rouis d'après les anciens procédés. Ce fait n'a donc rien d'extraordinaire; seulement il confirme ce que l'expérience avait déjà appris à cet égard, et, sous ce rapport, le nouveau système ne présente pas d'avantages sur l'ancien.

§ 4.

NOTES RECUEILLIES EN 1851, PAR MM. SIX, SUR LE ROUISSAGE (MODE AMÉRICAIN) PRATIQUÉ DANS L'ÉTABLISSEMENT DE MM. MARSHALL ET Cie, À PATRINGTON (16 MILLES DE HULL).

ACHATS DU LIN. — MODE DES ACHATS. — COURS ET RENDEMENT.

On traite, soit par acre de terre, soit par tonnes (1,015 kil.), pour lins en paille, avec ou sans la graine.

L'acre produit de 1,250 à 2,250 kil. : moyenne, 1,750 kil.

Les prix varient entre 2 liv. sterl. et 5 liv. sterl. 1/2, avec la graine, par tonne de 1,015 kil., et, en général, 1 liv. sterl. de moins sans la graine.

Au-dessous de ces prix on ne trouve que de mauvaises qualités. Ainsi on peut admettre 10 fr. pour les 100 kil. de lin en paille sans la graine; le rendement moyen est estimé 12 à 12 1/2 p. 100 en filasse, pour 100 kil. lin à rouir.

On place le lin dans des granges, dont une a 33 mètres carrés, puis on fait aussi des meules.

ROUISSAGE.

Les lins de bonne et de moyenne qualité se rouissent deux fois, à un mois d'intervalle, après le repos en meules.

La première mise à l'eau est de trois jours; la seconde, le temps convenable, souvent trois à quatre jours.

Les gros lins se rouissent beaucoup plus facilement que les fins, et le rouissage a généralement lieu en une fois; il en est de même pour les lins de qualité inférieure, à cause de leur faiblesse qui ne leur permet pas de supporter deux rouissages.

L'immersion se fait dans quatre grandes citernes, qui ont 8 mètres carrés sur 1 mètre 60 centimètres de profondeur; elles sont en maçonnerie, jointoyée avec du ciment, et peintes au goudron à l'intérieur.

Chaque citerne peut contenir 4,000 kil. de lin en paille, suivant sa longueur.

Lorsque le lin a été placé avec soin dans les citernes, on place au-dessus, dans chacune d'elles, quatre pièces de charpente maintenues par des barres de fer du poids de 1,000 kil., afin que le lin ne surnage pas et reste couvert de 15 à 20 centimètres d'eau. Les barres de fer sont manœuvrées à l'aide d'un palan placé sur un chariot.

La température est maintenue, le plus uniformément possible, à environ 90° Fahrenheit (26° Réaumur); cependant elle varie de 68° à 98° Fahrenheit (16 à 27 Réaumur). On la maintient le plus possible entre 23° et 27°.

Le tuyau de vapeur a 22 à 23 millimètres de diamètre.

Les citernes sont recouvertes par des cadres munis d'une étoffe de laine feutrée, afin d'y maintenir la chaleur, et aussi pour préserver les ouvriers des mauvaises odeurs qui se dégagent.

Le liquide des citernes sert quatre et même cinq fois; on ne fait qu'y ajouter l'eau qui peut manquer. Le lin se rouit un peu plus vite dans le vieux liquide; mais la filasse conserve une teinte plus brune. L'inconvénient de ce mode est de donner une filasse plus sèche et moins souple que celle qu'on obtient par le rouissage flamand.

Il y a une trappe pratiquée dans le mur, en face de chaque citerne, pour la facilité d'introduire le lin et de le sortir des cuves. Tous les transports se font par un chemin de fer correspondant aux magasins, hangars, etc.

A côté de chaque citerne se trouve une ardoise où l'on écrit la date de la mise à l'eau, ensuite, toutes les trois heures, le degré de température du liquide, afin de juger si l'opération marche régulièrement.

On met sécher en chapelle, comme à Courtray; en hiver, et par les mauvais temps, on emploie des lattes de 2 mètres de long, lattes à crochets et anneaux, placées dans des séchoirs à air couverts, beaux hangars en pannes de 104 mètres de long sur 4 de large. On en compte deux dans l'établissement.

On place deux rangées de lattes garnies de lin dans le sens de la largeur des hangars et trois en hauteur. Quatre à cinq jours suffisent, même par le plus mauvais temps, pour que le lin atteigne une dessiccation presque suffisante. On termine le séchage dans un séchoir alimenté par un calorifère à air chaud, ayant 20 mètres de long sur 6 de large; on place quatre rangées dans la hauteur; on fait aussi sécher des lins sur des treillages, superposés à 30 centimètres les uns des autres, et placés dans le sens de la longueur du séchoir.

L'opération du rouissage fait perdre 24 à 30 p. 100 du poids du lin; le coût est d'environ 6 fr. par 100 kil., séchage compris. Cependant, si on devait l'opérer uniquement par des moyens artificiels, la dépense serait plus forte.

§ 5.

AUTRE NOTE SUR LE PROCÉDÉ DE ROUISSAGE À L'EAU CHAUDE, DE SCHENCK.

M. M.-C. Handorffer a fait une description très-intéressante du rouissage à l'eau chaude, système Schenck, pratiqué dans l'usine de Criève (Irlande). Cette description, que nous reproduisons ci-après, jointe à celles qui précèdent, complétera tout ce qu'il peut être utile de savoir touchant le *modus faciendi* de nos voisins en matière de rouissage à l'eau chaude, dit mode américain.

La nouvelle méthode pour rouir le lin dans de l'eau, portée artificiellement à une certaine température, a été trouvée et appliquée pour la première fois en Amérique, et transportée, en 1847, en Angleterre, par M. Schenck, qui céda ses droits de patente à MM. Bernard et Kock, lesquels établirent, en 1848, de concert avec M. O'Donell, à Newport, comté de Mayo, en Irlande, le premier établissement d'après ce système. Un peu plus tard, on a fondé celui de Criève, où, après deux années d'expériences, on a arrêté ainsi qu'il suit la marche des opérations : 1° traitement du lin avant le rouissage; 2° rouissage; 3° opérations qui suivent le rouissage.

1. TRAITEMENT DU LIN AVANT LE ROUISSAGE.

Le lin, quelques semaines avant la récolte, c'est-à-dire vers la fin de juillet ou le commencement d'août, est acheté sur pied aux cultivateurs par une personne habile et exercée à ces sortes de marchés et d'expertises. La compagnie de Criève a payé les lins de 1850 à raison de 8 à 15 liv. sterl. l'acre d'Irlande, et, en moyenne, 12 liv. L'acquisition a lieu par un engagement écrit dont la formule est imprimée, et par lequel le vendeur s'oblige : 1° à ne récolter son lin qu'à l'époque la plus convenable, avec le plus grand soin, et à le faire complétement sécher suivant un moyen qu'on lui prescrit; 2° à le charrier à l'état parfaitement sec, avec toute sa graine, en bon état, et à une certaine époque, à l'établissement, où, après examen, on lui en délivre le prix. Ces mesures sont indispensables pour obtenir des lins de qualité plus régulière et pour ne pas être accablé, quelques jours après la récolte, par des masses énormes de matières premières qui, par leur volume, seraient très-encombrantes, et qu'il faudrait emmagasiner et surveiller pendant longtemps.

La récolte, du reste, se fait sous les yeux des inspecteurs de l'établissement, qui veillent à ce qu'il ne se perde pas de graine et que l'opération soit exécutée avec soin. Le lin est récolté lorsque la semence a atteint un degré convenable de maturité, c'est-à-dire vers la fin d'août. Le procédé est le même que celui usité en Belgique. Les ouvriers qui arrachent le lin sont suivis par d'autres qui en font des poignées ou bottes, qu'on réunit au nombre de douze pour en faire une chapelle ou moyette. Chaque botte, qu'on peut embrasser avec les deux mains, pèse environ 3 livres (1 kil. 36 gr.) à l'état sec. Le nombre des chapelles de douze bottes est, aussitôt après la récolte, consigné par l'inspecteur dans un registre spécial pour le contrôle de l'administration, et il en est délivré un duplicata au cultivateur. Le lin, en cet état, reste sur champ jusqu'à complète dessiccation, ce qui, quand le temps est favorable, a lieu en quelques jours; après quoi, sur un avis du directeur, il est, à un jour fixé, livré à l'établissement, où on le pèse et où l'on constate le nombre des bottes. Si tout est en règle, on en donne décharge au cultivateur et on en acquitte le prix.

Le lin, lorsque le temps est sec, est mis en meules en plein air. Les aires consistent en une maçonnerie haute de $0^m,75^c$ à $0^m,90^c$, ou en piliers de cette hauteur, couverts de fortes planches, ayant 24 mètres de longueur sur $3^m,60^c$ de largeur. C'est sur les aires qu'on monte le lin, la racine en dehors, sous une forme conique, qu'on couvre ensuite d'un toit en paille. Quelques-unes de ces meules peuvent contenir 500 quintaux métriques de lin, et il y avait en 1850, à Criève, 7,000 quintaux de lin emmagasinés, produit de la récolte de 262 acres irlandaises. On choisit, pour établir les aires, un endroit sec et, autant que possible, à la portée des salles où se fait l'égrenage.

 La première opération à laquelle le lin est soumis dans l'établissement est l'égrenage; on se sert pour cela d'une machine appelée en anglais *crushing machine*, dont les pièces principales consistent en deux cylindres massifs de fonte d'environ 0^m,30^c de diamètre, posés l'un sur l'autre, et dont l'inférieur est mis en état de rotation par une poulie à courroie montée sur son axe; le supérieur roule sur des coussinets mobiles. Le lin, saisi par la racine, est passé deux ou trois fois entre ces cylindres, qui brisent, ouvrent les capsules et font tomber la graine sans lui faire éprouver aucun préjudice. Ce travail occupe deux jeunes filles : l'une fait passer le lin deux ou trois fois à travers les cylindres, tandis que l'autre prend les bottes sans les délier, étale le plus possible l'extrémité qu'on va introduire entre ces cylindres et les livre à la première. Ce travail marche avec une telle rapidité qu'on passe par jour plus de 30 quintaux métriques de paille de lin et qu'on en récolte la graine. Pour que cette graine abandonne les capsules, et pour débarrasser les tiges de celles-ci, les poignées passent des mains des jeunes filles, qui les ont cylindrées, dans celles de deux hommes, qui les saisissent aussi par les racines et les frappent à plusieurs reprises sur des tréteaux, ce qui atteint parfaitement le but.

 Immédiatement après, le lin passe dans la machine à rogner pour en couper les racines (*root cutter*). Cette machine ressemble beaucoup à un hache-paille ou un coupe-racines, c'est-à-dire qu'elle consiste en un volant, en fonte, dont deux des rayons opposés sont armés de couteaux courbes, qui viennent en tournant trancher les racines du lin qu'on leur présente et qu'on fait saillir devant eux de 3 à 4 centimètres. Deux jeunes filles sont aussi nécessaires pour ce travail : l'une saisit les poignées ou bottes dépouillées de le graine, les bat verticalement sur une table pour en amener les racines au même niveau, afin qu'on ne coupe sur toutes les tiges que la même longueur, et les livre à la seconde, qui les saisit par le milieu et les pose dans l'auge de la machine à rogner pour les couper à la hauteur voulue.

Vient ensuite l'opération du lotissage. Cette opération est également faite par de jeunes filles, qui délient d'abord les bottes qui sortent de la machine à rogner, les tiennent verticalement en les étalant le plus possible, en séparent les tiges suivant leur longueur et leur qualité, et en font ensuite de nouvelles poignées de qualités aussi égales qu'elles peuvent. En 1850, on a fait à Criève trois qualités différentes, savoir : long n° 1, long n° 2 et court n° 3. Ce lotissage s'exécute sur des tables en bois, de $3^m, 60^c$ de longueur et $1^m, 30^c$ de largeur, sur lesquelles six ouvrières peuvent travailler ensemble. Ce travail y occupait en tout vingt-deux ouvrières pour apporter les bottes et les lotir. Cette opération est d'une très-grande importance pour obtenir, par des procédés ultérieurs de rouissage, des parties de lin de la même qualité, parce que des lins différents exigent un rouissage qui n'est pas le même ; elle suppose de la pratique, de l'adresse et du soin.

Chaque qualité, après avoir été pesée pour rétablir au besoin le poids des bottes, est ensuite étalée en éventail, comme on l'a fait précédemment, et apprêtée pour le rouissage. La perte de poids qui résulte de l'égrenage et du rognage des racines varie de 20 à 25 p. 100. Toutes ces opérations, qui se suivent sans interruption, ont lieu dans une même salle, assez spacieuse pour qu'on puisse encore y accumuler du lin pendant quelque temps, et, à Criève, cette salle a 22 mètres de longueur sur $9^m, 30^c$ de largeur. Toutes les opérations indiquées jusqu'à présent n'exigent que quelques mois de travail ; elles commencent aussitôt après la récolte, et on peut porter au commencement du printemps suivant la graine sur le marché.

Avant de passer à la description des procédés de rouissage, il convient de dire un mot sur le nettoyage de la graine. Par une première opération on débarrasse grossièrement la graine des débris de capsules qui s'y trouvent mélangés, au moyen d'un crible dont les mailles ont 12,5 millimètres de côté. Puis le mélange des graines, de menue paille et autres impuretés qui en résulte, est soumis à l'action d'une sorte de tarare, dont nous croyons inutile de donner ici la description. La graine est passée, à Criève, trois fois de suite dans des machines du même genre, qui ne diffèrent entre elles que par la finesse des mailles des deux cribles qu'elles renferment et que nous désignerons par les lettres a et b.

Dans la 1re machine, a a 4 et b 16 mailles au pouce carré anglais.
Dans la 2e machine, a a 8 et b 64 —
Dans la 3e machine, a a 16 et b 256 —

Il faut pour ce travail un jeune garçon qui surveille les cribles et les nettoie, deux jeunes filles qui alimentent les trois machines et un contre-maître qui veille à ce que le nettoyage soit exécuté avec soin.

La graine qui se trouve dans les machines, partagée en bonne graine lourde et en graine légère, est répandue sur une aire sèche et aérée, où on la retourne fréquemment pour en améliorer la qualité.

On peut, avec ces machines, nettoyer par jour la graine de 50 quintaux métriques de paille de lin, et la quantité recueillie est d'environ 9 hectolitres de graine n° 1, à 30 ou 32 fr. l'hectolitre, et environ 36 litres de graine n° 2, à 20 fr. l'hectolitre.

Ainsi le produit en semence d'un hectare est, pour 30 quintaux métriques environ de paille de lin, d'environ 4,5 hectolitres de graine n° 1 et 18 litres de graine n° 2. La première sert aux ensemencements, et la seconde, ainsi que les capsules qu'on vend à raison de 30 à 50 centimes l'hectolitre, fournissent une excellente nourriture pour les bestiaux.

2. ROUISSAGE.

Le lin, après les opérations précédentes et à l'état sec, est, sans aucune autre préparation particulière, tel que premier blanchiment, aérage, rorage, soumis immédiatement au rouissage à l'eau chaude. Ce travail s'exécute dans des cuves en bois de forme ovale, qui est celle que l'expérience a fait reconnaître comme la plus avantageuse, et à chacune desquelles on a donné, à Crièvre, $3^m,60$ de longueur, $2^m,40$ de largeur et $1^m,65$ de hauteur. Ces cuves y sont au nombre de dix-huit, placées sur deux rangs, et il règne entre elles, sur la longueur, un tuyau de fonte de $0^m,75$ de diamètre, qui est mis en communication, par un autre tuyau latéral de $0^m,10$, avec la chaudière à vapeur. Chaque cuve a un double fond, placé à une distance de $0^m,08$ du fond et percé de trous et de fentes étroites. Du tuyau principal de vapeur partent des tubes de $0^m,05$, un pour chaque cuve, qui circulent entre les deux fonds à une distance de $0^m,38$ des parois et se terminent par un tube plus petit, de $0^m,012$, par lequel s'écoulent hors de la cuve les eaux de condensation. Le tube, avant son entrée dans la cuve, porte un robinet qui sert à l'introduction de la vapeur et à en régler l'afflux. Entre les deux rangs de cuves il existe aussi un autre tuyau de fonte de $0^m,10$, d'où partent de même des tubes qui se rendent à chacune des cuves et se terminent à un montant où ils présentent un robinet d'écoulement d'eau. Chaque cuve repose sur une plate-forme en maçonnerie où l'on a ménagé des canaux pour l'écoulement des eaux de rouissage. Les cuves à rouissage sont placées dans un bâtiment particulier, ouvert d'un côté, afin de pouvoir le ventiler abondamment et le garantir contre une prompte destruction qui résulterait de la vapeur et de l'humidité qui y règnent constamment. A ce bâtiment est attachée une salle, appelée *spreading room,* où l'on défait les bottes après le rouissage, pour faire sécher le lin, et où on le fixe entre des lattes de bois, comme on l'explique plus loin.

Le lin, après avoir été pesé de nouveau afin de pouvoir s'assurer des pertes de poids qui auront lieu plus tard, est introduit dans la cuve, le côté des racines en bas, disposé verticalement et chargé d'un couvercle qu'on assujettit avec des crochets pour empêcher les matières de remonter par suite de la fermentation. On remplit la cuve avec de l'eau froide jusqu'à quelques centimètres au-dessus du lin, mais en évitant de le laisser long-temps dans ce liquide froid, parce que ce séjour retarderait le développement de la fermentation. Aussitôt que la cuve est suffisamment remplie d'eau, on tourne le robinet du tube, afin de faire arriver peu à peu dans la cuve assez de vapeur pour que cette eau atteigne, au bout de huit heures, une température de 90° Fahrenheit ($32°,22$ centigrades), température qui doit être maintenue la même jour et nuit pendant toute la durée de l'opération, et qu'il est facile de conserver, à de faibles différences près, au moyen du robinet régulateur. Terme moyen, le rouissage est généralement terminé en soixante-six heures à partir de l'introduction de la vapeur; mais cette durée dépend de la qualité des eaux et principalement de celle des matières, et on s'assure que le lin est suffisamment roui en prenant quelques tiges de grosseur moyenne dans une des cuves et les rompant. Si la chènevotte se sépare aisément et complétement de la portion filamenteuse sans briser celle-ci, on peut considérer le rouissage comme terminé. On arrête l'afflux de la vapeur quand celle-ci serait encore nécessaire pour maintenir la température à $32°,25$; on fait écouler l'eau du rouissage, et, pour débarrasser le lin autant qu'il est possible, tant des impuretés que des matières organiques qui ont été dissoutes, on fait arriver pendant quelques heures de l'eau dans la cuve, puis enfin on enlève les bottes de lin.

Le succès et la durée du rouissage dépendent, comme on l'a déjà dit, de la qualité des eaux qu'on emploie; plus celles-ci sont pures et douces, plus la fermentation et le rouissage marchent régulièrement, et il faut éviter, autant qu'il est possible, l'emploi des eaux dures dans cette opération. On a dit encore que les lins de qualités différentes exigeaient aussi des temps différents pour leur rouissage, et à cet égard le lin fin a besoin d'un rouissage plus prolongé que celui qui est grossier, circonstance dont on doit peut-être rechercher la cause dans la texture plus dense et plus serrée du premier. C'est ainsi que se trouve justifiée l'opération indiquée ci-dessus, malgré les frais assez notables qu'elle occasionne, du lotissage des tiges de lin, afin de ne soumettre au rouissage que des lins autant que possible de la même qualité. Toutes simples, du reste, que paraissent ces opérations, elles exigent cependant, pour obtenir de bons résultats, beaucoup d'expérience pour juger du degré de rouissage nécessaire à chaque lin, ainsi que beaucoup de prévoyance et de soins.

Dans la saison favorable, qui dure huit mois, on remplit et on vide chaque jour, à Crièvre, six cuves : ce qui, par semaine, donne trente-six cuves, qui, à 3 quintaux métriques de lin sec chacune, donnent 108 quintaux par semaine, tandis que dans les mois d'hiver on ne traite par jour que quatre cuves, et par semaine 24 cuves ou 72 quintaux métriques de lin sec.

L'introduction et l'extraction du lin dans les cuves, et en particulier la conduite de celles-ci, exigent la présence d'un homme et d'un jeune garçon. La distribution de la vapeur, le règlement des robinets sont sous la direction du chauffeur de la chaudière à vapeur; c'est lui qui de temps à autre s'assure, au moyen du thermomètre, de la température dans les cuves, et qui, pour le contrôle du directeur, doit, de trois heures en trois heures, porter dans un registre particulier la température qu'il a trouvée dans l'eau de chacune des cuves en travail.

Aussitôt que le lin roui a été enlevé des cuves, on le transporte dans le *spreading room* dont il a été question, et là de jeunes filles défont les bottes et étendent les tiges entre deux lattes en bois, longues de 1^m,75, maintenues ensemble à leurs extrémités par des anneaux et au milieu par une anse de fil de fer, fixée au milieu de l'une d'elles, qui passe par une fente percée dans l'autre, et dans laquelle on insère un coin de bois pour le serrage. Ce travail se fait sur les tables, et à Criève il est exécuté, ainsi que la mise sur table et l'enlèvement, par treize jeunes filles. En cet état le lin est séché en plein air sous des appentis en bois. Les poignées, retenues ainsi vers le milieu de leur longueur entre les lattes, sont séchées sous ces appentis en introduisant les extrémités des lattes dans des entailles pratiquées dans des traverses qui garnissent les appentis où ces lattes sont posées horizontalement, tandis que les tiges se trouvent maintenues verticalement. Un appentis de ce genre a 27 à 30 mètres de longueur et 3^m,60 de largeur, une hauteur de trois mètres, et il est partagé dans son milieu par un bâti portant des traverses à entailles. A Criève, il y a quatre appentis de ce genre qui peuvent contenir le produit de douze cuves et sont placés dans un endroit aéré, à peu de distance des routoirs.

Quand le temps est favorable, le lin est sec au bout d'un à deux jours, et est alors réuni en bottes. Lorsqu'il est humide, et dans les mois d'hiver, le lin ne sèche pas entièrement en plein air, et on est obligé d'en compléter la dessiccation dans des séchoirs. Pour cela on a établi à Criève une salle au-dessus de celle de la chaudière à vapeur et dans laquelle on introduit les bottes. Cette chambre ne suffit pas toujours en hiver, et c'est ce qui a déterminé à établir un autre séchoir *(dessiccating room)*, d'après un mode de chauffage à l'air chaud inventé par M. R. Robinson, de Belfast; mais ce système a paru peu avantageux, et, après quelques expériences, il a été abandonné. En général, tout séchage du lin par voie artificielle doit être conduit avec la plus scupuleuse attention, et il ne faut jamais dépasser une température de 37° à 38° centigrades, parce qu'autrement on nuirait à la qualité du lin.

Dans l'opinion de l'auteur de ce rapport, M. M.-C. Handorffer, on ne devrait pas entreprendre de travaux de rouissage pendant les mois d'hiver, parce qu'en augmentant le matériel de quelques cuves, et un peu son personnel, on peut en saison favorable, en peu de temps et avec une économie notable dans les frais, rouir tout le lin qu'on aurait apprêté pendant l'hiver. D'un autre côté, ce travail n'est possible que sur de petites parties, et cela proportionnellement avec plus de main-d'œuvre, plus de soins, plus de frais surtout pour le séchage qui, en saison favorable sont très-peu considérables, puisque le séchoir au-dessus de la chaudière à vapeur suffit pour cela. Dans tous les cas, le rouissage en temps opportun réussit mieux et fournit des résultats plus satisfaisants.

Le mode de séchage du lin roui sous les appentis, qu'on vient d'indiquer, est en usage dans tous les établissements qui travaillent d'après le procédé de Schenck. Blanchir le lin sur le pré après le rouissage, et l'exposer à l'action de l'air et de la lumière, est une opération qui ne paraît pas admissible dans ce procédé à cause de la quantité considérable de matière, qu'il faudrait chaque jour étendre sur le pré et retourner pendant plusieurs jours, de l'étendue des prairies qui seraient nécessaires, du travail manuel que cela exigerait, et enfin des frais qui, en général, ne seraient pas en rapport avec les améliorations que la matière pourrait éprouver.

Quand, en été, on prévoyait que le temps serait tout à fait propice, on a cherché à épargner le travail en étendant les bottes, au sortir des cuves de rouissage, sur un pré où l'on en formait des chapelles, comme quand on fait la récolte. Cette mise sur le pré s'opérait en prenant les bottes, poussant le lien qui les retient vers le petit bout des tiges et étalant le côté des racines pour donner une base plus étendue à ces bottes. Mais, sous le climat trompeur et toujours variable de l'Irlande, ce procédé a présenté trop peu de chances de succès, et il est arrivé très-souvent que, par un changement de temps, on a été obligé d'en revenir au travail qu'on prétendait épargner, et de faire sécher sous les appentis. Du reste, comme la succession régulière des opérations, dans ce procédé de rouissage, suppose un séchage aussi prompt que possible après ce travail, on a trouvé, en définitive, que le séchage sous appentis était encore le plus sûr et le plus avantageux sous le climat de l'Irlande.

Tout le lin roui et séché en même temps est mis séparément en petites meules coniques, qu'on recouvre aussi d'un petit toit en paille pour le garantir de l'humidité. Pour écarter les ennemis, tels que rats, mulots, souris, etc., le soubassement de ces meules est garni avec des ramilles d'épine.

La perte de poids après le rouissage et le séchage s'élève en moyenne, à Crière, à 15 pour 100 de celui de la paille de lin bien sèche avant le rouissage.

3. TRAITEMENT DU LIN APRÈS LE ROUISSAGE.

L'opération à laquelle le lin est soumis après le rouissage ne doit pas suivre immédiatement celui-ci, et on ne l'y soumet qu'après qu'il est resté pendant quelque temps en meule. La durée qu'on considère comme nécessaire à cet emmagasinage est au moins de six à huit semaines.

Le lin roui est alors soumis à la machine à broyer (*rolling machine*) qui n'offre rien de bien nouveau, et qui consiste en cinq paires de cylindres cannelés, en fonte, placés à la suite les uns des autres, les cylindres engrenant réciproquement et étant tous mis en mouvement par un pignon d'angle et une poulie à courroie. La pression des cylindres supérieurs peut, suivant que l'exige la finesse ou la dureté des tiges de lin, être modifiée à l'aide d'un poids curseur. On fait avec le lin, qu'on pèse encore ici de nouveau, de petites poignées pouvant facilement être tenues à la main, que comme précédemment on ouvre et on étale, qu'on saisit par le côté des racines et qu'on engage, en les posant sur une planche en avant des cylindres, entre la première paire de ceux-ci. Aussitôt que le lin est saisi par les premiers cylindres, on en prend une seconde poignée semblable, on l'ouvre comme la première et on en pose l'extrémité mince sur les racines de celle-ci pour qu'elle s'engage de même entre les cylindres, et ainsi de suite. La chènevotte, brisée par les cylindres cannelés, tombe en partie et est ensuite extraite plus complétement de la fibre par la machine à espader.

Après que le lin a été broyé dans son passage à travers la machine, il est battu et remis en ordre par de jeunes filles pour l'opération suivante, c'est-à-dire que les fibres y sont rétablies parallèlement, et autant que possible posées milieu sur milieu. Ce travail, qui exige de l'habileté, est très-important; car de là dépend la perte plus ou moins forte qu'on fait en étoupes. Il faut, pour le service de la machine à broyer, quatre jeunes filles, savoir : deux qui font les poignées de la grosseur voulue et qui les passent à la troisième, laquelle les engage entre les cylindres, et une quatrième qui les reçoit à la sortie de ceux-ci. La mise en ordre est faite par huit ouvrières. Dans la machine en question on broie par jour 11,25 quintaux métriques de lin roui, et la perte par ce broyage s'élève à environ 14 p. 100.

Après le broyage vient l'espadage, qui s'opère au moyen d'une machine (*scutching machine*) d'un modèle déjà connu. Celle dont on se sert à Criève consiste en un arbre sur lequel sont montés dix volants composés d'un moyeu, de cinq rayons ou rais équidistants et reliés à leur extrémité par un anneau, le tout en fer. Aux extrémités de ces rais sont assujettis des batteurs ou espadeurs, qu'on avait d'abord faits aussi en fer, mais qu'on a remplacés depuis par d'autres en bois, comme plus avantageux. Le tout est enveloppé dans une cage; seulement, devant chaque volant ou roue, on a ménagé dans cette cage une ouverture par laquelle on expose le lin à l'action des batteurs tournants. L'ouvrier qui se tient à côté de la machine prend dans la main gauche une poignée de lin, qu'il pose sur une plaque en fer verticale, parallèle au mouvement du volant, en présentant avec la main droite d'abord le côté des racines, qu'il étale le mieux possible et qu'il renverse de temps à autre, à l'action des espades. Au bout d'un certain temps il retourne la poignée et travaille de la même manière l'autre moitié. Deux ouvriers travaillent l'un après l'autre chaque poignée : le premier nettoie grossièrement la fibre de la chènevotte qu'elle renferme, et le second l'en purge complétement par un travail plus soigné. Ces deux temps ont surtout pour objet de séparer les étoupes, celles du premier (étoupes n° 2) ayant une valeur moindre que celles (étoupes n° 1) du second, et les premières ne valant que 4 fr. 50 cent. à 5 francs le quintal métrique, tandis que les secondes ont un prix de 10 à 12 francs. L'espadage, pour être exécuté convenablement, exige une longue pratique, puisque c'est par cette opération que le lin acquiert, quand elle est bien faite, un bel aspect brillant et que sa qualité s'améliore. Les étoupes sont ensuite débarrassées, autant que possible, de la chènevotte qui sert de combustible. A Criève, dix ouvriers espadent, en moyenne, par jour, 9 à 10 quintaux métriques de lin broyé qui fournissent, terme moyen, 181 à 182 kilogrammes de lin espadé, 47 kilogrammes d'étoupes n° 1, et environ 150 kilogrammes d'étoupes n° 2.

Il existe aussi une autre machine à espader, dont on a fait l'essai à Cregagh, qui a été inventée par un Belge, M. Mertens, et est construite par MM. Mac Adam frères et compagnie, de Belfast. Cette machine, sur laquelle on est entré dans quelques détails, n'a pas encore complétement rempli le but; mais elle est susceptible de perfectionnements, et, comme elle économise beaucoup la main-d'œuvre, elle tend à remplacer le travail à la main, qu'il est difficile et dispendieux d'établir sur une grande échelle, excepté pour les qualités fines pour lesquelles il conservera toujours la supériorité.

La dernière opération à laquelle le lin est soumis, après l'espadage, dans les usines de rouissage, est le classement. Pour cela, chaque poignée est examinée, et les fibres qui diffèrent entre elles par la longueur, la couleur et la finesse, sont séparées les unes des autres pour en former de nouvelles poignées de même qualité, qu'on lie ensuite en bottes du poids de 8 kilogrammes pour être livrées aux filateurs. A Criève, on fait huit qualités dont chacune a sa marque, et dont le prix varie de 7 francs 42 centimes à 11 francs 75 centimes le stone de 16 livres (7 kilog. 25 déc.).

M. Scheibler a communiqué les résultats suivants sur le traitement de 1,000 kilogrammes de paille de lin, séché par le procédé belge de rouissage dans l'établissement de Patschkey et Suckam, en Silésie, résultat qu'on comparera avec ceux que fournit le procédé de Schenck, tel qu'on le pratique à Criève.

POIDS du lin sec venant des champs.	POIDS après l'égrenage.	PERTE de poids par l'égrenage en centièmes.	POIDS après le rouissage.	PERTE de poids au rouissage en centièmes.	POIDS après le broyage.	PERTE de poids au broyage en centièmes.	POIDS après l'espadage.	PRODUIT en centièmes du lin espadé.	ÉTOUPES.	PRODUIT en graine en hectolitre.
kil.	kil.		kil.		kil.		kil.		kil.	
USINE DE PATSCHKEY.											
1,000	750	25	562 50	25	515 68	8 5	111 68	21 7	55 77	1 09
USINE DE CRIÈVE.											
1,000	750	25	637 50	15	548 25	14 0	110 88	14 4	21 38 n°1 / 82 50 n°2	1 18

Nota. Le lin de Patschkey se vend à raison de 134 francs le quintal métrique, et celui de Criève à raison de 156 francs. Le prix de l'hectolitre de graine de lin est à peu près le même dans les deux établissements.

Il résulterait de ce tableau que la perte de poids au rouissage serait moindre de 10 p. 100 dans le procédé de Schenck que dans l'autre. Quant au produit après le broyage et l'espadage, il dépend en grande partie de la qualité du lin lui-même, de la manière dont ces opérations sont exécutées et de l'habileté des ouvriers; et, par conséquent, les comparaisons qu'on peut faire ne peuvent avoir qu'un caractère général et purement relatif.

L'Irlande possède déjà plus de vingt établissements organisés suivant le système de Schenck et qui traitent le produit de près de 2,500 hectares de terres cultivées en lin. Quant aux avantages de ce procédé, voici en quoi ils consistent principalement :

1. Le travail du rouissage n'est plus confié au cultivateur, qui souvent n'avait pas, pour l'amener à bien, les connaissances nécessaires, ou qui ne prenait pas assez de soin pour le faire réussir, suivant les conditions locales ou climatériques. Exécuté aujourd'hui dans un établissement particulier, sous la direction d'hommes instruits et exercés, par un procédé expéditif, on obtient des produits plus réguliers et d'une meilleure qualité avec un lin donné.

2. Les produits sont aussi plus abondants, d'abord par un excédant en graine de lin, et ensuite par une perte moindre au rouissage.

3. On peut traiter par ce système, avec des frais moindres, des quantités de lin infiniment plus considérables, dans un temps donné, que par toute autre méthode. A Crième, les frais pour rouir et sécher 10 quintaux métriques de lin sec ne s'élèvent que de 9 à 11 francs, somme beaucoup moindre que celle qu'exigerait tout autre procédé.

Quant au lin produit par le rouissage à l'eau chaude, les avis se sont, jusque dans ces derniers temps, partagés, à cause de l'enthousiasme des uns en faveur de ce procédé et des préjugés des autres contre lui. Les premiers ont prétendu que la méthode de Schenck fournissait en Irlande un lin qui, s'il n'était supérieur, était au moins égal à celui de la méthode belge ; les autres ont, au contraire, soutenu qu'il était d'une qualité médiocre et peu propre à la filature. Assurément, par les autres méthodes, on peut bien, par un traitement habile et soigné, obtenir un produit aussi bon et même meilleur ; mais il n'en est pas moins vrai que le lin travaillé dans les établissements organisés suivant la méthode de Schenck a eu, jusqu'à présent, l'avantage sur celui préparé par les liniers des campagnes et espadé par machine, et que ce dernier ne se vend à Criève que de 6 francs à 9 francs 20 centimes le stone, tandis qu'on paye le lin qui sort de cet établissement de 7 francs 20 centimes à 10 francs 80 centimes.

Quant à la filature du lin préparé par la nouvelle méthode, l'auteur dit que dans la filature de M. Shaw, à Celbridge, le lin roui à Criève est employé à filer les numéros 30 à 60 de trame, tandis qu'on préfère le lin hollandais et belge pour les numéros plus élevés; mais cette circonstance tient plutôt à la qualité naturelle des lins qu'aux procédés de rouissage.

Pour traiter le produit de 150 hectares de terres cultivées en lin, il faut par le procédé de Schenck :

1 machine à égrener du prix de....................	375 francs.
1 machine à rogner les racines.	95
3 tarares à nettoyer la graine.....................	390
1 appareil de rouissage de dix-huit cuves, avec tubes et robinets de vapeur............................	9,000
Tuyaux et tubes d'eau............................	550
1 machine à broyer...............................	800
1 machine à espader à dix sièges..................	1,400
1 chaudière à vapeur de la force de douze chevaux......	1,800
Roue hydraulique, engrenages, arbres de couche.......	4,000
Séchoirs, ustensiles divers........................	12,000
TOTAL......................	30,410

Les différentes opérations exigent le personnel suivant :

1. Égrenage........................	2 hommes,	2 jeunes filles.
2. Rognage des racines..................	//	2
3. Lotissage.........................	//	22
Inspecteur......................	1	//
4. Rouissage.......................	2	//
Chauffage de jour et de nuit..............	2	//
5. Séchage.........................	//	13
6. Broyage.........................	1	12
7. Espadage........................	10	//
8. Classement et bottelage................	1	//
9. Nettoyage de la graine.................	1	2
Contre-maître.....................	1	//
10 Valet...........................	1	//
TOTAL.................	22	53

On a fait à Criève, pendant le séjour de l'auteur, plusieurs expériences dont voici les résultats :

1. 6,5 quintaux métriques de paille de lin ont été traités par le procédé de Schenck, excepté seulement qu'on n'a élevé la température qu'à 70° Fahrenheit (21° 11 c.). Il a fallu, pour que le rouissage fût complet, attendre 150 heures, et le résultat a été :

Après le rouissage............................	538 kil.
Après le broyage.............................	525 12
Produit en lin espadé.........................	86 60

2. De même on a roui une autre partie à une température de 80° Fahrenheit (27° 67 c.). L'opération a duré 92 heures, et le résultat a été de même peu favorable.

3. Une troisième partie a été soumise une seconde fois au même procédé, parce qu'on pensait que le lin en serait affiné et augmenterait ainsi de valeur. Il en a bien été ainsi, mais non pas suffisamment pour couvrir l'énorme perte de poids et les frais doubles de travail. Voici du reste le résultat :

Poids avant le rouissage.......................	1,025 kil.
—— après le premier rouissage.................	859 53
—— après le deuxième rouissage...............	804 55
—— après le broyage.........................	709 55
Produit en lin espadé.........................	122

Ce lin valait à peu près 12 francs 60 centimes le stone.

4. D'après quelques indications, on a ajouté aux eaux de rouissage de la morelle bleue, pour accélérer la fermentation. Le rouissage a été terminé en 66 heures; mais, au total, cette addition n'a pas produit de changement notable.

5. Dans une autre expérience, on a pris deux lots d'un même lin qu'on a roui simultanément par deux moyens différents, l'un par le procédé de Schenck, et l'autre comme il suit : à l'eau froide du routoir on a ajouté 7 kilogrammes d'un mélange de résine et de savon, dans lequel le lin est resté d'abord 74 heures, puis l'eau pour compléter l'opération a été portée et maintenue

à la température de 125° Fahrenheit (61° 66 c.). L'opération a duré en tout 98 heures. Le lin ainsi traité devait présenter, disait-on, une plus belle apparence, et le rouissage fournir d'excellents résultats; mais il n'en a pas été ainsi, comme l'indique le tableau des résultats.

Poids avant le rouissage................................	275 kil.
Idem...	312 50
Poids après le rouissage...............................	234 45
Idem...	258 60
Poids après le broyage................................	190 80
Idem...	216 32
Produit en lin espadé.................................	39 22
Idem...	40 82

On a encore entrepris beaucoup d'autres expériences analogues; mais, en général, elles ont fourni des résultats moins avantageux que le procédé simple de Schenck.

La machine à égrener dont il est fait mention dans la note page 69, le coupe-racines décrit page 70, la machine à broyer dont il est parlé page 78, ainsi que celle à espader, de l'invention de M. Mertens, et rappelée page 80, sont les mêmes que celles qui figurent dans notre atlas sous les n°s 8, 17, 18.

§ 6.

LE ROUISSAGE AMÉRICAIN PRATIQUÉ EN FRANCE.

Jusqu'ici le rouissage américain, tel qu'il est pratiqué en Irlande et en Angleterre, n'a donné lieu en France qu'à une seule entreprise; c'est la maison Scrive-frères, de Lille, qui l'a montée.

Bien que nos études fussent faites dans un intérêt général, en accomplissant la mission qui nous a été confiée par le Gouvernement, nous n'avons pas été admis à visiter l'établissement de Marcq, où MM. Scrive pratiquent leur rouissage.

Néanmoins, heureusement servi par les circonstances, nous possédons un document officiel qui contient des renseignements positifs sur ce qui se passe à Marcq. Ce document est un rapport remarquable, dû à l'honorable M. Loiset, ancien membre de l'Assemblée nationale, parlant comme rapporteur du conseil central de salubrité du département du Nord.

Nous puiserons dans ce rapport, sur lequel nous aurons occasion de revenir plus tard, des renseignements précieux au point de vue de l'utilité de certaines machines, construites pour la préparation des lins, et de la salubrité du mode de rouissage qui nous occupe.

Nous attachons une grande importance aux faits qui ont été observés chez MM. Scrive, d'abord parce qu'ils ont été étudiés par des hommes capables et agissant en vertu de pouvoirs officiels, ensuite parce que l'habileté très-connue de MM. Scrive ajoute un caractère tout particulier aux observations faites dans les usines qu'ils dirigent. A peine nos habiles industriels eurent-ils installé et mis en mouvement les mécaniques qu'ils ont tout récemment importées d'Irlande, qu'ils reconnurent, malheureusement un peu tard, que ces machines étaient bonnes à mettre au grenier.

MM. Scrive sont très-connus pour leur philanthropie. Malgré cela, le purgatif qu'ils administrent chaque semaine à leurs ouvriers justifie pleinement l'opinion émise dans le rapport précité, et nous porte à dire avec son auteur : Mieux vaudrait éviter le mal que d'avoir à le combattre.

L'extrait que nous donnons du rapport de M. Loiset au conseil central de salubrité du Nord figure aux annexes sous le n° 4.

L'insalubrité du rouissage américain, constatée à Marcq, n'est point un fait isolé et particulier à l'usine de MM. Scrive ; cette insalubrité est inhérente au mode lui-même et se produit partout où il est mis en usage. Nous aurons occasion d'en parler plus longuement dans le compte rendu que nous ferons, dans un chapitre spécial, de certaines expériences comparatives entre le mode américain et le procédé de M. Terwangne, de Lille ; déjà nous entrevoyons que ce dernier méritera une préférence marquée.

§ 7.

MODE DE PRÉPARATION ET DE ROUISSAGE DU LIN ET AUTRES MATIÈRES FILAMENTEUSES, PAR DES AGENTS CHIMIQUES ET PAR LE VIDE, PAR M. D. F. BOWER.

On sait (dit l'auteur de cette note) qu'après que le lin a été arraché et qu'il a séché sur le terrain, que les semences en ont été détachées, on le plonge ordinairement quelques semaines dans l'eau pour le faire rouir, c'est-à-dire pour détacher la matière gommo-résineuse qui agglutine ses fibres. Les tiges, au terme de ce rouissage, sont enlevées, séchées, broyées et sérancées pour en détacher la chènevotte et les autres matières. Or, j'ai remarqué que la matière gommo-résineuse ou autres corps étrangers à la fibre, quoique détachés en partie par l'eau, ne sont pas encore complètement enlevés sur sa fibre, et que, lorsque celle-ci est séchée, une portion adhère encore et s'oppose à un broyage et un sérançage parfait. Pour remédier à cet inconvénient, je plonge le lin, déjà roui à la manière ordinaire, dans l'eau froide ou chaude; si l'eau est froide, cette immersion dure six jours; si elle est chaude, elle est bien moins prolongée; alors j'enlève les bottes de l'eau et je passe le lin entre des cylindres qui expriment la matière gommo-résineuse qui peut encore exister à la surface ou entre les fibres. Après cela, j'immerge encore une fois le lin dans l'eau froide ou chaude pendant six jours, et je le soumets de nouveau à la pression en passant les tiges entre les cylindres. Cette opération terminée, le lin est séché, broyé et sérancé à la manière ordinaire, et on trouve qu'il est alors mieux débarrassé des matières gommo-résineuses et étrangères que s'il avait été roui pendant plus longtemps et travaillé par les procédés vulgaires.

Pour les sortes de lin les plus fines, et quand on veut une fibre d'une belle couleur, on plonge le lin dans une solution d'ammoniaque caustique ou sel neutre alcalin. Les sels auxquels je donne la préférence sont le chlorure de sodium ou sel marin, et le sulfate de soude. La quantité d'alcali ou de sel qu'il faut dissoudre dans une quantité donnée d'eau dépend de la température à laquelle on opère et de la qualité de l'eau employée, ou, en d'autres termes, la proportion d'alcali ou de sel dépend des matières contenues dans l'eau, tels que sels de fer, sels de chaux, etc., et il est impossible d'indiquer des proportions définies pour chaque nature d'eau. Je me bornerai donc à dire que, si l'on se sert d'eau de pluie ordinaire, on ajoute 1 kilogramme d'ammoniaque caustique ou des sels neutres ci-dessus pour 7 hectolitres d'eau.

Avec ces solutions, on peut opérer à des températures entre 30° et 50° centigrades, et l'opération est terminée en trente heures environ. Si l'on se sert d'eau froide, il faut augmenter la quantité d'alcali et de sel; l'opération dure alors quatre jours. L'addition de ces réactifs aux eaux où l'on plonge les plantes facilite beaucoup le rouissage; mais, de plus, après avoir été soumises ainsi à l'action des solutions alcalines pendant quelque temps, les fibres sont passées entre les cylindres, ou soumises par quelque autre moyen à la pression, pour en exprimer la matière gommo-résineuse qui est dissoute, procédé qui facilite encore l'opération et lui donne plus d'efficacité.

Un autre procédé pour préparer cette sorte de fibre végétale consiste à opérer dans le vide sur les tiges de lin. Pour cela, on place le lin dans un vase cylindrique ou d'une autre forme impénétrable à l'air, et on y fait le vide à l'aide de pompes ou d'autres moyens. Cela fait, on introduit dans ce vase une solution d'ammoniaque caustique, de chlorure de sodium, de sulfate de soude ou autre sel neutre alcalin, dans la proportion de 1 kilogramme de sel pour 7 hectolitres d'eau qui doit être chauffée à une température variant de 30° à 50° centigrades. Par l'épuisement de l'air contenu dans le tissu cellulaire des plantes, celles-ci se trouvent placées dans une condition plus favorable à l'action rapide et facile des agents chimiques dont on se sert; aussi, lorsque cette solution alcaline est introduite dans le vaisseau où l'on a fait le vide, le lin l'absorbe-t-il avec avidité. On l'abandonne à cet état de saturation pendant trois à quatre heures, plus ou moins, suivant les circonstances, après quoi on écoule la liqueur et on fait de nouveau le vide. Cette opération a pour effet d'extraire et de détacher les matières gommo-résineuses et autres qui sont à l'intérieur de la fibre. Après avoir fait ainsi le vide une seconde fois, les matières fibreuses sont enlevées, déposées en tas pour qu'elles refroidissent peu à peu sans fermentation, puis on les étend sur le pré ou sous des hangars, et, lorsqu'elles sont sèches, on les soumet à la brosse et au séran.

Au lieu d'employer une solution alcaline, je ne me sers souvent que d'eau chaude que je fais arriver dans le vaisseau après qu'on y a fait le vide.

Pour éviter de soumettre à une pression mécanique le lin qui a roui en vase ouvert, comme je l'ai expliqué précédemment, je place souvent le lin, après une immersion suffisante, dans un cylindre ou autre vaisseau, et je le soumets à l'action du vide, tant pour extraire les matières gommo-résineuses ou autres de l'intérieur des fibres que pour en exprimer l'humidité superflue.

§ 8.

SUPPRESSION DU ROUISSAGE, PAR MM. SIX, OU PERFECTIONNEMENT DANS LES PROCÉDÉS DE BLANCHIMENT DU LIN ET DU CHANVRE.

Cette invention consiste dans des procédés perfectionnés pour blanchir :

1° La partie fibreuse du lin et du chanvre, mais principalement le premier, dans toute la longueur première de la plante et avant le teillage;

2° Le lin qui a été seulement en partie teillé et qui conserve encore une portion de sa chènevotte qu'on n'enlève qu'après le blanchiment;

3° Le lin qui a été complétement teillé et réduit à l'état de fibre, tel qu'on le trouve également dans le commerce, c'est-à-dire sérancé et peigné en poignées avant la filature.

Pour procéder à ces diverses opérations on emploie différents systèmes :

1° Le premier de ces systèmes est celui dit continu, qui consiste à soumettre le lin ou le chanvre en paille, qu'on a déposé dans des cuves, à toutes les opérations qu'on emploie ordinairement pour obtenir les divers degrés de blanc sans les changer de place et jusqu'à ce que le blanchiment soit complet. Le lin est introduit dans la cuve sur un faux fond disposé pour pouvoir être levé par des cordes et des poulies ou autre moyen mécanique. Ce lin peut être travaillé dans les cuves, et en être extrait suivant qu'on le juge convenable;

2° On applique les procédés de blanchiment au lin qui n'a été que partiellement dépouillé de sa chènevotte, et, dans ce cas, on laisse 20 centimètres, plus ou moins, de cette chènevotte au pied de la plante, et on complète le broyage après que les matières ont été blanchies. Cette manière d'opérer présente cet avantage qu'on conserve la fibre dans un état plus naturel et plus avantageux. Dans cet état, en effet, les matières forment moins d'étoupe au peignage que celles qui ont été blanchies après avoir été complétement broyées;

3° On se sert de claies pour blanchir le lin après qu'il a été partiellement ou complétement teillé, ou après avoir été peigné comme dans le numéro 2.

La forme et les dimensions de ces claies varient suivant les cuves dans lesquelles elles doivent opérer. On peut les faire en bois, en métal, ou en toute matière, et elles sont composées d'un assemblage de tringles ou de lattes disposées sous la forme de peignes et placées à une distance de 12 à 15 millimètres entre elles. Les dents des peignes qui composent ces claies ont environ 40 à 50 millimètres de hauteur; elles sont pointues à leur base et peuvent avoir 12 à 13 millimètres de diamètre. On s'en sert pour pratiquer des vides à travers les couches de lin et empêcher les matières de s'enchevêtrer les unes dans les autres, pour faciliter la filtration des liqueurs employées, et dont le lin doit être parfaitement imprégné et pénétré pour obtenir un blanchiment aussi uniforme que possible. Ces claies servent à déposer le lin en couches uniformes, qui varient en épaisseur, et qu'on place les unes sur les autres dans les cuves jusqu'à ce que celles-ci soient pleines. La pression qui résulte de la superposition se trouve ainsi annulée, attendu que les dents ou les pointes des claies qui sont au fond portent celles qui sont au-dessus d'elles, et ainsi successivement jusqu'aux dernières. Le lin se trouve donc ainsi libre entre les claies, et la pression de celui qui est par-dessus n'empêche pas les agents de blanchiment de pénétrer aussi facilement à travers les matières qui sont au fond de la cuve que dans celles placées au-dessus. On peut parvenir au même résultat en employant des claies simples et sans dents, comme celles en osier, en bois, ou en toute autre matière, pourvu qu'on les arrange dans la position indiquée ci-dessus, et ayant soin de placer de petits croisillons en bois entre elles pour empêcher la pression des claies supérieures sur le lin placé sur celles de dessous. Si l'on fait choix de ce dernier genre de claies, il faut avoir l'attention d'introduire, dans le lin qu'on dépose dessus, des baguettes de bois de cinq à six millimètres de diamètre qui facilitent la filtration des liqueurs à travers les matières à blanchir.

Un des avantages remarquables que procurent ces modes divers de blanchiment, c'est qu'on obtient, après l'opération, un lin dans un état naturel et parfait qui permet de le filer aussi aisément que s'il avait été soumis au rouissage. Le lin ainsi blanchi donne un fil plus fort et plus beau que celui qui est blanchi après avoir été filé à l'état brut.

Pour opérer, on commence par poser dans les cuves les faux fonds, qui sont percés de trous, et qu'on place à 15 ou 20 centimètres du fond, et, entre celui-ci et le faux fond, un tuyau de vapeur pour élever au besoin la température du bain. Quand on opère sur du lin en bottes ou avec sa paille, les bottes sont placées debout sur ce faux fond; si le lin est teillé ou peigné en partie ou complétement, on l'étend et on le dispose sur les claies ainsi qu'il a été dit. Alors on introduit les lessives, les liqueurs chlorées, les acides et l'eau, alternativement, dans les cuves à blanchiment en quantités suffisantes pour immerger complétement les matières qu'il s'agit de blanchir. Puis on soutire les liqueurs, après qu'elles ont fait leur effet, par un robinet sur le fond de la cuve.

Il est inutile de décrire les procédés chimiques employés dans ce mode de blanchiment; ce sont les mêmes que ceux connus et généralement appliqués.

§ 9.

PROCÉDÉS DIVERS DE ROUISSAGE.

M. L.-W. Wright, l'un des exposants à Londres, a obtenu un brevet, en 1849, pour le rouissage de diverses matières filamenteuses par l'emploi de la lessive de soude chaude.

Du lin de la Nouvelle-Zélande, préparé par M. J.-J. Donlan, figurait aussi à la grande exhibition de Londres. M. Donlan n'a pas fait connaître son procédé, mais il assure qu'il travaille le lin entièrement à sec et par des moyens purement mécaniques; il affirme, en outre, que toute l'opération ne dure qu'une heure et que la fibre est tout aussi bien préparée pour la confection de la dentelle la plus fine que pour la toile d'emballage la plus grossière.

Les faits avancés par M. Donlan n'ont pas été justifiés d'une manière complète; il n'avait exposé que de la toile à voiles. Il a aussi négligé de faire connaître un point important, celui relatif à la quantité de matières fibreuses qu'il obtient comparativement aux autres procédés.

Les produits exposés par M. Swaale, de la Haye, avaient beaucoup d'analogie avec ceux de M. Claussen; M. Swaale n'a pas fait connaître par quel procédé il avait préparé son lin.

Depuis quelques mois seulement, des établissements de rouissage ont été montés à Belfast d'après un système nouveau, nouveau, du moins, pour l'Irlande. Il consiste dans l'emploi direct de la vapeur et s'effectue en quelques heures, sans fermentation putride. Les eaux provenant de ce mode de rouissage, loin d'être malfaisantes, contiendraient un principe nutritif très-puissant et on en tirerait un parti avantageux pour l'engraissement du bétail, notamment pour engraisser les porcs.

Un de nos amis, de qui nous tenons un échantillon de lin traité par la nouvelle méthode, nous affirme avoir vu une centaine de porcs engraissés dans un établissement de rouissage qui opère d'après le nouveau procédé.

Pour opérer d'après la méthode Watt (c'est sous ce nom qu'on désigne le nouveau procédé), on place la matière brute dans une cuve ou chambre hermétiquement fermée, dont le pla fond est formé par la partie inférieure d'un récipient en fer, rempli d'eau froide : un plancher, perforé de trous à la distance d'un pied l'un de l'autre, admet la vapeur (à faible pression); après avoir traversé les couches de lin, elle se condense par le contact avec le récipient, ou réfrigérant en fer, et s'échappe en pluie par les ouvertures du plancher.

On diminue sensiblement les frais de dessiccation et l'on prédispose les filaments à une séparation facile du ligneux, en écrasant les tiges de lin, au sortir du routoir, entre plusieurs séries de cylindres qui parviennent à extraire environ 80 p. o/o du liquide par la pression qu'ils exercent.

La Société royale irlandaise, pour l'amélioration de l'industrie linière, paraît disposée à mettre le nouveau système au-dessus du procédé Schenck et du procédé Claussen; elle dit :

Par la méthode Watt, il y a grande économie de temps;

On obtient plus de rendement et une filasse de qualité supérieure;

On évite les miasmes nuisibles et le méphitisme du vieux système;

On obtient un liquide inodore et nutritif pour les bestiaux;

Enfin on peut, sans beaucoup de frais, monter des établissements dont les produits se placeront facilement à des prix avantageux; ce qui sera un puissant encouragement pour la culture du lin et l'industrie qui s'y rattache.

Les moyens de rouissage ou de blanchiment mentionnés dans ce chapitre ne sont pas les seuls qui aient été essayés, mais ils sont les plus remarquables parmi ceux que nous connaissons; nous renvoyons, du reste, pour de plus amples renseignements sur cet objet, au compte rendu de nos expériences, chapitre V.

CHAPITRE IV.

DESSINS, DESCRIPTION ET AVANTAGES ATTRIBUÉS A DIVERSES MACHINES MÉCANIQUES EMPLOYÉES EN ANGLETERRE, EN IRLANDE ET EN FRANCE, POUR LE BROYAGE, LE TEILLAGE ET LE PEIGNAGE DU LIN.

Nous n'avons point encore expérimenté les machines dont les dessins suivent. Plusieurs d'entre elles doivent cependant servir dans les travaux qui nous restent à faire ; il sera fait mention des résultats que nous en aurons obtenus dans le chapitre qui servira de compte rendu de nos expériences 1851-1852. Nous donnons donc seulement, quant à présent, la description de ces machines, en y joignant les observations de leurs constructeurs ou inventeurs.

M. Robert Plummer, que nous avons cité plus haut, est le manufacturier qui a envoyé à l'exposition de Londres les machines les plus complètes pour le broyage et le teillage du lin. L'une de ces machines, celle qui est peut-être appelée à rendre le plus de services, n'est autre chose que le moulin belge et hollandais, notablement perfectionné et rendu machine manufacturière. Sa machine à broyer nous paraît aussi offrir quelques avantages sur la machine irlandaise de MM. Adam frères et compagnie, de Belfast. Nous reproduisons ici les dessins des unes et des autres. M. Robert Plummer avait aussi exposé plusieurs peigneuses dont nous donnons également les dessins et la description.

Nous trouvons, dans une notice de MM. Bernard et Kock, de Belfast, l'opinion ci-après sur l'emploi des moyens mécaniques appliqués à la préparation des lins.

« Le lin doit être broyé et teillé à la main ou par les machines.
« Ce premier mode offre de bons résultats quand il est fait par

« un ouvrier adroit; mais cela ne peut se faire sur une grande
« échelle à cause de la trop grande difficulté de se procurer des
« bras assez nombreux, réunissant la capacité nécessaire à ce
« travail. On doit donc donner la préférence aux machines.

« Avec les anciens procédés, l'ouvrier a besoin d'expérience et
« de pratique pour le broyage et le teillage ; au fait, c'est une
« véritable profession pour lui ; une instruction théorique ne peut
« suffire pour former de bons ouvriers, il leur faut principale-
« ment la pratique. Les machines nouvellement construites chez
« MM. Adam frères et compagnie ont été faites pour suppléer à
« l'habileté des ouvriers, et nous sommes persuadés qu'on en
« obtiendra un travail satisfaisant. »

Ces messieurs font aussi remarquer, ce qui est vrai, que, dans un travail manufacturier, on peut tirer parti des débris de chènevottes et les employer utilement comme moyen de chauffage. Ils affirment que trois tonnes de ces débris égalent une tonne de charbon. Il est bien évident, du reste, que l'une des conséquences des routoirs manufacturiers est l'emploi des machines mécaniques pour le broyage et le teillage du lin.

§ 1er.

MACHINES ET INSTRUMENTS DE M. ROBERT PLUMMER.

Nous laissons à M. Robert Plummer le soin de décrire et de faire ressortir les avantages qu'il attribue à ses machines, dont nous donnons ici les dessins.

Explication des lettres-patentes délivrées, le 14 mars 1849, à Robert Plummer, de Newcastle-upon-Tyne, pour perfectionnements apportés aux machines, instruments et procédés en usage pour préparer le lin et les autres substances filamenteuses, accompagnée de planches, désignées par les lettres A, B, C, D, E, F.

Les améliorations qui ont motivé le présent brevet consistent,
1° Dans l'application de nouveaux instruments ;

2° Dans la construction de quatre machines avec crampons (*holders*) et autres objets, à l'aide desquels le lin est préparé avec moins de perte que par les appareils usités jusqu'à ce jour ; savoir :

1° Machine à brosser à double cylindre.
2° ———— à peigner, à double cylindre, perfectionnée ;
3° ———— à peigner, à double montant en tôle, oscillatoire ;
4° Moulin à teiller à disque rotatoire ;
5° Crampons améliorés pour le peignage.

OBSERVATIONS PRÉLIMINAIRES.

Nature du lin.

Le lin est une fibre modérément longue, mais ferme, pourvue de qualités précieuses, pouvant être fendue et divisée en filaments très-ténus, donnant lieu à des produits manufacturés d'une grande beauté.

Le lin arrive ordinairement au filateur dans un état de préparation très-imparfaite, à l'exception du lin de Flandre et des plus belles variétés de lin français.

Traitement du lin.

Les fibres du lin sont réunies ou cimentées fortement ensemble par une substance gommeuse naturelle. La première chose à laquelle le manufacturier fait attention, c'est d'enlever au lin la gomme, les ordures et l'étoupe dont il est encore pourvu après une préparation imparfaite qu'il a reçue du cultivateur. A l'usine on s'occupe aussi de produire de beaux filaments par toutes, plusieurs ou seulement l'une des opérations suivantes : le teillage, le coupage, le peignage, le houssinage et d'autres procédés analogues ; on peigne toujours le lin ; on le coupe fréquemment. Cette dernière opération réduit le lin à moitié, au tiers ou au quart de sa longueur naturelle.

Par ces méthodes, le filament, long et ferme de sa nature, est rendu court, souple et cotonneux, ressemblant beaucoup par sa qualité et sa texture au fil et à la toile qu'il sert à confectionner.

Du déchet résultant de la préparation.

On ne peut considérer ce système de préparation du lin que comme le premier âge de la manufacture. Il a pour effet de réduire, en moyenne, la moitié de la fibre en une matière commune, l'étoupe, d'une valeur moitié moindre. Or, le prix de l'autre moitié, la meilleure, est considérablement accru, puisqu'elle a à supporter non-seulement la différence, en moins, de la valeur de la première, mais encore le déchet et les frais résultant des préparations manufacturières. De là vient, en grande partie, que les étoffes de lin coûtent plus cher que les étoffes de coton, bien que la valeur du lin brut soit inférieure à celle du coton brut.

Améliorations dans le mode de préparation.

En considérant, 1° que les procédés primitivement en usage détruisaient les filaments; 2° que, mêlés ordinairement entre eux, et soumis dans cet état à l'action de dents de peignes ou sérans en métal résistant, ils étaient souvent déchirés; 3° enfin, qu'on s'était attaché à obtenir la finesse du lin en diminuant et en détruisant son caractère, plutôt qu'en le lui conservant, tout en procédant à son nettoyage, il m'est venu une idée que le temps a mûrie; la voici : on peut et on doit perfectionner le mode de préparation du lin. Il n'est pas autant besoin de modifier la forme et l'espèce des appareils que le système de traitement du lin. Si l'on pouvait parvenir à préparer le long brin avec douceur, non-seulement on aurait rendu un grand service à l'industrie linière, mais encore il serait plus facile d'éviter le coupage, et d'agir avec du lin qui aurait conservé toute sa longueur et son intégrité.

Application des brosses.

La présente invention est le premier pas fait vers des résultats si avantageux et si désirables. Elle consiste à employer une machine à brosser avant celle à peigner, ou à substituer, dans le second de ces appareils, des brosses confectionnées avec des matières élastiques aux sérans en métal résistant.

La matière à préférer pour la confection des brosses est la baleine coupée et disposée en crins de brosse à des degrés différents de finesse.

Il est évident que le traitement du lin en longs brins entraînera une modification dans le filage, s'il y a avantage à s'en servir pour la confection de quantités plus considérables de fil.

Il y aura certainement amélioration, et, si l'on parvient à nettoyer et préparer convenablement le long brin, il ne sera pas plus difficile de former un fil uni avec ce lin qu'avec le lin court.

Avantages des brosses.

L'emploi des brosses a pour but de rendre les filaments et l'étoupe beaucoup plus propres, de les débarrasser des matières ligneuses, de la gomme et des corps étrangers; de précipiter ces rebuts sur le sol; de donner une plus grande souplesse aux filaments, en les disposant parallèlement avant qu'ils soient soumis à l'action des aiguilles métalliques du séran; de réaliser une économie de peignes, de faire l'office de cardes; de rendre la tranche plus pure, le travail plus égal et le déchet moins considérable; de produire enfin un fil plus propre, plus uni et plus brillant.

Substitution des brosses aux peignes ou sérans.

De grands avantages résultent de la présente invention. La simplicité de ce système de brosses permet de l'appliquer à toutes les machines à peigner ou sérancer existantes. Leur emploi n'entraîne que les frais d'achat et la peine de les adapter ; mais, en vérité, la dépense n'est rien, et les avantages sont immenses.

Travail pratique des brosses.

L'inventeur a déjà, depuis quelques mois, fait l'application de ses brosses à la machine de Morsden, douée d'un mouvement de rotation, et, conséquemment, aux machines perfectionnées qui font l'objet du présent brevet.

Il a obtenu des filaments longs ou courts, plus souples, mieux nettoyés, de meilleure qualité et d'un poids variable, suivant les circonstances, de trois à neuf livres par quintal. Si les machines de Morsden étaient améliorées, on obtiendrait assurément des résultats plus favorables.

Perfectionnements apportés à la machine à peigner ou sérancer.

L'usage des brosses a suggéré l'idée de perfectionner la machine à peigner. On a imaginé deux appareils; l'un à double cylindre, l'autre à double montant oscillatoire. Le premier convient mieux au brin court, le second au long.

Ces machines ont pour but de brosser le lin des deux côtés à la fois avant de le peigner. Les filaments peuvent passer chaque fois sur les dents du séran sans être croisés ni mêlés entre eux. Par ce procédé, le lin est mieux étalé et fortement retenu par les crampons perfectionnés, il subit plus régulièrement l'action des brosses et des sérans. Les séries de pointes sont disposées de façon à pénétrer dans les mèches et à diviser les fibres, sans les détériorer ni entraver l'opération. On obtient plus de filaments et moins d'étoupe, qui est rejetée sans qu'il soit fait usage du mécanisme employé jusqu'à présent. Enfin, on obtient une somme plus considérable de travail que par les appareils adoptés primitivement.

Machines à peigner à double cylindre.

La machine à peigner à double cylindre est remarquable par sa simplicité. Les brosses et les peignes sont fixés à un cylindre plein, de manière à produire des filaments parfaitement nettoyés et de bonne étoupe. Un mouvement oscillatoire est imprimé à l'un des cylindres et augmente la souplesse du lin. Cette machine est d'un emploi facile, et nullement dispendieux; une paire de ces machines et six personnes peuvent préparer sept cents livres de filaments coupés par jour, ou cinq cent cinquante livres de brins coupés deux fois : elle convient également au lin long. Le rendement par ces machines, supérieur à celui des autres, est de trois ou quatre livres par quintal.

Machine à double montant oscillatoire.

La machine à double montant oscillatoire se distingue par son mouvement d'oscillation et par une grande simplicité. Au moyen de ce système, le lin n'est pas exposé à être trop préparé, et le milieu des mèches l'est aussi bien qu'il est désirable. On obtient une économie très-considérable; elle est de douze livres par quintal, comparativement au travail obtenu de la machine plane. Une paire de ces machines nettoie par jour onze cents livres de long brin; cinq personnes suffisent pour les desservir.

Perfectionnements apportés dans le moulin à teiller.

L'examen des effets produits par les brosses dans la machine à peigner a fait penser à l'inventeur que, si de pareils moyens étaient employés pour le teillage, le lin serait beaucoup mieux nettoyé, beaucoup plus beau et exigerait moins de peignage.

Moulins ordinaires perfectionnés.

Le moulin ordinaire à bras a été perfectionné, et, après quelques mois d'épreuve, on a reconnu que la brosse est l'instrument le plus capable de nettoyer le lin, d'améliorer ses propriétés et ses qualités, et de le préparer aussi bien qu'il est désirable, lorsqu'il doit passer par le moulin du filateur.

Avantages des moulins perfectionnés.

Ce moulin est conséquemment un appareil utile pour le filateur. Il s'écoulera probablement encore beaucoup de temps avant que le lin étranger ou d'Irlande soit dans un état de propreté véritable. Or, si, pour obtenir un nettoyage complet, on se sert du moulin à battre perfectionné comme d'un instrument à rebattre, il sera d'une valeur réelle. En faisant des expériences en ce genre, l'inventeur, opérant avec du lin dur et sale, n'a pas perdu plus de cinq livres par quintal (bien qu'il se soit servi d'une machine de construction imparfaite). Il a obtenu des filaments parfaitement nets, à demi peignés.

Inconvénients des moulins ordinaires.

Le moulin à bras ordinaire est, sous plusieurs rapports, un instrument dur et destructif du brin. Cet inconvénient résulte principalement de la dureté des batteurs, de la rapidité avec laquelle ils tournent, et de la chènevotte toujours agitée dans l'air par les courants dus au mouvement de la machine. On remédie à tout ceci en substituant un disque aux bras et des brosses aux batteurs. Le disque peut être appliqué à beaucoup d'autres appareils; il en diminue le travail; il permet de porter un plus grand nombre de coups à la paille. Les filaments demeurent davantage fixés au buffet de l'appareil, ils présentent une surface continue. Les courants d'air ne se font plus sentir.

Les brosses, au lieu de fonctionner avec dureté et très-souvent en pure perte, comme font les batteurs, portent coup avec douceur, pénètrent les filaments, les nettoient et les divisent sans les déchirer. En outre, le buffet a été disposé de manière à ce que le coup soit porté aussi perpendiculairement que possible.

Perfectionnements apportés aux crampons.

Les crampons adaptés aux machines à peigner ont été également l'objet de perfectionnements. Les nouveaux crampons exposent le lin librement à l'action des brosses et des sérans. Ils fixent fortement la mèche, de manière à ce qu'elle puisse être dépouillée de son étoupe sans perte de filaments.

La construction de ces crampons offre une garantie de longue durée. On pense qu'ils peuvent faire trois ou quatre fois l'usage des crampons ordinaires. On a tiré profit de la gutta-percha, avec laquelle on peut confectionner des crampons perfectionnés et de plus de durée. Des arrangements ont été pris à cet effet avec la compagnie de gutta-percha.

Chanvre.

Les brosses sont appliquées très-avantageusement à la préparation du chanvre, et le moulin à battre offre aux cordiers, fabricants de fils retors et filateurs, un système bon marché et facile de nettoyage du chanvre. Il procure une étoupe préférable à celle obtenue par les autres méthodes.

Fermement convaincu des avantages pratiques des instruments perfectionnés dont il s'agit, l'inventeur les considère comme corrects en principe.

On a mis beaucoup trop de soin, dans l'origine, à inventer et améliorer les appareils, sans songer suffisamment à modifier le mode de traitement du lin. L'attention des mécaniciens s'est portée sur les machines à carder, préparer et filer le lin, mais pas assez sur les méthodes de teillage et de peignage et les appareils qui conviennent à ces sortes d'opérations.

La valeur des assertions de l'inventeur est facile à constater. Quiconque possède un moulin à battre ou à peigner peut en vérifier l'efficacité. Le prix des brosses et le droit de brevet ne s'élèvent qu'à quelques livres sterling.

DESCRIPTION DES MACHINES.

1° Machines à brosser.

Mon invention consiste à employer des brosses pour préparer le lin et les autres substances filamenteuses analogues. Les brosses de matières élastiques ou flexibles et ressemblant à un ressort, telles que la baleine, la canne, les soies de sanglier ou l'acier trempé, remplacent les peignes ou sérans métalliques ordinairement en usage. On fixe ces brosses à la périphérie des cylindres pleins. On les dispose de telle sorte, que les mèches soient brossées de face et de revers en même temps. L'étoupe est enlevée des brosses et des sérans au moyen de barres tilleuses (*stripping bars*) et de guides (*guides*). En outre, des brosses, composées également de matières élastiques, nettoient les brosses et les peignes, et le lin se trouve approprié et sérancé avec moins de déchet que par les appareils employés jusqu'à ce jour.

Planche IX (Machines à brosser à double cylindre [Pl. A]).

Fig. 1re, élévation de face.

    2, vue latérale.

    3, section transversale.

    4, section longitudinale.

$a\,a$, bâti.

$b'\,b'$, cylindres; chacun d'eux tourne invariablement dans la direction des flèches.

$c\,c$, séries (une, deux ou plusieurs) de brosses fixées aux périphéries des cylindres $b'\,b'$, de façon que les brosses d'un cylindre pénètrent dans les intervalles verticaux des brosses de l'autre cylindre, et que le lin reçoit un coup de face et de revers en même temps.

$d'\,d'$, barres tilleuses (*stripping bars*), qui s'étendent dans toute la longueur de chaque cylindre, et demeurent libres sur des supports en bois cc.

$f\,f$, gardes (*guards*) semi-circulaires qui, pendant la moitié de chaque révolution des cylindres $b'\,b'$, retiennent les barres tilleuses à l'extrémité intérieure des supports, et règlent la profondeur à laquelle les brosses et les peignes doivent pénétrer dans les mèches; mais, après avoir décrit une ligne horizontale à travers les centres des cylindres, ils permettent aux barres tilleuses de s'élancer de leurs supports, d'enlever l'étoupe ramassée par les brosses, et de la précipiter à terre.

$b^2 b^2$, deux petits cylindres garnis de séries de brosses en matière élastique, et placées, par rapport aux grands cylindres $b' b'$, de manière à ce que les brosses $g g$ soient en contact avec les brosses $c c$.

$h h$, auge fixée au bâti $a a$; elle est destinée à supporter les crampons.

i, grillage pour recevoir l'étoupe.

Le mouvement est imprimé aux différentes parties de la machine par un moteur, au moyen de poulies $j j$, attachées à l'axe d'un des cylindres b', et par des roues à engrenage k, k', l, l', m, m', et n, n'. Le nombre des révolutions est calculé de façon à ce que les brosses $g g$ soient mues avec une célérité double de celle des brosses $c c$.

Modifications.

On pourrait apporter d'autres modifications, mais je préfère la machine à double cylindre.

Tout lin ou toute substance filamenteuse ainsi travaillée est partiellement peignée, et assez bien préparée pour être ensuite peignée ou terminée à la main, de la manière ordinaire, ou au moyen des appareils ci-après décrits, avec moins de déchet pour le brin et de perte de matières que par les peignes métalliques.

q. Quelques-unes des machines à peigner ordinaires peuvent être converties en machines à brosser par la substitution de brosses aux peignes ordinaires et l'adjonction de brosses nettoyeuses.

En résumé, ma première invention consiste dans les améliorations suivantes : emploi de brosses pour la préparation du lin et autres substances de même nature; application de séries de ces brosses, de manière à ce que le lin reçoive un coup de face et de revers en même temps ; combinaison de barres tilleuses (*stripping bars*) avec gardes (*guards*) et leur application ; emploi de brosses nettoyeuses des brosses ou peignes ou sérans.

2° Machines à peigner à double cylindre.

Planches X et XI.

Mon invention consiste en une machine à peigner à double cylindre, perfectionnée ; elle convient mieux pour la préparation du lin court. Les brosses et les peignes ou sérans y sont disposés comme dans la machine à brosser, et le système de double action en est le même.

Les planches B représentent cet appareil dans ses détails :

Fig. 1, élévation de face ;
    2, vue latérale ;
    3, section transversale ;
    4, section longitudinale.

$a\,a$, bâti.

$b'\,b'$, cylindres plus longs que dans la machine précédente, afin qu'il y ait place, pour les sérans c', entre les brosses $c\,c$ (voyez fig. 4). Les cylindres tournent invariablement dans des directions opposées, et les rangs de brosses et de peignes d'un cylindre alternent avec ceux de l'autre. Il y a aussi des barres tilleuses (*stripping bars*) avec des gardes (*guards*), qui règlent la profondeur à laquelle les sérans ou les brosses doivent pénétrer dans la mèche, et qui rejettent l'étoupe amassée.

$b\,b^2$, deux petits cylindres garnis de brosses nettoyeuses des brosses et sérans $c\,c'$.

Mouvement oscillatoire.

Un des cylindres b' peut, si l'on veut, recevoir un mouvement oscillatoire (voir la planche) au moyen d'un anneau $h'\,h'$, qui s'élève et s'abaisse avec le balancier auquel il est attaché, et met en mouvement les cylindres dans une direction horizontale de l'un à l'autre. Les supports du cylindre oscillatoire sont à coulisses et sont attachés par une verge au bras droit, auquel est fixée la cheville de la roue m'; toutes les roues k', l', m' et n' sont à engrenage. Le mouvement de rotation est imprimé à cette machine comme à la précédente. Le crampon avance le long de l'auge, par suite du mouvement d'oscillation qu'elle reçoit. La figure 2 représente le mécanisme qui élève l'auge h; il résulte d'une combinaison de pignons k^2, k^2, roues m, n, came p, courroies p, poulies q et leviers r, s, ordinairement en usage dans les machines à peigner et très-bien connus. Lorsque l'auge s'élève, elle fait monter la verge z, qui est annexée au long bras de la manivelle y, monté sur un support fixé à l'extrémité du bâti a; lorsque le poids w, placé à l'extrémité opposée du bras, tombe, le petit bras se retire en z', et attire la barre x. L'étoupe et les ordures sont reçues sur une chaîne sans fin de barreaux t, t, qui s'étendent le long de la machine sous les peignes et les brosses, et sont unis ensemble par deux liens latéraux t^2, t^2. La chaîne tourne autour de deux poulies v, v. Deux pignons u, u communiquent à la chaîne le mouvement de rotation imprimé par le premier moteur aux autres parties de la machine. Les ordures tombent à terre à travers les barres, tandis que l'étoupe est déposée dans l'auge T^1.

Crampon.

Planche B, figure 5 : a, élévation de côté.

b, section transversale.
c, section longitudinale.

Le crampon consiste en deux plaques n°s 1 et 2, réunies transversalement par une vis s; elles ont des saillies A A à leurs bords supérieurs, à l'aide desquelles le crampon est adapté à l'auge h. La plaque n° 2 a deux saillies BB, une à chaque extrémité, lesquelles entrent dans les saillies AA de la plaque n° 1, et de cette plaque la mèche est fixée aux bords. La face interne de la plaque n° 2 est parfaitement plane et couverte de peau, de drap ou d'autre matière douce ; mais la plaque n° 1 est garnie, à sa face interne, de perles plates C ou de rainures plates D, en ordre alterne, afin que les mèches de lin ou autre substance ne soient pas frisées, tout en étant fortement serrées entre les plaques. Cette construction dispense d'employer les chevilles ordinairement en usage ; elle donne plus de largeur aux mèches et rend le travail plus aisé.

Déclarations.

Les améliorations introduites par la machine à peigner ou à sérancer, à double cylindre, sont les suivantes : celles énumérées plus haut pour la machine à brosser, plus la faculté d'imprimer un mouvement d'oscillation à l'un des cylindres ; la forme spéciale donnée au crampon ; l'établissement d'un mouvement d'élévation de l'auge au moyen d'une manivelle ; la marche du crampon le long de l'auge ; la révolution d'une chaîne sans fin de barreaux, sur lesquels tombent et se séparent l'étoupe et les ordures ramassées par les brosses et les peignes. J'ajoute qu'on peut appliquer aux autres machines à sérancer le système d'auge, de manivelle et de chaîne sans fin.

3° Machine à montant.

Planches XII et XIII.

Mon invention consiste en une machine à peigner perfectionnée, adaptée à la préparation du lin et des autres substances filamenteuses. Je lui donne le nom de machine à peigner ou sérancer à double montant oscillatoire (voir pl. C).

Figure 1, élévation de côté.
2, section longitudinale.
3, vue latérale.
4, section transversale.

Dans cette machine, la mèche est soumise à l'action de peignes ou brosses tournant en sens opposé, et s'entrecoupant les uns les autres comme dans les deux machines ci-dessus décrites. Mais, au lieu d'être attachés aux cylindres, les brosses ou sérans sont fixés à des chaînes sans fin qui tournent autour de poulies $j\,j$, placées à une petite distance l'une en avant de l'autre ; les chaînes voyagent sur une route oblongue. Il leur est imprimé un mouvement oscillatoire, qui préserve les extrémités du lin d'une préparation excessive et permet aux brosses ou aux sérans d'agir sur la partie de la mèche qui en a le plus besoin, et notamment sur le corps. On obtient un pareil mouvement en plaçant les axes $i\,i$ du sommet des poulies $j\,j$ dans des supports à coulisses $k\,k$, en insérant les extrémités des axes dans des anneaux $h'\,h'$, formés en saillies adaptées au corps de l'auge g. Les anneaux sont inclinés l'un vers l'autre au sommet, et s'écartent vers le milieu (voy. fig. 3) de telle sorte, que la distance entre les deux axes des poulies diminue lorsque l'auge s'abaisse, et augmente lorsqu'elle s'élève. Les chaînes sans fin sont munies de barres tilleuses (*stripping bars*) avec des supports en bois et des gardes (*guards*) $p\,p\,p$, comme dans les appareils précédents ; mais ici les gardes descendent entre les chaînes, à une petite distance au-dessous du centre des poulies d'en bas $j\,j$.

Le crampon, dans cette machine, est le même que celui décrit au n° 2 (voy. fig. 5, 6 et 7, pl. C) ; mais ici son passage à travers l'auge est effectué au moyen de roues et de pignons (voy. fig. 1 et 3). $l\,l$, deux roues parallèles fixées au bâti a ; $m\,m$, deux pignons portés par un axe transversal, fixé à des supports faisant corps avec l'auge h ; au centre de cet axe se trouve un troisième pignon m', et une troisième roue $l\,l'$ au sommet de la barre w ; lorsque l'auge s'élève, les pignons exécutent le même mouvement, et le troisième pignon m' conduit la roue au sommet de la barre n, et les crampons se meuvent le long de l'auge.

L'étoupe et les ordures, ramassées par les peignes et les brosses, sont reçues sur une chaîne sans fin de barreaux q, semblable à celle de la machine à peigner ou à sérancer à double cylindre. Il y a également des cylindres garnis de brosses *s s* pour nettoyer les peignes et les brosses.

Le mouvement est communiqué aux diverses parties de la machine par des poulies, des roues, etc. (Voyez la planche de la machine à peigner à double cylindre.)

Déclarations.

Les améliorations introduites par cette troisième machine sont, outre celles des deux premières, les suivantes : système d'élévation et d'abaissement de l'auge ; mouvement oscillatoire spécial des chaînes ; marche des crampons à l'aide d'une roue et d'un pignon, applicables aux machines à peigner ou à brosser.

4° Moulin à battre.

Planche XIV.

Ma quatrième invention consiste en un moulin à battre, que je nomme moulin à teiller à disque rotatoire, se rapprochant mieux qu'aucune des machines construites en ce genre du système de teillage à la main, relativement aux différentes qualités et conditions des substances soumises à cette opération.

Planche D, figure 1, élévation de face.
2, élévation latérale.
3, 4, 5 et 6, disques modifiés.

Corps de la machine.

A, axe supporté sur un bâti indépendant k et k', en métal, fortifié par des pièces de bois transversales $n\ n$; au fond de la cage se trouve un espace libre qui permet à l'air de s'échapper ; le sommet de cet espace est disposé de façon à empêcher l'air de circuler dans la même direction que le disque. On peut construire en bois le corps et la cage de l'appareil, et il remplit le même office que s'il était en métal, ou bien encore les moulins ordinaires peuvent recevoir les perfectionnements dont il s'agit, ou quelques-uns d'entre eux, suivant les circonstances.

$b\,b$, poulies communiquant aux axes le mouvement de rotation imprimé par le premier moteur.

Dans les machines ordinaires, l'axe porte un certain nombre de bras parallèles $c\,c$ (fig. 3 ᵃ et 3 ᵇ), armés de lames $e\,e$.

Disques.

A ces bras, j'ai substitué un disque garni de brosses, en matière élastique (voy. fig. 4, 5 et 6). J'adapte les brosses soit à l'un, soit aux deux côtés du disque. Celui-ci peut être d'une pièce solide ou de plusieurs; les intervalles sont remplis par un morceau d'étoffe ou de toute autre matière convenable.

On peut se servir du moulin ordinaire, en adaptant un disque aux bras. Le but est d'empêcher les courants d'air qui font voler le lin autour des batteurs et lui causent un grand préjudice. Les brosses peuvent être fixées aux disques en angles, et l'on peut en disposer un plus grand nombre sur les disques que sur les bras.

Disque double.

Les figures 5 ᵃ et 5 ᵇ représentent un disque métallique garni de brosses de chaque côté.

Les figures 6 ᵃ, 6 ᵇ et 6 ᶜ montrent ce que j'appelle un double disque avec retraits pour recevoir les brosses, sa construction, le mode d'assemblage que je préfère, et l'application des brosses à l'aide d'un crochet d'arrêt à ressort. (Voy. fig. 7 ᵃ, 7 ᵇ et 7 ᶜ.)

Cette dernière forme de disque est avantageuse en ce qu'elle permet d'enlever, de placer ou de changer les brosses d'un côté du disque à l'autre. Pour retirer une brosse de sa place, il suffit de presser le milieu du ressort x; pour mettre une brosse à sa place, il faut presser le ressort derrière la brosse pour faire entrer la cheville du crochet. L'extrémité extérieure des brosses s'use plus rapidement que l'extrémité intérieure; aussi sont-elles faites de manière à pouvoir être changées d'un côté du disque à l'autre, et ainsi les deux extrémités sont usées avant qu'on ait besoin de renouveler les brosses.

Avec ce système de disques, il n'y a à redouter ni les saillies qui accrochent les extrémités du lin, ni les courants d'air que l'on ne peut éviter avec les batteurs des moulins ordinaires.

Le sommet i du buffet h, dans lequel se trouve le lin, est situé un peu avant de l'axe A; de telle sorte qu'une ligne droite z, partant du centre de l'axe, couperait par le milieu le sommet du buffet, au lieu de passer en dessous comme il arriverait dans les moulins ordinaires. (Voir ligne j.)

Peigne nettoyeur.

Le peigne ou séran o' (voy. fig. 1 et 2), composé d'aiguilles d'acier ou autre substance flexible, a pour but de nettoyer les brosses des filaments qu'elles ont ramassés; les pointes ne peuvent atteindre que la surface des brosses ou ne les pénétrer que très-peu. Le peigne est fixé, par derrière, à une plaque en fer, tournant sur un pivot, et assujetti par une cheville à un manche. La brosse peut ainsi être rapidement nettoyée sans arrêt pour la machine.

La position que je préfère pour le peigne est celle indiquée dans les figures 1 et 2.

Crampon.

Pendant le battage, le lin est retenu par un crampon semblable à celui adopté pour les machines à peigner ou sérancer. La forme convenable de ce crampon est représentée par les figures 8[a], 8[b], et 8[c].

Figure 8[a], plan d'un demi-crampon de volume réel.
        8[b], élévation de section.
        8[c], coupe transversale.
$a\,a$, pièces de bois du sommet et du centre.

b, pivot sur lequel tournent les deux pièces.

c, manche simple fixé à l'extrémité du pivot.

d d, paire de manchons fixés à l'extrémité opposée : l'un à la partie supérieure, l'autre à celle du milieu.

e, crochet au milieu de la pièce ; il roule à sa partie supérieure, en arrière et en avant, sur une cheville *b'*.

f, trou à la partie supérieure ; le crochet *e* passe à travers lorsque la pièce supérieure est abaissée.

g, ressort qui presse contre le crochet *e*, dès qu'il a passé en *f* et assujetti la pièce de bois supérieure contre les filaments lorsqu'ils sont placés dans le crampon.

Avantages.

Au moyen de la machine à teiller et, en particulier, du crampon dont je viens de donner la description, on obtient un filament d'une souplesse beaucoup plus grande et, par conséquent, d'une qualité très-supérieure. En outre, on diminue considérablement le travail de peignage qui doit suivre le teillage. On peut employer des disques armés de lances, de batteurs en matières dures avec adjonction de brosses.

Déclarations.

La quatrième partie de mon invention comprend les améliorations suivantes : emploi, dans les machines à teiller, de brosses en matières élastiques, soit seules, soit combinées avec des lames ou batteurs ordinaires; substitution des disques pleins aux bras parallèles à jour; application de brosses ou autres batteurs à l'un des côtés des disques ou à tous les deux, ou dans les retraits d'un double disque avec angles inclinés; établissement du sommet du buffet de la machine à teiller avant le centre de l'axe et dans une position oblique; application aux moulins à teiller ordinaires des crampons mécaniques tels qu'ils ont été décrits ci-dessus ou d'une construction équivalente.

5° Crampons perfectionnés.

Planche XV.

Crampons perfectionnés pour le battage et le peignage du lin et des autres substances filamenteuses analogues. Ils sont représentés dans les planches E et F par les figures 1, 2, 3, 4, 5, 6, 7 et 8, n°s 1, 2 et 3.

Crampon n° 1.

La planche E montre en détail le crampon n°s 1 et 2.

Fig. 1, plan supérieur.

2, élévation de côté, avec une des portes ouverte.

3, section transversale sur la ligne m, n.

$a\,a$, pièce de fond en bois garnie de plaques métalliques $p\,p$ à vis.

$b\,b$, deux portes également en bois et garnies de plaques métalliques $f\,f$, et fixées à la pièce de fond par des charnières $c\,c$.

d, plaque ou barre verticale (à laquelle on peut substituer des chevilles) qui divise le crampon en deux parties, et contre laquelle les deux portes se ferment.

e, barre tournante qui s'adapte au montant élevé au sommet de la plaque ou barre d, en forme de clef à vis, serrant les portes sur les mèches placées dans le crampon.

$f\,f$, plaques métalliques vissées derrière les portes et recevant la pression de la barre tournante.

$g\,g$, saillies aux bord des portes $b\,b$; elles pénètrent dans les crans de la division centrale d.

$h\,h$, rainures formées à la surface supérieure de la pièce a et sous les surfaces des portes $b\,b$; elles ont pour objet de retenir plus fortement le lin ou autres substances déposées dans les crampons.

Avantages.

Les avantages de ce crampon sur ceux de forme ordinaire sont les suivants : les brins intérieurs des mèches ne sont pas exposés à se mêler entre eux; la surface du crampon est aussi large que possible, sans interruption de chevilles; les mèches sont pressées d'une manière plus uniforme; l'application de plaques et de charnières métalliques accroît considérablement la durée du crampon.

Crampon n° 2.

Planche E, n° 2, figures 6, 7 et 8 (fig. 6, plan supérieur; fig. 7, élévation de côté; fig. 8, section transversale). Ce crampon se distingue du précédent par sa porte supérieure b, qui est d'une pièce et qui tourne sur un gond c, et par les moyens employés pour fermer les deux parties du crampon.

d, boulon carré fixé dans la pièce a; il passe par un trou dans la pièce b (si elle est abaissée); il a une barre de bois f à son extrémité supérieure, dans laquelle il est inséré au moyen d'un manche, d'une clef ou d'un boulon g qui est attaché par une chaîne à la pièce b.

Planche XV. (Tables et lits).

Dans les figures 4 et 5, A représente la table de la machine à peigner; B, les lits dans lesquels les crampons sont placés; c, les montants, qui peuvent être fixés entre les lits, en place de plaques d de séparation des mèches.

Crampon n° 3.

Planche F. Les deux parties dont ce crampon est composé, sont garnies de charnières au centre, et s'écartent et se rapprochent comme les deux branches d'un casse-noisette.

Fig. 1, élévation latérale.

2, section transversale.

3, élévation de côté.

4, crampon vu d'en haut.

Fig. 5 et 6, pièce de bois conduisant le crampon à travers la machine à peigner.

A, B, deux mâchoires en bois, aux deux côtés desquelles sont attachés des tirants de feutre ou autre matière souple $e\ e\ e\ e\ e$. La profondeur de chaque mâchoire, à son extrémité inférieure, est calculée de façon à ce que la mèche puisse être peignée dans le milieu de sa longueur.

C, D, deux plaques vissées ou convenablement fixées à chaque extrémité des mâchoires A, B. A la première, on voit quatre chevilles, dont deux, a, b, pénètrent dans les retraits correspondants de la plaque D, et forment une espèce de pivot sur lequel tournent les mâchoires.

On voit, figure 2, que la mâchoire B peut tourner sur le côté droit de la mâchoire A.

E' et E', crémaillère en métal, fixée à la mâchoire B; elle a à son sommet deux rangs de dents. On obtient les courbes de cette crémaillère par la combinaison de segments de deux cercles tirés des centres des retraits de la plaque D qui reçoit les chevilles a et b. L'arc 1 est décrit du retrait de la cheville b, et l'arc 2 de celui de la cheville a.

F, N, crochets admis dans la crémaillère E et supportés par un point au sommet de la mâchoire A; ils sont indépendants l'un de l'autre.

Le crochet F entre dans la crémaillère si le crampon se trouve dans la position représentée par la figure 2, et le crochet N si le crampon est placé suivant les lignes ponctuées B B, figure 2.

G^1, G^2, barres carrées en fer, insérées dans les retraits de l'extrémité inférieure des mâchoires A et B; elles passent à travers les plaques C et D : elles servent à donner de la force au crampon, et lui sont conséquemment des supports convenables.

H, cheville cylindrique qui s'avance de l'extrémité supérieure de la mâchoire B au delà du support du crampon.

I I, chevilles cylindriques qui s'avancent de la mâchoire A à la même distance que les extrémités des barres G^1, G^2.

K K, plaques-gardes (*guards plates*) attachées à la mâchoire B pour garder le lin ou autres matières.

L, côté du corps du crampon.

M, barre transversale.

$m\,m$, retraits pour recevoir les saillies G^1, G^2 du crampon.

$n\,n$, guides destinés à recevoir les chevilles I I; ils permettent à la mâchoire A, qui supporte les crochets F et N, d'osciller, tandis que son support G^1 passe, à travers le retrait, à la position G^2, figure 5.

Voici le travail opéré par ce crampon :

Supposant que la mâchoire A soit étendue sur une table et retenue dans un retrait ou lit formé pour la recevoir, les mèches y sont étendues à la manière ordinaire; la mâchoire B est alors dans une position verticale, ou à peu près, et les retraits de sa plaque sont engagés dans les saillies de la plaque A. La mâchoire est alors serrée; le lin est pressé contre A, si le crochet F entre dans la crémaillère E, et s'il retient les mâchoires unies ensemble avec le lin placé entre elles.

Le crampon est alors poussé dans la machine à peigner, et la mèche est soumise à l'action des peignes ou sérans.

Lorsque l'extrémité de la mèche a besoin d'être changée, on relâche le crochet et on serre par derrière la mâchoire B au côté opposé à A. Cette opération peut s'effectuer à la main sans déplacer le crampon. On peut opérer sur deux extrémités du lin, pendant un certain intervalle de temps, sans toucher aux mèches.

Gutta-Percha.

Ces crampons peuvent, aussi bien que ceux de la machine à brosser, être construits en gutta-percha ou autre substance d'une grande élasticité et durée. La gutta-percha peut être également substituée au feutre et au drap employés pour les crampons à lin. (Voy. n° 3.)

Déclarations.

Les améliorations introduites par mes crampons sont les suivantes : emploi de plaque, ou barre, ou montant, ou cheville, divisant le crampon au centre (voy. crampon n° 1); substitution, dans tous les autres cas, d'une cheville ou d'un montant fixé à la table de la machine; partage en deux parties de la pièce supérieure du crampon, tournant chacune sur un ou plusieurs pivots, indépendamment l'une de l'autre; fermeture des portes par un barreau tournant (voy. n° 1); construction de la pièce supérieure tournant sur un pivot; fermeture des deux pièces au moyen d'un boulon vertical fixé dans la pièce inférieure, et passant en haut à travers la partie supérieure; au sommet se trouve une barre de bois inclinée à laquelle est adaptée une clef cunéiforme.

Mâchoires, renversement des mèches sans qu'il soit besoin de les retirer du crampon; et, enfin, emploi, pour la construction des instruments destinés à tenir le lin suspendu pendant le brossage, le peignage et le teillage, de gutta-percha combinée avec le bois ou avec le fer, ou avec le bois et le fer, ou avec d'autres matières convenables.

§ 2.

AUTRE MACHINE DE M. ROBERT PLUMMER.

Outre les machines dont M. Robert Plummer vient de donner la description, son exposition à Londres comprenait une machine à broyer les tiges de lin, dont nous donnons le dessin sous le numéro XVI. (La figure I est une section transversale; la figure II, une section longitudinale; la figure III, une vue latérale, et la figure IV, une vue d'ensemble.)

Cette machine consiste en un bâti en fonte portant cinq cylindres cannelés, de même diamètre et se commandant les uns les autres au moyen de roues d'engrenage, de façon qu'en faisant tourner l'axe de l'un d'eux par une courroie sans fin et une poulie, tous les autres circulent en même temps et avec la même rapidité. Elle est munie de deux plates-formes: l'une pour conduire le lin aux cylindres, l'autre pour le guider à sa sortie. Les cylindres sont disposés pour attaquer la matière trois fois dans son passage à travers la machine. Nous pensons que le parallélisme des tiges de lin est mieux conservé dans le travail de cette machine que dans celui de la machine du même genre construite à Belfast; elle est aussi moins dispendieuse, et elle absorbe une force motrice moins considérable que cette dernière.

§ 3.

MACHINE DE MM. LAWSON ET HIGGINS.

Les autres exposants, qui ont envoyé des machines à lin au grand concours de Londres, sont MM. Lawson et fils, de Leeds, MM. Higgins et fils, de Manchester, et M. Mac Pherson, d'Édimbourg.

Les machines exposées par MM. Lawson et Higgins n'étaient applicables qu'au peignage et à la filature du lin : ces machines sont déjà connues dans l'industrie; elles n'avaient aucun caractère de nouveauté et ne se recommandaient que par leur bonne confection. On pourrait néanmoins citer, comme machine assez récente, un banc à broches pour lin coupé, exposé par MM. Lawson. Ce banc à broches, qui convient spécialement pour les fins numéros, se distingue des machines ordinaires pour le même usage en ce que la mèche n'a aucune torsion. Pour obtenir ce résultat, MM. Lawson font passer les rubans, au moment où ils quittent la lanterne, sur une poulie; puis, par des guides fixes sur les gills en usage et entre une paire de laminoirs; de là, dans une auge contenant de l'eau chaude pour ramollir et dissoudre la matière gommeuse du lin; puis sur un cylindre chauffé par la vapeur qui sèche la mèche, la coagule en quelque sorte et lui donne la consistance nécessaire pour qu'elle puisse être enroulée sur les bobines.

§ 4.

MACHINE DE M. MAC PHERSON.

L'appareil de M. Mac Pherson est portatif et semble avoir été construit pour les exploitations rurales; il tient le milieu, toutefois, entre les instruments manuels et les machines industrielles; il exige, pour sa mise en mouvement, la force d'un ou même de plusieurs chevaux. Cette machine consiste en deux boîtes rectangulaires, de dimensions inégales, disposées ensemble côte à côte : la plus petite contient l'appareil à broyer, et la plus grande les pièces propres à teiller le lin. L'appareil, renfermé dans la petite boîte, est une table horizontale dont la surface est cannelée et sur laquelle on étend le lin; sur cette table voyage un cylindre cannelé pour rompre la partie ligneuse de la plante. Les axes du cylindre se meuvent dans des guides horizontaux qu'on peut soulever en abaissant une pédale pour relever le cylindre; le mouvement de va-et-vient de celui-ci sur la table est effectué par une bielle et une manivelle, à l'extrémité d'un arbre horizontal qu'on fait tourner à l'aide de la force d'un cheval ou de toute autre force motrice. Cet arbre porte également une roue droite qui commande un pignon, calé sur un autre arbre horizontal, qui se prolonge jusque dans la grande boîte et la traverse. Sur ce second arbre sont établis à demeure fixe deux moyeux sur lesquels on a boulonné quatre croisillons ou paires de longs bras; à l'extrémité extérieure de chacun d'eux, on a assujetti des batteurs en bois, destinés à faire l'office de l'écang flamand. Au sommet de la grande boîte, on a pratiqué deux coulisses pour recevoir les pinces dans lesquelles les poignées de lin qui doivent être teillées sont maintenues pour recevoir les coups des batteurs.

Pour opérer, on étend d'abord le lin sur la table cannelée et on le soumet à l'action du cylindre à mouvement horizontal de va-et-vient, jusqu'à ce que la chènevotte soit brisée et suffisamment détachée de la fibre : alors on relève le cylindre, on retire le lin et on l'introduit, par poignées d'un volume convenable, dans une des paires de pinces, de manière que la moitié de la longueur au moins de la poignée soit pendante en dehors du pincement. Les pinces, ainsi chargées, sont successivement introduites dans une des coulisses de la grande boîte, et poussées en avant vers l'autre extrémité de la machine, dans laquelle les poignées de lin sont amenées successivement sous l'action du batteur à rotation, qui débarrasse la partie pendante du lin de la chènevotte qui adhère encore. Lorsque ce travail a été effectué, les pinces sont enlevées des coulisses, puis ouvertes. On retourne les poignées, on referme et serre de nouveau les pinces, on introduit dans l'autre coulisse, afin de soumettre de même l'autre moitié des poignées à l'action des batteurs. Lorsque l'appareil est en plein travail, les deux coulisses sont chargées de pinces, et, lorsqu'on en introduit une nouvelle chargée par un bout, on en retire, à l'extrémité opposée, une autre où le lin est teillé. L'inventeur prétend qu'en appliquant quatre chevaux à sa machine, elle peut préparer, par jour, huit à neuf cents kilogrammes de lin en paille.

Nous trouvons réunis dans cette machine, ou plutôt dans ces deux machines accouplées (la broie et la teilleuse), le moulin teilleur flamand dont nous avons parlé précédemment, quelque chose de la broie et de la teilleuse de M. Louis Terwangne, de Lille, dont nous donnons plus loin les dessins et descriptions, et enfin les pinces et les coulisses de la teilleuse construite par MM. Mac Adam frères, de Belfast, dont nous donnons aussi le dessin. Est-ce à dire que l'invention de M. Mac Pherson réunit à elle seule tous les avantages que peuvent présenter les trois autres machines où la même pensée s'est produite? Nous ne le pensons pas. Comme instrument rural, la machine de M. Mac Pherson est lourde; nous lui préférerions le petit moulin flamand, qu'un seul homme peut mettre en mouvement; nous lui préférerions surtout, à cause de leur légèreté, de leur caractère véritablement rural et de leurs meilleures dispositions, les deux machines de M. Louis Terwangne, établies sur le même principe que celle de M. Mac Pherson.

Comme machine industrielle, l'instrument de M. Mac Pherson nous paraît inférieur à celui de M. Robert Plummer (pl. XIV); il donne de moins beaux produits au teillage que ce dernier. Si on l'envisage sous le rapport de la quantité, on trouve que la machine de MM. Mac Adam peut faire plus de travail. Les espades, empruntées au moulin belge, qu'on trouve dans plusieurs usines d'Angleterre montées industriellement, c'est-à-dire en nombre plus ou moins considérable sur un même arbre mû par la vapeur, l'eau, ou toute autre puissance motrice, nous paraissent également préférables. L'idée neuve qui se trouve dans la broie de M. Mac Pherson, celle qui nous paraît la mieux conçue, est sa table cannelée; le mouvement de va-et-vient opéré sur cette table imite mieux que toutes les autres machines mécaniques le frottement que les ouvriers flamands font sur leurs lins pour les assouplir et les affiner.

§ 5.

MACHINES IRLANDAISES DE L'INSTITUT AGRONOMIQUE DE VERSAILLES.

L'Institut national agronomique de Versailles possède plusieurs machines irlandaises à préparer le lin; l'acquisition en a été faite au compte du Gouvernement par les soins de M. Payen, et c'est au talent et à l'obligeance de M. Prosper Dehansy, répétiteur de génie rural à l'Institut national agronomique, que nous devons les dessins de ces machines. Parmi elles se trouvent la machine à égrener, désignée précédemment (pl. VIII), et le coupe-racines dont il est parlé page 60.

Nous avons aussi la machine à broyer, dont le dessin se trouve planche XVII. Elle se compose de cinq paires de cylindres cannelés ayant 18 centimètres de diamètre; la première paire de cylindres, entre lesquels l'ouvrier engage les tiges de lin, offre des cannelures plus fortes que celles de la seconde paire, et ainsi de suite graduellement jusqu'aux derniers cylindres, qui se trouvent avoir les cannelures les plus fines.

Fig. 1, élévation principale.
2, plan général.
3, élévation latérale.
4, détail des leviers pour presser à volonté sur les cylindres inférieurs.
5, disposition des cylindres.

Nous reprochons à cette machine d'être très-lourde à conduire et, point important, de ne pas assez bien conserver le parallélisme des filaments.

Quand la partie ligneuse du lin a été concassée entre les cylindres de la machine précédente, le lin est soumis à la teilleuse de M. Mertens, construite par MM. Mac Adam, de Belfast (voir le dessin, planche XVIII). A cet effet, le lin est mis en nappes, dans des pinces analogues à celles dont on fait usage pour les peigneuses; ces pinces sont introduites dans une coulisse de la teilleuse, où elles sont poussées à la suite les unes des autres par une chaîne sans fin. Les deux tiers environ de la longueur du lin pendent au-dessous des pinces et sont battus sur les deux faces à la fois, durant le trajet, par deux volants dont les tringles en fer sont disposées en cône et se rapprochent d'autant plus que le lin est plus engagé dans la machine. Lorsque les pinces sont arrivées à l'extrémité de la coulisse, la partie pendante du lin doit être nettoyée de sa chènevotte. Cette partie est mise en pinces en dégageant le bout non teillé, qui, à son tour, est soumis à l'action des volants. Les lins ne sont pas toujours également faciles à teiller; les uns doivent être traités plus énergiquement que les autres; aussi la machine se trouve-t-elle munie de pièces de rechange destinées à accélérer ou à diminuer la vitesse des pinces durant leur parcours. Il faut quatorze personnes pour desservir la teilleuse Mertens; on prétend qu'elle peut produire 500 kilogrammes de filasse par jour.

Fig. 1, élévation principale.
    2, coupe perpendiculaire.
    3, coupe horizontale.
    4, élévation à l'extrémité d'entrée.
    5, élévation à l'extrémité de sortie.
    6, détail de la coulisse où voyagent les pinces.
    7, pinces.

§ 6.

MACHINES DE M. L. TERWANGNE.

Les machines à préparer le lin et le chanvre dont il nous reste à parler sont d'origine française.

M. L. Terwangne, de Lille, inventeur d'un procédé de rouissage salubre, n'a pas voulu laisser son œuvre incomplète : il est aussi l'inventeur de deux machines disposées, la première, pour broyer le lin et le chanvre, et, la seconde, pour le teiller.

Nous donnons, pl. XIX, fig. 1, un dessin d'ensemble de l'instrument, que son auteur nomme *broie rurale, demi-teilleuse*.

En examinant cette machine, on reconnaîtra qu'elle a une très-grande similitude avec la première partie de celle de M. Mac Pherson : comme cette dernière, elle se compose d'une table cannelée horizontale, sur laquelle on opère un mouvement de va-et-vient avec des cylindres s'engrenant avec les cannelures de la table sur laquelle ils voyagent.

L'une des principales différences qui existe entre la broie de M. L. Terwangne et celle de M. Mac Pherson consiste dans l'application des ficelles au moyen desquelles M. L. Terwangne conserve le parallélisme des matières qu'il travaille; ce point est des plus importants : on évite par là une grande partie des déchets qui se font dans toutes les autres machines à concasser la chènevotte du lin, sans même en excepter le maillet cannelé flamand.

En lisant, plus loin, la description que l'auteur fait de sa broie, et en voyant le dessin qui la représente, on reconnaîtra que les ficelles, tout en servant à maintenir le parallélisme des filaments, tiennent aussi le lin sur la table cannelée et que rien n'est plus simple que de les enlever pour changer le lin dès qu'il est broyé.

Broie rurale demi-teilleuse pour lin et chanvre.

« Le dessin représente la machine au moment où la nappe de
« lin est broyée; déjà l'un des bâtons auxquels sont attachées les
« ficelles est levé, il repose sur les deux fourches f; l'autre bâton
« b est abaissé.

« Les poids de tension sont indiqués par les lettres p, p, p.

« c, c, c, c sont les crans destinés à recevoir les ficelles, lorsqu'elles sont abaissées sur les nappes de lin, pendant leur
« broyage.

« c', c', petits crochets en fer retenant les bâtons à ficelles le
« long de la traverse du bâti.

« b, b, petits boutons régnant dans le pourtour du bâti de la
« machine, pour y accrocher les toiles destinées à rendre le tra-
« vail salubre, en empêchant la projection de la poussière.

« La longueur de la table cannelée peut varier de 2 à 5 mètres,
« suivant que la broie doit être rurale ou industrielle; sa largeur
« intérieure est de 75 centimètres. De même, selon la destina-
« tion de la broie, le chariot qui voyage sur la table cannelée
« pèse 200, 500 ou 1,000 kilogrammes (ce peut être une table
« en fonte brute); il surmonte deux, quatre ou six rouleaux, qui
« s'engrènent exactement avec les cannelures de la table.

« Les nappes de lin doivent avoir 2 centimètres d'épaisseur.

« Les frictions réitérées produites par le mouvement de va-et-
« vient des rouleaux cannelés ont pour effet de donner au lin, au
« chanvre et aux filasses une grande divisibilité fibrillaire, beau-

« coup de moelleux et un grand adoucissement; elles prédisposent
« à un bon teillage, rendu d'autant plus facile, que cette broie
« peut enlever, en cinq minutes, 50 p. o/o de ligneux sur les
« 75 p. o/o ordinairement contenus dans les tiges de lin. On sait
« que les instruments en usage, tels que cylindres cannelés su-
« perposés, voire même le maillet belge, dit casse-bras, etc., n'en-
« lèvent aux tiges de lin que 10 à 12 p. o/o de leurs chènevottes.
« Quelques-uns ont l'inconvénient d'en friser les pointes; d'autres
« exigent que les racines soient coupées; tous enchevêtrent plus
« ou moins les filaments et produisent beaucoup de déchets.

« Une broie rurale peut préparer 60 kilogrammes de lin en
« paille en dix heures; il faut un homme et un enfant pour la
« desservir.

« Le produit sur une broie industrielle serait en raison de ses
« dimensions; rien ne s'oppose à ce qu'elles soient très-grandes.
« Le personnel peut se composer de femmes et d'enfants; ce tra-
« vail n'exige que du soin.

« Les cannelures des broies à lin doivent être construites en
« bois; on peut employer le fer ou la fonte polie pour les broies
« à chanvre.

« Lille (Nord), novembre 1852.

« Signé L. TERWANGNE. »

La planche XXI, fig. 2, représente, par un dessin d'ensemble, la teilleuse de M. L. Terwangne.

L'idée de la teilleuse de M. L. Terwangne a été empruntée au moulin teilleur belge; le mérite du constructeur réside dans diverses améliorations de détail, que nous allons faire connaître.

Un même bâti et un même axe portent deux volants ayant chacun six rayons. Les rayons de l'un des volants, celui qui agit le premier, sont armés d'espades semblables à celles usitées en Belgique. La différence notable que nous ayons à signaler, dans cette première partie de la teilleuse, consiste dans la forme de la planche où se place le lin pour y être soumis à l'action des espades : cette planche, au lieu d'être verticale et à surface plane, a une forme convexe à sa partie supérieure; elle est mobile, une charnière la maintient à sa base, et sa position se règle au moyen d'une vis, qui apparaît dans le dessin. Grâce à ces dispositions, il est facile d'attaquer le lin plus qu'il ne l'est ordinairement dans le milieu de la poignée. Une autre modification aux teilleuses ordinaires se trouve dans une courroie avec laquelle M. Terwangne lie les pointes du lin pendant le travail des espades sur la partie supérieure et sur le milieu des poignées; l'inventeur dit qu'en empêchant les pointes du lin de voltiger et d'être brisées par les espades, il évite beaucoup de déchets.

Après que le lin a été débarrassé de la plupart de ses chènevottes par le travail des espades en bois dont nous venons de parler, l'ouvrier le dépose par poignées sur une table que porte le bout du bâti qui se trouve derrière les volants; le dessin laisse apercevoir cette table.

Un second ouvrier prend à son tour le lin espadé et le soumet à l'action du deuxième volant, dont chaque rayon est armé d'une brosse à son extrémité. Ce travail s'opère, comme dans le premier cas, au moyen d'une planche analogue à celle décrite plus haut, et qui ne se trouve pas visible dans le dessin.

L'addition d'un volant armé de brosses constitue une modification considérable aux teilleuses flamandes : par là, M. Terwangne rend le lin plus propre et plus soyeux.

Par le travail des moulins teilleurs ordinaires, le lin n'est pas toujours suffisamment débarrassé de ses chènevottes, les qualités fines surtout exigent une manutention complémentaire de la part d'un bon ouvrier; il est présumable qu'à l'aide des brosses on peut éviter cette main-d'œuvre.

§ 7.

TEILLEUSES DE M. DECOSTER.

M. A. Decoster, ingénieur mécanicien à Paris, est l'inventeur de deux teilleuses, l'une pour le lin, l'autre pour le chanvre.

La planche XX, fig. 1, représente la teilleuse à lin: cette teilleuse, d'une construction simple et très-ingénieuse, diffère notablement des autres machines du même genre. L'un de ses caractères distinctifs consiste dans les cylindres concasseurs dont elle est armée. Ces cylindres remplissent un double but : ils servent à briser la partie ligneuse du lin et ils concourent, avec les pinces, à le retenir sous l'action des lames qui le débarrassent de ses chènevottes.

M. A. Decoster donne ci-après quelques explications sur la manière de faire usage de sa teilleuse et sur les produits qu'on en peut obtenir :

« Pour se servir avantageusement de cette machine, on met « d'abord une poignée de lin sur la table, et, tout en ayant soin de « commencer à teiller le côté des racines, on donne ensuite le « mouvement aux cylindres concasseurs au moyen d'une tringle « de débrayage. On laisse entrer la mèche de lin dans les cy- « lindres, et, lorsqu'elle y est engagée un peu au delà de la moitié « de sa longueur, on arrête la marche des cylindres concasseurs, « comme il est dit précédemment. On teille le lin ainsi jusqu'à ce « qu'il soit suffisamment teillé; puis, après avoir soulevé le cy- « lindre supérieur à l'aide d'une corde qui passe sur une poulie « à gorge, on retire le lin et on le pose à sa gauche, sur une « table. Une personne placée à la droite de l'ouvrier qui conduit « la machine lui présente la poignée de lin à teiller.

« Après avoir teillé une certaine quantité de lin, l'ouvrier « qui était à droite passe à gauche, il met le lin en pinces par le « côté des racines, et on recommence l'opération comme il a été « dit précédemment pour teiller la tête du lin.

« Chaque pince peut contenir 140 à 150 grammes de lin brut;
« il faut, en moyenne, une minute pour teiller cette quantité.

« Le personnel nécessaire pour desservir la machine se com-
« pose :

« 1° D'un metteur en pinces;

« 2° D'un conducteur de la teilleuse;

« 3° D'un finisseur, quand il s'agit de lins fins ou mal rouis.

« La force d'un cheval-vapeur peut conduire facilement cinq
« teilleuses.

« Cette machine fait peu de déchets, et son rendement est de
« 5 p. 0/0 au-dessus de la moyenne. »

Le système de la teilleuse à chanvre de M. A. Decoster est emprunté à la teilleuse à lin de Mertens; il consiste en deux volants, composés de tringles en fer, qui agissent sur les deux faces du chanvre à la fois, en tournant en sens inverse l'un de l'autre. Cette machine est armée de cylindres concasseurs, semblables à ceux qui existent dans la teilleuse à lin; elle est représentée pl. XX, fig. 2.

§ 8.

PERCUTEUR MÉCANIQUE CONTINU DE M. SOYEZ.

M. Soyez, rue des Bourdonnais, n° 17, à Paris, nous a fourni le dessin d'une machine nommée par lui *percuteur mécanique continu*; il applique cette machine à de nombreux usages et, entre autres, au teillage et au spatulage des lins et des chanvres. Nous donnons ci-après la description que fait M. Soyez de son percuteur mécanique continu, et le dessin de cette machine, pl. XXI.

« Le dessin du *percuteur mécanique continu* représente une tré-
« mie à concasser les graines, qui est indépendante et peut être
« enlevée à volonté; privée de cette pièce, et réduite à ce qui est
« nécessaire pour teiller, spatuler, battre, échauffer et diviser les
« lins et les chanvres, la machine coûterait 600 francs. Elle peut

« être mue à la main et conduite par deux hommes, et, en douze
« heures de travail, teiller et spatuler 350 kilog. de paille de lin
« ou de chanvre. Elle peut battre environ 100 kilog. de filasse de
« chanvre, mieux que par les autres moyens connus et en pro-
« duisant moins d'étoupes.

« A l'aide d'un moteur mécanique on pourrait doubler le tra-
« vail.

« Les chanvres échauffés et battus par cette machine donnent
« peu de déchets, parce que la paille qui soutient la fibre, étant
« réduite en poudre, se détache facilement par l'effet de la spa-
« tule, et, les filaments restant toujours dans leur longueur et
« parallélisme naturels, aucune fibre ne se brise, et la matière
« n'est ni allongée, ni frisée, comme cela arrive dans les moulins
« ou avec les cylindres.

« La machine, avec sa trémie à concasser les graminées, revien-
« drait à 900 francs. Quatre du genre n'exigent pas plus d'un
« cheval de vapeur pour leur mise en mouvement. Sa construc-
« tion est si simple que le moindre ouvrier de campagne peut fa-
« cilement l'entretenir en bon état. »

§ 9.

MACHINE DE M. LOTZ.

M. Lotz, fils aîné, constructeur mécanicien à Nantes, s'est
fait breveter pour une machine dite à manége direct. Elle est
applicable au battage des blés, au teillage du chanvre et du lin;
nous en donnons le dessin, pl. XXII.

Fig. 1, la machine en travail.

2, vue de face.

3, vue de la machine en voyage.

Les médailles d'or que M. Lotz a obtenues au grand concours
national de Versailles et au concours régional d'Angers, les 7 mai
et 22 avril 1852, les divers encouragements que lui ont donnés

plusieurs congrès agricoles, et les nombreux certificats que nous avons sous les yeux, d'un bon nombre de cultivateurs, parlent en faveur de la machine qui nous occupe. Toutefois nous devons à la vérité de faire remarquer que les certificats qui ont été délivrés ne font pas mention du teillage du lin; ils ne s'appliquent qu'au battage du blé et au teillage du chanvre.

La description suivante des machines à manége direct, fonctionnant avec bœufs ou chevaux, est due à M. Lotz.

« Ces machines ont l'avantage de se démonter et remonter en « moins de dix minutes et offrent toute garantie de solidité : le « manége fait partie de la machine, et sa disposition lui permet « de se prêter aux défectuosités du terrain qui n'a pas besoin « d'être de niveau; le tout est placé à terre sans aucune prépara- « tion. Son installation peut être faite par les hommes les moins « intelligents; tout l'appareil se transporte aisément sur une seule « charrette, on peut aussi adapter des roues et brancards à la ma- « chine elle-même, et n'avoir qu'à y atteler soit des bœufs, soit « des chevaux.

Détails sur sa construction.

« Cette machine est construite en bois de chêne choisi et solide- « ment construite. Les panneaux latéraux et le plafond sont tout en « tôle forte et fortement vissés aux parois intérieures de la char- « pente; ces panneaux ont la propriété de rendre la machine très- « rigide, et empêchent tout mouvement occasionné par la séche- « resse ou l'humidité.

« Le manége est placé sur une charpente ainsi conçue :

« Ledit manége se compose d'une forte plaque en fonte por- « tant un canon (ou douille) sur lequel vient se placer la roue « portant attelles qui y sont fixées par de forts boulons. Cette « roue, placée horizontalement, donne le mouvement à un pignon « faisant mouvoir un arbre vertical, qui porte une roue d'angle « montée dessus et donnant le mouvement à un pignon placé sur « l'arbre intermédiaire; ce même pignon est placé sur l'arbre sans

« clavette, de sorte que, dans un sens, il n'a pas la propriété d'en-
« traîner le mouvement; dans l'autre, au contraire, il l'entraîne.
« Une disposition de linguet est placée sur un plateau et déter-
« mine l'entraînement, quand les animaux marchent dans le sens
« voulu, et, au contraire, quand ils vont en arrière, le batteur ne
« marche pas. Sur l'arbre intermédiaire est placée une grande
« roue droite à denture fine, qui fait mouvoir un petit pignon
« monté sur l'arbre du batteur et entraîne ce dernier à une vitesse
« de 740 révolutions par minute, les animaux ne faisant que
« deux tours à la minute et parcourant une circonférence de
« 28 mètres à chaque tour. Il est facile de voir, d'après ces dimen-
« sions données, que nous plaçons les animaux dans des conditions
« tellement favorables que, quelle que soit leur mauvaise volonté,
« ils sont dressés en moins de dix minutes et sans leur couvrir la
« vue. Pour la mise en mouvement, il suffit de prendre le bouton,
« ou manivelle, placé sur la roue à denture fine, on tourne quel-
« ques tours à la main, le batteur se met en mouvement, et, ayant
« immédiatement acquis une certaine vitesse, on fait aller, partir
« les animaux qui, ne trouvant aucune résistance, continuent à la
« faire mouvoir sans que la machine ressente aucune secousse,
« et par conséquent aucune chance de rupture; il en est de même
« lorsque les animaux qui ne sont pas dressés à ce travail s'ar-
« rêtent brusquement, ou vont en arrière au lieu d'aller en avant :
« le batteur continuant à tourner dans le sens de l'impulsion qui
« lui a été donnée, il ne s'arrête que graduellement, ce qui em-
« pêche complétement la machine de s'en ressentir.

« Avec ces machines on peut battre de 60 à 100 hectolitres de
« grain par jour, selon la longueur de la paille et la qualité du
« grain. On broie, de chanvre, de 15 à 22 kilogrammes à l'heure,
« selon la qualité. Le lin est dans les mêmes proportions. MM. les
« cultivateurs ont un immense avantage à se servir de machines
« pour ces sortes de travaux; le grain est plus propre. Quant au
« chanvre, l'avantage consiste en ceci :

« 1° Il n'est nul besoin de le passer au four, économie de
« temps et de combustible;

« 2° N'étant pas passé au four, il est plus blanc et gagne, en
« poids, de 8 à 15 p. o/o;

« 3° Étant broyé à la machine, il est plus doux, plus soyeux,
« et se vend communément 10 à 12 p. o/o plus cher. »

§ 10.

BROIE DE M. CESBRON-LAVEAU.

La broie dont nous allons parler est due à l'un des agronomes les plus distingués de Maine-et-Loire, à M. Cesbron-Laveau, ancien membre de l'Assemblée nationale; elle est représentée, dans ses détails, pl. XXIII, fig. 1, 2, 3.

Fig. 1, vue latérale;
    2, section horizontale;
    3, section latérale.

M. Cesbron-Laveau est amateur du progrès; aussi avons-nous reçu plusieurs fois sa visite à Versailles à l'époque où nous nous y livrions à des travaux d'expérimentation. C'est là qu'il a vu travailler le lin, avec les instruments manuels en usage en Belgique, par des ouvriers habiles venus de ce pays, et qu'il a conçu l'idée du petit instrument, essentiellement rural, dont nous parlons.

Deux pièces, reliées ensemble par deux charnières, composent toute la machine, qui est construite en bois. L'une de ces pièces est une planche cannelée ayant environ 45 centimètres de long, 22 de large sur 10 d'épaisseur. L'autre pièce, qui tombe perpendiculairement sur la première, est exactement semblable, à cela près qu'elle porte un manche et que ses cannelures sont divisées de manière à s'engrener avec celles de la planche inférieure.

L'instrument de M. Cesbron-Laveau a été imaginé pour remplacer le maillet cannelé belge; et surtout pour remplacer la broie en fer imitant le coupe-paille, dont on fait usage dans presque tout l'ouest de la France. Une femme peut facilement faire manœuvrer le nouvel instrument; le travail qu'on en obtient est bien supérieur à celui de la broie en fer, si destructive des filaments du lin, et, tous les coups étant efficaces, on peut faire, avec moins de fatigue, autant et mieux qu'avec le maillet cannelé belge, dit casse-bras.

§ 11.

MACHINE DE M. J. DOREY.

Nous avons encore à citer l'instrument nouvellement inventé par M. J. Dorey, du Havre.

M. J. Dorey s'est fait breveter pour une machine rurale que nous ne saurions mieux comparer, pour l'aspect et pour la mise en mouvement, qu'au gagne-petit des rémouleurs. Cet instrument réunit les pièces nécessaires pour broyer et pour teiller le lin. Le broyage se fait au moyen d'une paire de petits cylindres en fer, cannelés, placés horizontalement sur le bâti de la machine. Au-dessus des cylindres se trouvent deux petits volants ou lanternes, dont les bras sont en fil de fer et placés verticalement. L'ouvrier donne le mouvement à sa machine à l'aide d'une pédale; il présente ensuite une poignée de lin aux cylindres cannelés qui en concassent les chènevottes, puis il la soumet à l'action des bras des volants qui tournent en sens contraire, à la façon de ceux de la teilleuse Mertens. Toutefois, les bras de ces volants ne sont pas tellement rapprochés que l'on ne puisse retirer le lin soumis à leur action : c'est en effet ce qui se pratique; le lin est constamment entraîné par le mouvement de rotation des volants, tandis que l'ouvrier le retire à chaque instant vers lui, et obtient ainsi le frottement nécessaire pour faire tomber la paille adhérente aux filaments du lin.

La machine est ingénieuse; malheureusement le produit qu'on en obtient est très-peu important.

§ 12.

BROIE TH. MÂREAU.

Après un examen attentif des divers instruments dont on fait usage pour broyer le lin et l'assouplir, tant de ceux dont nous avons fait mention dans ce chapitre que de ceux dont nous avons négligé de parler, nous sommes resté convaincu que la plupart de ces instruments laissent quelque chose à désirer. En effet, aux uns on peut reprocher de briser les filaments et d'occasionner beaucoup de déchet; aux autres, de faire peu de travail; à quelques-uns, d'exiger une force motrice considérable; beaucoup d'entre eux conservent mal le parallélisme des filaments et donnent naissance à une grande quantité d'étoupes; il en est peu qui détachent une grande quantité de chènevottes, et peu aussi qui assouplissent notablement la matière. Nous avons pensé qu'il ne serait peut-être pas impossible de créer une machine qui approchât davantage du but qu'on se propose. C'est dans cette intention, et avec le désir de nous rendre utile à l'agriculture et à l'industrie, que nous avons étudié, puis dressé le plan d'une broie dont le dessin détaillé se trouve pl. XXIII, fig. 4, 5 et 6.

Description.

Figure 4. — Vue latérale.

a a, bâti.

b b, planches cannelées fixées au bâti.

c c, planches cannelées mobiles.

d d, ressorts appliqués sur la face externe des planches mobiles, servant à modérer le coup que celles-ci vont porter aux planches fixes.

e e, tiges tenant par un bout au centre du ressort, et de l'autre aux excentriques placés sur l'arbre moteur.

f f, excentriques servant à donner le mouvement de va-et-vient aux planches mobiles.

g g, poulies à gorge servant à supporter et à guider les planches mobiles.

h, pinces pour tenir le lin en nappes.

i i, cylindres sur lesquels passe une courroie sans fin, armée de crochets destinés à entraîner les pinces à travers les planches cannelées.

Le mouvement est donné par un arbre horizontal *j* qui porte un volant *k k*.

Figure 5. — Section longitudinale.

a a, bâti.

c c c, planches cannelées mobiles.

d d d, ressorts.

e e e, tiges des excentriques.

f f f, excentriques.

g g g g g g, poulies à gorge.

h, pinces.

i i, cylindres conducteurs de la courroie sans fin.

j j, arbre horizontal.

k k, volant placé sur l'arbre horizontal.

l l, arbre vertical qui communique le mouvement de l'arbre horizontal aux poulies conductrices des courroies.

m m, courroie sans fin.

Figure 6. — Plan horizontal.

La broie dont nous donnons ici le dessin est considérée comme un instrument rural; un homme et trois aides suffisent pour la mettre en mouvement et la desservir. Pour faire de cette broie une machine industrielle, il suffirait de la faire plus longue; comme aussi, en y adaptant un moteur mécanique, soit un simple manége, comme dans la machine Lotz, elle pourrait être mue à une plus grande vitesse: par là on augmenterait notablement les produits que peut donner le travail manuel.

Telle qu'elle est combinée, elle porte de chaque côté trois pinces, de chacune 60 centimètres de long; chaque pince peut recevoir une nappe de lin en paille pesant 200 grammes, soit 1,200 grammes pour les 6 pinces. Le lin devant passer deux fois dans la machine, pour qu'il soit broyé dans toute sa longueur, la quantité de lin fini est réduite à 600 grammes pour chaque course à travers la broie. La durée du parcours est calculée sur deux minutes; d'après ces bases, on voit qu'avec un travail de 12 heures, on doit broyer 216 kilogrammes de lin en paille.

Dans le travail de notre broie, le lin conserve forcément le parallélisme de ses filaments, puisqu'il est maintenu par les pinces qui le portent. Grâce à la disposition des planches qui concassent la chènevotte, le lin est attaqué dans toutes ses parties, d'abord par des cannelures de 2 centimètres, puis par des cannelures de 15 millimètres, et enfin par des cannelures de 1 centimètre. Le rapprochement des planches cannelées entre elles se règle au moyen de vis de pression qui servent aussi à fixer les ressorts sur les planches mobiles. La présence des ressorts permet d'engrener les cannelures assez profondément; leur élasticité met à l'abri de tout accident et modère la force de résistance.

Ce simple exposé suffira pour faire comprendre que la friction énergique et réitérée que notre broie exerce sur le lin doit nécessairement l'assouplir et le débarrasser d'une forte proportion de ses chènevottes. Celles-ci, grâce à la disposition verticale de notre appareil, tombent à terre, ou mieux dans une fosse spéciale disposée sous la broie, avec un courant d'air propre à rendre le travail salubre.

Pour opérer, un homme s'empare de la manivelle attachée au volant et met la machine en mouvement; un aide met le lin en pinces, un autre place les pinces dans les coulisses et le troisième, qui est placé à l'extrémité de la machine, renvoie les pinces dont le lin n'a encore été travaillé que d'un côté, et vide celles dont le lin est fini. S'il s'agissait d'opérer industriellement, nous proposerions un moyen de mettre en pinces, très-ingénieux et très-expéditif, que nous avons expérimenté chez M. Decoster, de Paris.

§ 13.

MACHINE DE M. KUTHE DE EGELN.

M. J. N. Schwerz, dont les ouvrages sur l'agriculture jouissent d'une réputation si bien méritée, a traité longuement la question du lin, et il joint au texte le dessin des instruments les plus en usage en Allemagne et en Belgique. Nous reproduisons, pl. XXIV, le plus important de ces instruments, dû à M. Kuthe de Egeln.

Fig. 1, vue de face.
2, vue latérale.
3, vue par derrière.

Voici comment s'exprime l'auteur précité sur la broie dont il s'agit :

« Parmi les diverses machines, il faut distinguer celle de
« M. Kuthe de Egeln, dans l'Altmarkt. C'est une simple machine
« à main qui expédie beaucoup d'ouvrage et qui, par cela même,
« est devenue très-répandue. Cette machine, presque entièrement
« en bois, ne coûte que 44 fr. 40 cent. et s'emploie de la manière
« suivante :

« On étale sur la table alimentaire A, les tiges de lin, séchées
« au soleil ou artificiellement, en couches minces et uniformes.
« La manivelle, en tournant, met en mouvement trois cylindres
« cannelés qui entraînent le lin, le font reculer et avancer, et
« l'amènent ainsi, insensiblement, sur la table d'écoulement B,
« située au côté opposé; les tiges y arrivent entièrement broyées
« et sont enlevées dans cet état. Deux personnes suffisent pour le
« service de cette machine. Non-seulement le travail va deux fois
« plus vite qu'avec deux macques à main, mais encore, ce qui est
« infiniment plus important, la filasse est beaucoup plus épargnée,
« et on évite de faire tomber dans le déchet la plus grande par-
« tie des sommités, ce qui arrive lorsqu'on le traite avec la macque
« à main. Aujourd'hui cette machine est en usage en Westphalie,
« dans la Hesse, la Saxe, la Poméranie et autres pays. »

CHAPITRE V.

COMPTE RENDU D'EXPÉRIENCES FAITES, EN 1851 ET EN 1852, SUR LA CULTURE, LE ROUISSAGE, LE BROYAGE ET LE TEILLAGE DU LIN.

Les expériences dont nous allons rendre compte ont porté principalement sur la culture, le rouissage, le broyage et le teillage du lin. Elles ont été faites en majeure partie à l'Institut agronomique de Versailles.

§ 1er.

CULTURE.

Deux hectares environ ont été ensemencés en lins, savoir :
90 ares dépendant de la ferme de la Ménagerie ;
65 ares sur la ferme de Gally, et enfin environ 40 ares sur les terres de Satory.

Les pluies presque continues du mois de mars 1851 ne permirent pas de faire les labours et hersages nécessaires en temps utile pour semer vers la mi-mars, comme nous l'aurions désiré ; les terrains bas restèrent même assez mal préparés, le sol n'ayant pu être convenablement ameubli, bien que les semailles eussent été retardées jusque dans les premiers jours d'avril.

Le terrain dépendant de la ferme de la Ménagerie, consacré à nos essais, a été pris dans la pièce de la Sablière, où nous fîmes notre expérience l'année dernière. On trouve, à la page 197 de la première partie de notre rapport, l'analyse chimique de cette terre. Quoi qu'il en soit, nous reproduirons aussi les résultats de l'analyse chimique faite ultérieurement, d'après des données nouvelles[1], par les soins de MM. F. Verdeil et E. Risler, suivant les conseil de M. le comte de Gasparin.

EXTRAIT DU TABLEAU DES ANALYSES DES TERRAINS DU DOMAINE DE L'INSTITUT AGRONOMIQUE DE VERSAILLES.

DÉSIGNATION de la pièce de terre.	MATIÈRES organiques.	CENDRES.	SULFATE de chaux.	CARBONATE de chaux.	PHOSPHATE de chaux.	CHLORURE de sodium et de potassium.	OXYDE de fer.	SILICE.	POTASSE et soude des silicates.
Sablière....	47, 04	52, 06	22, 31	34, 59	8, 10	4, 05	1, 02	15, 58	6, 57

Les 90 ares de terre pris dans la pièce de la Sablière ont été divisés en neuf planches, de 10 ares chacune; nous leur avons donné des numéros d'ordre, afin de pouvoir suivre plus facile-

[1] On sait que sous la direction éclairée de M. le comte de Gasparin, et suivant son conseil, les terres des différentes parties du domaine de l'Institut national agronomique de Versailles ont été analysées d'après une méthode que M. Verdeil explique de la manière suivante :

« Environ 20 kilogrammes de chaque espèce de terre, débarrassée des pierres et du gravier un peu gros, sont mélangés dans un grand vase avec assez d'eau distillée tiède pour que celle-ci forme avec la terre une bouillie claire pouvant être facilement remuée; au bout de quelques heures on sépare l'eau et l'on répète une deuxième et une troisième fois cette opération. L'eau qu'on obtient ainsi est parfaitement limpide, légèrement jaunâtre; on l'évapore au bain-marie jusqu'à complète dessiccation du résidu.

« Cet extrait de terre n'est pas uniquement composé de substances minérales; il renferme également une substance organique dont la proportion varie pour les différents résidus, mais qu'on peut évaluer en moyenne à 50 p. o/o de la masse de l'extrait desséché à 100 degrés. Exposé à l'action de la chaleur rouge, il se décompose, noircit et brûle; la matière organique est détruite, et il reste une cendre parfaitement blanche.

« Nous avons analysé les cendres provenant des extraits des différentes terres traitées par l'eau, et nous indiquons, sous forme de tableau, les résultats que nous avons obtenus, en désignant la cendre analysée par le nom de la pièce d'où elle a été extraite. »

ment toutes les opérations ultérieures et en tenir note. Cette précaution était nécessaire puisque, dans le but de multiplier nos expériences, nous avons placé chaque planche dans des conditions particulières, soit par la variété de la graine, soit par la quantité employée pour la semence. Le tableau ci-après fait voir comment nous avons opéré pour cette partie de nos expériences.

AGENCEMENT DES SEMIS DANS LE TERRAIN DE LA SABLIÈRE.

DATE des semailles.	NUMÉRO d'ordre.	ORIGINE de la graine.	SEMENCE.	SUPERFICIE ensemencée.	ÉTAT DU SOL.	SARCLAGES
1851.			litres.	ares.		
3 avril...	1	Waës. — Fleur blanche..	10	10	Convenablement ameubli.	2
Idem.....	2	Vendée. — Fleur bleue..	25	10	Idem................	2
Idem.....	3	Riga.................	10	10	Idem................	2
Idem.....	4	Waës. — Fleur blanche..	30	10	Mal divisé par suite de l'humidité............	2
Idem.....	5	Flandre. — Après tonne..	10	10	Idem................	2
Idem.....	6	Riga ; Vendée..........	25	10	Plus mal divisé que ci-dessus ; même cause...	2
Idem.....	7	Flandre. — Après tonne..	25	10	Très-mal divisé par excès d'humidité..........	2
Idem.....	8	Riga.................	25	10	Idem................	2
Idem.....	9	Ménagerie. - Après tonne.	25	10	Idem................	2

Le terrain des n°s 1, 2 et 3, pris dans la partie haute de la Sablière, a pu être préparé convenablement : il avait été fumé l'année précédente et ensemencé en haricots.

La moitié du n° 4, soit 5 ares, a été semée dans l'emplacement des 5 ares récoltés l'année précédente, sans nouvelle fumure ; l'autre moitié, ainsi que les n°s 5, 6, 7, 8 et 9, ont succédé à une avoine et ont également été semés sans nouvel engrais. Nous devons faire remarquer que le terrain de la Sablière, situé à la porte de la Ménagerie, a été fortement engraissé dans les années antérieures, d'où il suit qu'on pouvait se dispenser d'un nouvel engrais pour le lin, ainsi que l'expérience l'a démontré par l'abondance relative de la récolte. Malheureusement tout n'était pas dans d'aussi bonnes conditions : les n°s 7, 8 et 9 surtout, situés dans le terrain le plus bas, n'ont pu être hersés convenablement ; le sol est resté couvert de grosses mottes de terre, ce qui a beaucoup nui à l'importance de la récolte ; toutefois cet inconvénient était partiel. Il en est un autre duquel toutes les planches ont eu énormément à souffrir : nous voulons parler des mauvaises herbes.

Nous fîmes commencer les sarclages le 8 mai ; les plantes parasites étaient si nombreuses que, reconnaissant l'impossibilité de les arracher toutes, on se contenta d'enlever les plus fortes ; il en fut de même dans un deuxième sarclage, jugé indispensable. Aussi, bien avant l'époque de la récolte, le lin était-il envahi par les mauvaises herbes ; les n°s 4, 5 et 6 étaient dévorés par les chardons ; pour les n°s 1, 2 et 3, on aurait pu croire que le but de la récolte était le coquelicot : le lin disparaissait complétement sous la multitude des fleurs rouges qui formaient une nappe compacte, beaucoup plus belle qu'avantageuse. En effet, après avoir fait beaucoup de frais de sarclage, il a fallu en supporter de très-grands pour l'arrachage du lin, tandis que ce travail est ordinairement peu dispendieux.

C'est surtout dans les planches où la semence était peu abondante que les herbes parasites ont été plus nombreuses, ce qui nous porte à tirer cette conséquence : que s'il est généralement utile de bien nettoyer une linière par de nombreux labours, cette mesure est de rigueur pour ceux qui voudraient cultiver le lin dans le but principal d'obtenir des graines de semence et qui, pour ce motif, mettraient peu de graine en terre. En effet, quand le lin est semé dru, il étouffe une partie des mauvaises herbes ; le contraire peut avoir lieu quand il est semé clair.

Nos fréquentes visites aux cultures expérimentales nous mirent à même de remarquer les principaux phénomènes de la végétation. Les plus curieux peut-être furent ceux que présentèrent les n⁰ˢ 2 et 6, semés en graine de Vendée et en graine de Riga, importée en Vendée il y a environ douze ans[1].

Pendant les deux premiers mois qui suivirent la levée des lins, la végétation des n⁰ˢ 2 et 6 fut toujours beaucoup plus luxuriante que celle de toutes les autres sortes; à ce point que le Belge que nous avions là pour donner ses soins à nos expériences crut qu'il était indispensable de ramer nos lins d'origine vendéenne. Il se mit à la besogne; mais, pendant qu'il préparait ses perches, nos n⁰ˢ 2 et 6 cessèrent presque subitement de croître; bientôt ils furent dépassés par leurs voisins, et l'attention dont ils avaient été l'objet devint inutile.

Le n° 4, dont la moitié était en deuxième récolte de lin, fut l'objet de notre attention particulière; la végétation n'a présenté aucune différence appréciable; l'ensemble en était satisfaisant.

Les n⁰ˢ 5, 7, 8 et 9 furent d'une belle venue; celui qui l'emporta sur tous les autres fut le n° 8, semé en graine de Riga. Il y a là une forte présomption en faveur du mérite réel de la graine de Riga, car toutes nos semences en général étaient bonnes.

Le Belge cité plus haut, homme très-compétent, estima que plusieurs de nos lins valaient, sur pied, 1,200 à 1,500 francs l'hectare; c'est ce dernier prix qu'il avait obtenu chez lui de sa récolte de 1850.

Les expériences faites sur les terrains de la ferme de Gally ont occupé 65 ares, que nous avons divisés en huit planches, sous les n⁰ˢ 1 à 8, comme l'indique le tableau reproduit plus bas. Les n⁰ˢ 3, 4 et 5 appartiennent au terrain dit argile de Gally, et analysé sous ce nom par MM. Verdeil et Risler, comme il a été dit précédemment. Nous donnons ci-après l'extrait de cette analyse :

[1] Les lins provenant de la graine d'origine de Riga se distinguent encore en Vendée; les douze années de culture successive n'ont pas entièrement détruit les propriétés végétatives que possède la graine de Riga.

DÉSIGNATION de la pièce de terre.	MATIÈRES organiques.	CENDRES.	SULFATE de chaux.	CARBONATE de chaux.	PHOSPHATES de chaux.	OXYDE de fer.	ALUMINE.	CHLORURE de sodium et de potassium	SILICE.	POTASSE et soude de silicates.	MAGNÉSIE.
Argile de Gally.	48	52	18,75	45,61	3,83	0,95	1,55	9,14	5,00	7,60	7,60

AGENCEMENT DES SEMIS À LA FERME DE GALLY.

DATES des semailles.	NUMÉRO d'ordre.	ORIGINE de la graine.	SEMENCE.	SUPERFICIE ensemencée.	ÉTAT DU SOL.	SARCLAGES
1851.			litres.	ares.		
4 avril...	1	Waës. — Fleur blanche..	30	10	Noir profond, bêché à la pelle, bien préparé...	1
Idem.....	2	Flandre. — Après tonne..	25	10	Idem................	1
Idem.....	3	Waës. — Fleur blanche..	20	10	Argileux bêché à la pelle.	1
Idem.....	4	Idem................	10	10	Argileux labouré.......	1
Idem.....	5	Flandre. — Après tonne..	5	5	Idem................	1
5 avril....	6	Vendée...............	5	5	Idem................	1
Idem.....	7	Flandre. — Après tonne..	10	10	Idem................	1
Idem.....	8	Vendée...............	5	5	Idem................	1

Cette partie de nos expériences sur la culture nous a mis à même d'apprécier l'influence du sol sur les produits d'une récolte de lin. C'est à Gally que nous avons eu à la fois la récolte la plus abondante et les produits les plus infimes.

Les n°s 1 et 2 ont été semés dans un sol noir, profond, engraissé de longue main, bêché à la pelle.

Le lin à fleur blanche du n° 1 a atteint, dans ces conditions, tout le développement dont cette variété est susceptible; il avait, en moyenne, 1 mètre de longueur; les produits étaient beaux et abondants.

Le n° 2 a également donné des résultats magnifiques, principalement au point de vue de la quantité; la longueur de ce lin a dépassé 1 mètre.

Quelques pas de distance séparaient à peine les n°s 1 et 2 des n°s 3, 4 et 5; la même semence a servi pour les uns et pour les autres, mais le sol n'était plus le même. C'est là que nous avions le terrain désigné sous le nom d'argile de Gally, et dont l'analyse figure ci-dessus.

Nous devons ajouter que ce terrain, moins profond que celui des n°s 1 et 2, avait été moins bien engraissé, et que, au lieu d'avoir été préparé à la pelle, il l'a été au moyen de la charrue. Ce dernier moyen est bien celui qui a été employé à la Ménagerie, où la réussite a été satisfaisante; mais la terre de la Sablière est de beaucoup plus friable que l'argile de Gally. Les lins des n°s 3, 4 et 5 sont restés courts, et ont mûri quinze jours avant les autres.

Les n°s 6, 7 et 8, semés principalement en vue d'obtenir de la graine, ont passablement réussi; le terrain dans lequel ils ont été semés était argileux, sans l'être autant que celui des numéros précédents; le sol avait été préparé au moyen de la charrue.

Nous nous sommes contenté d'un seul sarclage; il était suffisant pour les terres bêchées à la pelle; les autres, surtout les n°s 3, 4 et 5, auraient gagné à être sarclés une deuxième fois; le temps et les bras nous manquaient.

Les expériences faites sur la ferme de Satory ont occupé 38 ares, que nous avons divisés en cinq catégories. Le terrain des n°s 4 et 5 est compris dans celui qui a été analysé par MM. Verdeil et Risler; nous donnons ci-après un extrait de cette analyse :

EXTRAIT DES ANALYSES FAITES PAR MM. VERDAIL ET RISLER.

DÉSIGNATION de la pièce de terre.	MATIÈRES organiques.	CENDRES.	SULFATE de chaux.	CARBONATE de chaux.	PHOSPHATE de chaux.	OXYDE de fer.	ALUMINE.	SILICE.	POTASSE et soude de silicates.
Satory.....	33,00	67,00	18,70	24,25	18,50	3,72	0,80	21,60	4,65

Les nos 1, 2 et 3 ont été semés dans le jardin potager de la ferme ; la terre de ce jardin contient une proportion convenable d'argile, et peut être considérée comme étant de bonne qualité.

AGENCEMENT DES SEMIS À LA FERME DE SATORY.

DATES des semailles.	NUMÉRO d'ordre.	ORIGINE de la graine.	SEMENCE.	SUPERFICIE ensemencée.	ÉTAT DU SOL.	SARCLAGES
1851.			litres.	ares.		
7 avril...	1	Ménagerie. – Après tonne.	50	20	Bêché à la pelle, dont une partie un peu tardive..	2
Idem.....	2	Idem................	9 5	2 25	Bêché à la pelle, bien préparé................	1
Idem.....	3	Idem................	1	1	Idem................	1
15 mai...	4	Waës. — Fleur blanche..	6	5	Labouré à la charrue....	1
Idem.....	5	Ménagerie. – Après tonne.	10	10	Idem................	1

La moitié du sol du n° 1 a été fumée avec des vidanges, à raison de 250 hectolitres par hectare. Les matières fécales ayant été déposées en masse sur un point du sol qu'elles étaient destinées à engraisser, il est à remarquer que le lin semé dans l'endroit même du dépôt manqua complétement. L'espace resté libre par suite de cette circonstance fut ensemencé avec des topinambours, qui manquèrent comme le lin ; ce qui semble démontrer que l'excès de cet engrais peut être très-nuisible, et qu'il faut l'employer avec discernement. Le surplus du terrain a été fumé au moyen de tourteaux de colza pulvérisés, à raison de 4,500 kilogrammes par hectare.

La majeure partie du terrain consacré au n° 1 avait été bêchée ou labourée avant l'hiver ; quelques parcelles, cependant, ne furent labourées que peu de temps avant les semailles ; le sol fut moins bien ameubli, et l'on put constater une différence marquée dans la réussite de la récolte, sans qu'il fût possible de trouver une autre cause d'infériorité que celle provenant d'une moins bonne préparation du sol.

Le n° 2 a été semé dans une terre meuble, fumée avec des tourteaux de colza pulvérisés, à raison de 4,500 kilogrammes par hectare. La végétation de ce lin a été magnifique; le seul inconvénient que nous ayons remarqué, c'est qu'un grand nombre de tiges périssaient après avoir atteint 30 ou 40 centimètres de hauteur. La cause de ce fait nous a échappé; peut-être faudrait-il la chercher dans la quantité de semence employée pour ce numéro, semé à raison de 420 litres par hectare. Malgré ce déficit dans la récolte, le reste ayant très-bien prospéré, nous n'hésitons pas à mettre le n° 2 de Satory au premier rang, comme étant celui qui a donné le plus de rendement en même temps que des produits de bonne qualité. Ce lin est, du reste, le seul que nous ayons été obligé de faire ramer; ses tiges hautes et fines rendaient cette précaution indispensable.

Un seul sarclage a suffi dans la planche n° 2, tandis que ce travail dispendieux, répété deux fois dans le terrain du n° 1, n'a pu le préserver entièrement des chardons, qui nous ont forcé d'abandonner une partie de la récolte.

L'expérience faite sous le n° 3 ne présente pas moins d'intérêt que la précédente. Ici, au lieu d'avoir semé très-dru, nous n'avons employé la semence qu'à raison d'un hectolitre par hectare. La graine était la même pour les expériences n°s 3 et 3; elle était la première qualité provenant de notre récolte de 1850 faite à la Ménagerie.

Quoique la linière n° 3 ait été semée très-clair, les tiges étaient néanmoins assez nombreuses; ce qui prouve que la graine était de première qualité et bien levée.

Quoique l'opération eût été dirigée en vue d'obtenir de bonne graine à semer, ce à quoi nous avons réussi, les tiges ont encore produit de la filasse d'une bonne moyenne qualité, dont nous allons parler en faisant connaître le résultat des récoltes.

Désireux d'apprécier l'influence que peut avoir sur la qualité des lins l'époque des semailles, nous attendîmes jusqu'au 15 mai pour nos derniers essais; c'est à cette époque qu'ont été semés, à Satory, les n°s 4 et 5.

La végétation de ce lin a été fort belle pendant les premières semaines qui suivirent les semailles: on pouvait espérer qu'il atteindrait bientôt, s'il ne les dépassait même, les semis faits cinq et six semaines plus tôt; mais la sécheresse ne tarda pas à arrêter la croissance de notre jeune lin, qui resta court et de longueur inégale. Il doit prendre rang parmi ce que nous avons eu de moins bon sur les trois fermes.

Une autre expérience du même genre que celle qui précède, mais ayant aussi pour but d'essayer un terrain non habituellement consacré à la culture du lin, de comparer les effets de différents engrais et d'apprécier une qualité de graine de lin qui diffère notablement, par son volume, de la graine ordinaire, a été faite cette année même (1852) dans un terrain composé d'argile et de débris granitiques. Ce terrain, pris dans la commune de Mortagne (Vendée), et désigné, sur la grande Carte géologique de France, par MM. Dufrénoy et Élie de Beaumont, sous le nom générique de terrains cristallisés et spécialement de granite, appartient à la contrée qui fut appelée autrefois pays de Gâtines.

Nous fîmes fumer le terrain consacré à cette expérience moitié avec de la charrée, moitié avec des cendres formées par la combustion de débris de lin, plus ou moins chargés d'huile, et appartenant en général plutôt aux filaments du lin qu'à la partie ligneuse de cette plante.

Les semailles furent faites le 5 juin; elles se composèrent:

1° De graine de lin de Riga;
2° De graine de lin de Sicile;
3° De chènevis.

Les pluies fréquentes, et extraordinaires pour la saison, des derniers mois de juin et juillet favorisèrent la végétation de nos semis. Dans la partie semée en graine de Riga, et engraissée avec la charrée, les tiges ont atteint une longueur moyenne de 70 centimètres, tandis qu'elles ne dépassèrent pas la moitié de cette longueur dans le terrain engraissé avec la cendre de débris de lin; il en fut de même du chanvre: les tiges restèrent courtes et grêles dans la partie fumée avec la susdite cendre.

Quant au lin provenant de la graine de Sicile, nous avons eu la confirmation de ce qui nous avait déjà été appris sur son compte. Ce lin reste fort court, ses tiges sont grossières et très-rameuses; il paraîtrait difficile de les utiliser au point de vue des filaments; l'avantage que peut offrir cette variété consiste tout entier dans la graine, qui est assez abondante. Elle est facile à distinguer des graines ordinaires, étant trois ou quatre fois aussi grosse. Les fleurs de ce lin sont également beaucoup plus développées que celles du *linum usitatissimum*, elles sont de couleur bleue.

Autant que nous pouvions en juger par la simple inspection des tiges, le lin provenant des semailles faites le 5 juin, même celui qui a le mieux réussi, nous paraît moins fourni de filaments que celui qui provient de semailles plus précoces. Cette remarque, jointe aux inconvénients de la sécheresse dont ont souffert les n°s 4 et 5 de Satory, confirme ce que nous avons dit, page 233 de notre premier volume, en faveur des semailles faites en mars ou avril : nous savons même que des cultivateurs qui ont pris l'habitude de semer vers la fin de février se trouvent bien de cette manière de faire.

§ 2.

PRODUIT DE LA RÉCOLTE.

Dans les trois fermes de la Ménagerie, de Gally et de Satory, ude partie des expériences a été dirigée en vue d'obtenir de la graine de qualité propre à la reproduction; nous avions aussi pour but de rechercher quelles pouvaient être les conditions les plus favorables à une récolte abondante sous le rapport de la graine. Ces semis devaient naturellement rester plus longtemps en terre que ceux dont le produit en filasse était l'objet principal. Nous avons réuni dans le tableau ci-après la date de la récolte de chaque numéro, ainsi que les résultats que nous avons pu constater jusqu'à ce jour, soit sous le rapport de la quantité des produits, soit à l'égard de leur qualité. Le même tableau indique par quel mode de préparations ils ont été traités: il est du reste suivi d'explications qui le complètent.

FERMES.	NUMÉRO D'ORDRE.	SUPERFICIE ENSEMENCÉE.	QUANTITÉ DE SEMENCE.	DATE de la récolte.	POIDS du lin en paille, graine comprise.	GRAINE RÉCOLTÉE.	MODE de rouissage.	DURÉE DU SÉJOUR dans l'eau.	ÉTENDAGE SUR LE PRÉ, sa durée.	MODE DE TEILLAGE.	LIN TEILLÉ.	VALEUR du lin teillé par kilogramme.
		ares.	litres.	1851.	kilogr.	hect. l.		jours	jours		kilogr.	fr. c.
La Ménagerie.	1	10	10	1er août..	199	38						
	2	10	25	24 juillet.	//	90	Eau stagnante.	8	30	Flamand.	29 5	2 00
	3	10	10	1er août..	296	50						
	4	10	30	23 juillet.	//	1 05	Idem........	8	30	Idem....	31 3	2 20
	5	10	10	1er août..	260	82						
	6	10	25	Idem....	350	1 35						
	7	10	25	23 juillet.	86	1	Idem........	8	30	Idem....	14 5	2 30
	8	10	25	21 juillet.	150	95	Idem........	8	30	Idem....	11	2 83
	9	10	25	17 juillet.	//	1 25	Idem........	7	30	Idem....	23	1 60 / 2 75
Gally.	1	10	30	23 juillet.	139		Idem........	8	30	Idem....	33	2 20
	2	10	25	Idem....	209		Idem........	8	30	Idem....	8	2 30
	3	10	20	31 juillet.	800	5 01						
	4	10	10	Idem....	//							
	5	5	5	Idem....	//							
	6	5	5	7 août...	152	58						
	7	10	10	Idem....	299	85						
	8	5	5	Idem....	129	31						
Satory.	1	20	50	17 juillet.	//	1 90	Idem........	6	40	Idem....	43 5	1 90
	2	2 25	9 5	Idem....	//	15	Idem........	8	30	Idem....	16	2 50
	3	1	1	7 août...	//	15	Idem........	8	30	Idem....	4	1 85
	4	5	5	16 août..	567	40						
	5	10	10	Idem....		1 19						
		193 25	370 5		3,030	18 54					213 8	
				Les lins teillés de la récolte de 1850 ont donné........							21	1 50 / 2 00

Il serait difficile de bien apprécier les résultats consignés dans le précédent tableau s'ils n'étaient expliqués par quelques détails sur chaque expérience.

Le n° 1 de la Ménagerie, qui n'a produit que 199 kilogrammes de tiges et 38 litres de graine, soit 1,990 kilogrammes de tiges et 3 hectolitres 80 litres de graine par hectare, serait jugé sévèrement si on ne se rappelait que le coquelicot avait envahi cette partie de notre terrain, au point qu'il a fallu trier le lin tige à tige, au lieu de l'arracher par poignée, comme cela se pratique habituellement.

Il est évident que, dans le cas qui nous occupe, l'abondance des mauvaises herbes a nui à la germination d'une partie de la semence, et qu'un grand nombre de tiges sont restées parmi les coquelicots. En somme, cette récolte a été peu abondante et a donné lieu à beaucoup de frais.

Nous trouvons dans ce fait la confirmation de ce que nous avons déjà dit, à savoir : qu'il est extrêmement utile de bien nettoyer des mauvaises herbes qu'il peut contenir, le terrain destiné à la culture du lin, surtout quand les semailles comportent peu de semence. Il n'est pas moins important que cette dernière soit elle-même très-pure.

L'expérience n° 2 de la Ménagerie a été faite avec de la graine de Vendée; ce lin, resté court, comme nous l'avons dit en rendant compte des phénomènes de sa végétation, a eu aussi beaucoup à souffrir des plantes hétérogènes, principalement du coquelicot; cependant il a été moins maltraité que le n° 1, ce que nous attribuons à la quantité de graine employée; les semailles ont été faites à raison de 250 litres par hectare. Dans ces conditions, la récolte a produit 90 litres de graine sur 10 ares, soit 9 hectolitres par hectare. Les tiges ont été rouies à l'eau stagnante d'après le système de Lokeren, c'est-à-dire qu'elles ont été mises au routoir, immédiatement après la récolte, sans avoir été séchées : d'où il suit que le résultat ne peut être apprécié que par le lin teillé. Nous avons obtenu au teillage 29 kilog. 5 centig., soit, par hectare, 295 kilogrammes de filasse, estimée 2 francs le kilogramme.

Le point le plus saillant qui résulte pour nous de cette expérience gît dans la qualité des produits obtenus en filasse. La quantité a pu être compromise par l'état du sol, mais nous pouvons utilement comparer le lin teillé que nous avons obtenu, avec celui qui se produit en Vendée puisque c'est la graine de ce pays qui nous a servi de semence. Le lin de l'expérience ci-dessus est estimé valoir 2 francs le kilogramme; celui qui est récolté et préparé en Vendée ne vaut que 85 à 90 centimes en moyenne. Ce fait parle bien haut en faveur du mode de préparation suivi pour notre expérience; et condamne la manière de rouir et de teiller en usage en Vendée.

Ainsi que les n°s 1 et 2, le n° 3 a eu à souffrir des mauvaises herbes; cependant, semé en graine de Riga, il a produit des tiges longues et fortes qu'il a été plus facile de récolter au milieu des coquelicots et des chardons. Le poids des tiges sèches a été de 296 kilogrammes; la graine a fourni 50 litres.

Les chardons sont les seules mauvaises herbes qui aient porté préjudice à la récolte de l'expérience n° 4 de la Ménagerie. Cette expérience a été faite avec du lin à fleur blanche, semé à raison de 3 hectolitres par hectare; elle a produit 10 hectolitres 50 litres de graine par hectare, et 313 kilogrammes de lin teillé, estimé 2 fr. 20 cent. le kilogramme. Le rouissage et le teillage ont été faits d'après les usages de Lokeren.

Nous avons fait remarquer précédemment que la moitié de la superficie du sol qui a été consacré à l'expérience n° 4, dont nous nous entretenons, est la même qui fut semée en lin l'année précédente; nous avons dit aussi que rien, dans l'apparence de la récolte, ne révélait une différence entre le produit du sol nouvellement cultivé en lin et le produit de la terre qui portait cette récolte deux années consécutives. Cependant le teillage de ces lins a mis à même d'établir une différence; nous avons pu constater que les produits provenant du sol semé en lin deux années de suite ont été moins abondants et la filasse plus faible. Ainsi se trouve justifiée l'opinion qui veut qu'on laisse toujours un intervalle de quelques années entre deux récoltes de lin.

L'expérience n° 5 ne présente rien de bien remarquable; elle a eu à souffrir de la présence des chardons. Semée à raison de 1 hectolitre par hectare, elle a produit, dans cette proportion, 2,600 kilogrammes de tiges sèches et 8 hectolitres 20 litres de graine.

Nous renvoyons à ce que nous avons dit plus haut sur l'expérience n° 6 de la Ménagerie; nous ferons seulement remarquer que les produits en graine se sont élevés à 135 litres pour 10 ares, ou 13 hectolitres 50 litres par hectare, ce qui est considérable.

L'expérience n° 7 a produit 10 hectolitres de graine par hectare.

Une partie des tiges a été soumise au rouissage et au teillage flamand, usage de Lokeren. Le lin teillé est estimé valoir 2 fr. 30 cent. le kilogramme. L'importance de la récolte a été compromise par l'état du sol, trop humide et mal divisé.

L'expérience n° 8 a eu à souffrir, comme la précédente, du mauvais état du sol; cependant ses produits en lin teillé ont été magnifiques. Ce lin est estimé 2 fr. 83 cent. le kilogramme. La récolte en graine a fourni 9 hectolitres 50 litres par hectare. La semence était de Riga.

L'expérience n° 9, faite sur un sol mal préparé, se distingue néanmoins par la quantité de graine qu'elle a fournie, 12 hectolitres 50 litres par hectare. Les tiges ont été divisées en deux parties : l'une d'elles a été portée au routoir immédiatement après la récolte, usage de Lokeren; l'autre a été séchée préalablement en restant quinze jours sur le sol, puis soumise, comme la première moitié, au rouissage à l'eau stagnante. Ceci explique pourquoi nous avons deux chiffres pour exprimer la valeur du lin teillé appartenant à cette expérience.

Le lin roui en vert a été magnifique; c'est lui qui est estimé 2 fr. 75 cent. le kilogramme. Celui qui a été séché avant le rouissage a perdu considérablement en qualité, en couleur et en poids. Nous espérions que le lin séché avant le rouissage, comme cela se pratique à Courtrai, serait plus nerveux que celui mis à l'eau immédiatement après l'arrachage; l'expérience nous a appris que si ce résultat est possible, il est au moins fort incertain. Dans le cas qui nous occupe, le lin laissé sur le champ eut beaucoup à souffrir de l'abondance des pluies; il devint noir. Le rendement au teillage fut peu important, et, comme qualité, il n'est estimé que 1 fr. 60 cent. le kilogramme, au lieu de 2 fr. 75 cent., valeur de son similaire roui vert.

Maintenant, si nous prenons l'ensemble des opérations faites à la Ménagerie, nous trouvons que 90 ares de terrain cultivés en lin ont produit 8 hectolitres 20 litres de graine, soit, en moyenne, plus de 9 hectolitres par hectare. Ce résultat paraîtra très-satisfaisant, si on le compare aux chiffres qui sont fournis par les statistiques. Le produit en lin teillé a été de $109^k,3$, celui en tiges sèches de 1,341 kilogrammes, qui, à raison de 16 p. o/o qu'il aurait pu rendre étant teillé et parfaitement nettoyé, donne $214^k,5$, soit ensemble, en lin teillé, 323 kilogrammes 8 hectogrammes sur 90 ares, ou une moyenne d'environ 360 kilogrammes par hectare. Ce chiffre est inférieur à celui qu'on doit obtenir ordinairement, mais il n'a rien qui puisse surprendre, maintenant qu'on connaît les différentes causes qui ont concouru à compromettre plus ou moins le succès de la récolte.

Le n° 1 de Gally, semé en lin à fleur blanche, à raison de 3 hectolitres par hectare, a réuni toutes les bonnes conditions qu'on peut désirer pour une récolte de lin. Il a produit, en filasse, estimée 2 fr. 20 cent. le kilogramme, 33 kilogrammes; plus, 139 kilogrammes de tiges sèches, représentant 24 kilogrammes environ de lin teillé; en tout, 57 kilogrammes sur 10 ares, soit 570 kilogrammes pour 1 hectare. Nous ignorons quelle est la quantité de graine récoltée; elle a été mêlée avec celle des expériences n°ˢ 2, 3, 4 et 5 de la même ferme. Ces cinq numéros ont occupé une superficie de 45 ares, qui ont produit, en graine, 5 hectolitres 1 litre, ce qui donne une moyenne de plus de 11 hectolitres par hectare. Nous devons ajouter que toute cette graine était de qualité supérieure.

Le n° 2 de Gally était, comme le n° 1, dans d'excellentes conditions, sauf une parcelle de terrain où la récolte a été abandonnée par suite de l'abondance des mauvaises herbes. Ce qui a été récolté fait supposer une moyenne de plus de 400 kilogrammes par hectare d'un lin estimé 2 fr. 30 cent. le kilogramme.

Le mélange qui a été fait, par inadvertance, de la graine des n°ˢ 1 à 5, empêche les remarques que nous aurions pu faire sur les expériences 3, 4 et 5, faites principalement en vue de ce produit. Nous savons seulement d'une manière générale, ainsi que nous venons de le dire plus haut, que la qualité a été très-bonne et que la moyenne a dépassé 11 hectolitres par hectare.

Les n°ˢ 6, 7 et 8 de Gally ne donnent lieu à aucune remarque importante; semés à raison de 1 hectolitre par hectare, ils ont néanmoins produit dans la proportion de 2,900 kilogrammes de tiges par hectare et 8 hectolitres 70 litres de graine. Nous nous serions volontiers attendu à récolter moins de tiges et plus de graine. Le terrain était de qualité médiocre.

L'expérience n° 1 de Satory a été faite sur une superficie de 20 ares, mais la récolte n'a pas eu lieu sur cette même étendue de terrain, car, ainsi que nous l'avons dit, la récolte a complétement manqué sur le sol où nous avions fait le dépôt des matières fécales destinées à engraisser la terre. Nous avons eu ensuite une partie de la récolte qu'il a été impossible de cueillir, tant elle était envahie par les chardons. Ceci explique pourquoi nous n'avons eu que $43^k,5$ de lin teillé sur une superficie de 20 ares, soit

217 kilogrammes par hectare. Ce lin est estimé 1 fr. 90 cent. Le rendement en graine a été plus satisfaisant ; il s'est élevé, malgré le déficit mentionné ci-dessus, à 1 hectolitre 90 litres, ce qui représente 9 hectolitres 50 litres par hectare.

L'expérience n° 2 de Satory est une des plus intéressantes. Les semailles, faites avec de la graine après tonne, provenant de notre récolte de l'année précédente, à raison de 420 litres de semence par hectare, ont donné un lin de belle qualité, estimé 2 fr. 50 cent. Les 16 kilogrammes de filasse, obtenus sur 2 ares 25 centiares de terrain, représentent 640 kilogrammes pour 1 hectare. Cette proportion est considérable et dépasse notablement les moyennes ordinaires. Cette expérience a été faite dans de bonnes conditions ; la seule chose que nous ayons pu avoir à nous reprocher a été d'avoir trop économisé les rames. Nous avons eu un peu de lin versé, conséquemment un peu de perte au rendement. Il y a eu un autre inconvénient que nous avons signalé, sans pouvoir en assigner positivement la cause : ç'a été le dépérissement d'un assez grand nombre de tiges, après qu'elles eurent atteint une longueur assez considérable. Malgré les deux inconvénients que nous venons de signaler, la récolte du n° 2 de Satory a été magnifique ; sans eux, elle eût été vraiment extraordinaire.

L'expérience n° 3, de Satory, dirigée en vue d'obtenir de la graine pour semence, ne présente pas moins d'intérêt que celle qui précède. Faite dans les meilleures conditions possibles, bon sol bien ameubli, parfaitement nettoyé, graine de bonne qualité, cette expérience peut servir de type pour des cultures entreprises dans un but analogue, l'obtention de graine pour semence. Nous avons opéré sur un are, et nous avons obtenu 15 litres de graine première qualité, soit 15 hectolitres par hectare ; plus 4 kilogrammes de lin teillé estimé 1 fr. 85 c., soit 400 kilogrammes pour un hectare.

Ainsi nous voyons, par l'exemple précédent, qu'il est possible d'obtenir une forte récolte en graine de bonne qualité et de tirer encore bon parti de la filasse.

Nous devons faire remarquer ici que tous les lins teillés, provenant des expériences dont nous venons de parler, ont été parfaitement nettoyés, comme, au surplus, savent le faire les bons ouvriers de Lokeren, comme aussi ceux que nous avions à notre disposition. Cette remarque a son importance; jointe aux précédentes, sur les causes qui ont amoindri les produits de la récolte, elle explique pourquoi nous n'avons pas obtenu une plus forte proportion de lins teillés. Nous tenions à avoir des lins qui ne laissassent rien à désirer; chaque qualité a été poussée au degré de perfection dont elle était susceptible; c'est pourquoi le teillage nous a donné une forte proportion d'étoupes : nous estimons à peine à 15 p. o/o le rendement en filasse pure.

On sait que la proportion ordinaire de ligneux contenu dans les tiges de lin est d'environ 75 p. o/o, et celle des fibres, d'environ 25 p. o/o[1] : quand donc on obtient, en lin long et en étoupes sans ordures, 25 kilogrammes, ou un peu plus, de 100 kilogrammes de tiges de lin sèches non rouies, on a retiré le maximum de produits que peut fournir cette plante. Cependant, nous avons eu souvent sous les yeux des comptes de rendement portant à 20 et jusqu'à 24 p. o/o les fibres obtenues des tiges de lin, étoupes non comprises; il est évident, d'après le principe posé plus haut, que ces lins à fort rendement devaient contenir une proportion assez considérable d'impuretés provenant d'un teillage ou d'un rouissage imparfait. On arrivera, nous l'espérons, par de bons moyens mécaniques, à produire moins d'étoupes au teillage que par le passé; mais, dans l'état actuel des procédés suivis pour cette opération, on n'est pas encore parvenu à faire mieux, pour la qualité, que ce qui se fait par les meilleurs ouvriers belges travaillant à la main, surtout quand il s'agit de lins fins.

[1] La richesse du sol, la nature de l'engrais et le degré de maturité de la plante peuvent contribuer à accroître la proportion des fibres contenues dans les tiges de lin.

En terminant le paragraphe relatif aux produits de la récolte, nous comparerons entre eux les résultats nets qu'ont donnés des expériences de natures très-différentes, mais ayant également réuni toutes les bonnes conditions qu'on peut désirer. A cet effet, nous opérerons sur les numéros 1, de Gally, 2 et 3 de Satory.

Le premier, qui est à fleur blanche, a été semé comme il convient de le faire quand on cultive en vue de la filasse; le second a été semé à raison de 420 litres, au lieu de 250, quantité ordinaire pour des semailles faites également en vue de la filasse; le troisième, qui avait principalement la graine pour but, n'a reçu qu'un hectolitre de semence.

Les frais généraux de location de la terre, d'engrais, de labourage, de hersage et de sarclage étant approximativement les mêmes dans tous les cas, nous les fixerons arbitrairement au même chiffre. Les calculs sont établis dans la proportion d'un hectare de terre.

N° 1 DE GALLY.

FRAIS.		PRODUITS.	
Culture, engrais, labours, etc.....	500ᶠ	550 kilogr. de lin teillé à 2 fr. 20 c.	1,210ᶠ
3 hectolitres de semence à 40 francs.	120	550 kilogr. d'étoupes diverses, à 30 centimes...............	165
Teillage de 550 kilogr. à 50 cent.[1].	275	10 hectolitres de graines à 25 fr..	250
Récolte, rouissage, transport, etc.[2].	90		
Total..........	985ᶠ	Total.........	1,625
		Frais à déduire..........	985
		Bénéfice net............	640ᶠ

[1] Les frais de teillage se calculent ordinairement de 25 à 35 centimes par kilogramme, et on abandonne, en outre, à l'ouvrier une partie des déchets et étoupes qu'il produit par son travail. Il nous a paru plus rationnel, pour le compte que nous établissons, de calculer le teillage tout entier à prix d'argent et de tenir compte de la proportion et de la valeur des étoupes que nous avons obtenues.

[2] Le chiffre que nous donnons ici et ceux qui figurent au même titre dans les deux comptes qui suivent n'ont pas précisément pour but d'indiquer les frais que comportent ces manutentions; mais, le poids des récoltes étant différent, il était nécessaire d'établir une base.

N° 2 DE SATORY.

FRAIS.		PRODUITS.	
Culture, engrais, etc............	500ᶠ	640 kilogrammes de lin teillé à 2 fr. 50 cent....................	1,600ᶠ
4 hectolitres 20 litres de semence à 40 centimes................	168	5 hectolitres de graine à 22 francs.	110
Teillage de 640 kilogr. à 50 cent..	320	640 kilogrammes d'étoupes à 30 c.	192
Frais de récolte et de rouissage....	102	Total.........	1,902
Frais pour ramer................	50	Frais à déduire..........	1,140
Total...........	1,140ᶠ	Bénéfice net...........	762ᶠ

N° 3 DE SATORY.

FRAIS.		PRODUITS.	
Culture, engrais, etc............	500ᶠ	400 kilogrammes de lin teillé à 1 fr. 85 cent....................	740ᶠ
Un hectolitre de semence........	40	15 hectolitres de graine à 35 fr...	525
Teillage de 400 kilogr. à 50 cent...	200	400 kilogrammes d'étoupes à 30 c.	120
Frais de récolte et rouissage......	64	Total.........	1,385
Total..........	804ᶠ	Frais à déduire..........	804
		Bénéfice net...........	581ᶠ

On remarquera, dans les calculs comparatifs qui précèdent, que la graine récoltée est cotée à des prix différents; cette différence est due à la qualité de chacune d'elles. On remarquera peut-être aussi que la graine obtenue du n° 3 de Satory n'est portée qu'à 35 fr., quoiqu'elle soit de première qualité, tandis que nous cotons à 40 francs celle employée comme semence. Nous avons cru devoir faire cette différence par la raison que le cultivateur ne peut pas espérer vendre la totalité de ses produits aux prix qu'il paye ordinairement lui-même, grâce à l'intervention des intermédiaires, qui prélèvent nécessairement un bénéfice.

La quantité d'étoupes qui figure dans les comptes ci-dessus est proportionnée à celle que nous avons obtenue.

Les quantités se répartissent comme suit :

1ʳᵉ qualité, 4 p. o/o étoupe pure, soit............ 4 p. 0/0.
2ᵉ qualité, 3 p. o/o étoupes contenant 33 p. o/o de
  chènevotte, soit........................... 2
3ᵉ qualité, 8 p. o/o étoupes grossières contenant 50
  p. o/o de chènevotte, soit................. 4
                Ensemble.................. 10
de filasse, réduite à l'état d'étoupes, joint à............ 15
de filasse en longs brins ou lin teillé.
                Total..................... 25 p. 0/0.
produit ordinaire des tiges de lin en paille.

On le voit par les chiffres qui précèdent, c'est l'expérience dans laquelle nous avons employé la plus forte quantité de semence qui a donné les résultats les plus avantageux. Nous ne voudrions pas cependant conclure de là qu'il faille entrer largement dans cette voie; car il est à remarquer que ce genre de culture augmente notablement les frais, qu'il rend nécessaire la présence d'ouvriers habiles, et que les chances de perte, si la récolte est mauvaise, sont plus grandes que dans les autres cas. Les résultats obtenus dans les deux autres expériences sont, du reste, assez satisfaisants pour qu'on puisse chercher à les obtenir et s'en contenter.

Les expériences dont nous venons de rendre compte peuvent servir à détruire un préjugé généralement accrédité, à savoir: que la France ne peut produire des lins aussi fins et aussi soyeux que ceux qu'on récolte à Saint-Nicolas, Malines et autres localités de la Belgique.

Les personnes compétentes qui ont visité la dernière exposition de Versailles ont pu s'assurer du fait. Les lins qui font l'objet du présent compte rendu figuraient au concours national de Versailles sous toutes les formes, depuis et y compris la graine jusqu'aux tissus: comme fil, ils apparaissaient sous le n° 90, numérotage anglais; s'ils eussent été confiés à des machines spéciales, ils auraient pu être filés en numéros plus fins.

C'est donc un fait acquis: la France possède des terrains propres à donner des lins aussi fins et aussi soyeux que ceux de la Belgique.

§ 3.

ROUISSAGE À L'EAU STAGNANTE, AVEC ÉTENDAGE SUR PRAIRIE.

Grâce aux difficultés que nous avons éprouvées pour faire rouir nos lins à Versailles, nous avons été amené à prendre divers moyens qui ont servi utilement à multiplier nos expériences. Nous étions autorisé, il est vrai, par M. le ministre de l'agriculture et du commerce à faire nos expériences de culture sur les terres du domaine de l'Institut national agronomique; mais quand il s'est agi de mettre le lin à l'eau pour le faire rouir, il s'est trouvé là quelqu'un qui prétendit avoir mission, de par M. le ministre des travaux publics, de veiller à la conservation des eaux, et qui s'opposa à ce qu'il fût mis du lin dans les eaux de Versailles.

Cependant, comme il ne s'agissait que d'une très-minime quantité de lin (c'était le produit de notre récolte de 1850), nous fûmes autorisé, après plusieurs démarches, à faire creuser un routoir près de l'une des grandes pièces d'eau qui existent dans le parc et à lui emprunter l'eau nécessaire pour le rouissage que nous avions à faire.

Le terrain mis à notre disposition est extrêmement ferrugineux, le routoir fut néanmoins pratiqué dans le lieu convenu et le lin y fut déposé le 15 mai; huit jours après il fut visité, et on reconnut que le rouissage était loin d'être suffisant; il fallut laisser ce lin à l'eau pendant seize jours; après quoi il fut retiré étant dur et de mauvaise couleur. Il est hors de doute qu'il faille attribuer à la présence du fer dans notre routoir les effets que nous venons de signaler : durée prolongée du rouissage, dureté des fibres et couleur brune approchant un peu de celle de la rouille.

Après avoir été retirés de l'eau, les lins furent étendus sur une prairie où ils restèrent pendant dix-sept jours. Pendant leur séjour sur le gazon ils reçurent les soins d'usage, ils furent retournés plusieurs fois. Quand ces lins furent mis en magasin, ils étaient encore durs et avaient conservé leur mauvaise couleur. Nous en fîmes teiller une partie avec soin, au rendement de 15 à 16 p. o/o; la valeur de ce lin a été estimée 1 fr. 50 cent. le kilogramme.

Plus tard, vers la fin du mois d'août suivant, alors que nous étions occupé au rouissage des lins de la récolte de 1851, nous fîmes étendre de nouveau sur la prairie ce qui nous restait de la récolte de 1850; ce second étendage dura environ vingt-cinq jours, ce qui porte à plus de quarante jours le temps que ce lin resta sur la prairie. Les effets de ce blanchiment prolongé furent très-favorables à notre lin, sa couleur devint plus claire, il acquit de la douceur et de la finesse; ayant été teillé, il a été estimé 2 francs le kilogramme au lieu de 1 fr. 50 cent., prix de son similaire; malgré cette amélioration notable, ce lin conserva toujours quelque chose de sa tache originelle, provenant de son séjour dans un routoir ferrugineux. On ne peut avoir un exemple plus positif de l'influence favorable de l'étendage du lin sur une prairie après le rouissage à l'eau; c'est même une chose fort remarquable : le lin roui à l'eau, et soumis ensuite à l'action de la rosée, peut supporter un étendage plus prolongé que celui qui, n'ayant pas été mis à l'eau, est roui simplement sur terre. Il est évident pour nous que les principes fermentescibles du lin ne sont convenablement éliminés de cette plante, ainsi que de celle du chanvre, que par un séjour plus ou moins prolongé dans l'eau. Notre opinion est du reste corroborée par ce qui se passe en filature mécanique : chaque fois qu'on fait usage de lin roui sur terre et qu'il est filé d'après le procédé à l'eau chaude, dans ce cas il s'établit promptement une fermentation très-active dont l'existence se révèle par des émanations nauséabondes. Il y a plus, c'est qu'il est nécessaire de faire sécher immédiatement les fils composés de ces sortes de lins à rouissage incomplet, sous peine de les voir se détériorer comme le ferait le lin au moment où il sort des routoirs, là où il est roui d'après les usages de la campagne, ou même d'après le procédé Schenck[1], si la fermentation putride n'était arrêtée en temps utile par la dessiccation.

C'est ici le lieu de rendre compte d'une expérience faite par nous sur du lin de Vendée; elle sera une nouvelle preuve en faveur de l'étendage du lin sur prairie après rouissage, et démontrera combien est vicieuse la méthode qui veut qu'on fasse sécher le lin lié en bottes[2].

Nous opérâmes sur du lin cultivé en Vendée et appartenant à une même récolte, dont le produit avait été partagé en deux lots. L'un d'eux fut traité selon les usages du pays, c'est-à-dire qu'après avoir été retiré du routoir il fut placé verticalement sur une prairie, en bottes liées au milieu, et resta ainsi jusqu'à complète dessiccation; il est vrai que, pour faciliter cette opération, les liens sont poussés vers la tête des bottes, et la base, élargie, prend la forme d'un cône. L'autre, au contraire, fut soigné d'après les usages flamands : il fut étendu en couches légères sur une prairie où il resta pendant plusieurs semaines.

L'apparence externe de ces deux parties de lin était déjà très-favorable à celle traitée à la flamande : celle-ci présentait une couleur uniforme, tandis qu'on remarquait dans l'autre diverses nuances, résultat de l'irrégularité de la dessiccation sous les liens des bottes; au fait, il est difficile que l'état de fermentation dans lequel se trouve le lin au sortir du routoir ne se prolonge pas, et cela à des degrés différents, dans les parties des bottes qui sont plus ou moins privées d'air. C'est ce qui existe réellement et ce que nous a démontré le teillage de ces lins plus encore que leur apparence extérieure.

Le teillage a été fait à la main par un ouvrier habile : 100 kilogrammes de lin roui, traité selon l'usage de la Vendée, ont

---

[1] Il paraîtrait que l'un des avantages du procédé de rouissage de M. L. Terwangne de Lille serait de mettre le lin et le chanvre à l'abri des effets de la fermentation putride.

[2] Voyez, pour la manière d'opérer, t. I, p. 252.

rendu 17^k,5 de filasse, estimée 90 centimes; 100 kilogrammes de lin roui, traité selon l'usage flamand, ont produit 25^k,8 de filasse, estimée 1 fr. 20 cent. le kilogramme.

Comme on le voit, la différence du résultat est énorme; elle se traduit en chiffres de la manière suivante :

$$25^k,8 \text{ à } 1^f 20^c \ldots\ldots\ldots\ldots\ldots\ldots 30^f 96^c$$
$$\left. \begin{array}{l} 17,5 \text{ à } 0 \ 90 \ldots\ldots\ldots\ldots 15^f 75^c \\ \phantom{17,5 \text{ à }} \text{Différence}\ldots\ldots 15 \ 21 \end{array} \right\} 30 \ 96$$

Cette différence tient à la fois aux deux causes signalées plus haut : le mode de dessiccation et le blanchissage sur prairie.

A la première de ces causes, le mode de dessiccation, nous attribuons la différence dans le rendement; en effet, dans l'opération du teillage, il n'était pas rare de voir des mèches entières du lin séché en bottes céder sous l'action de l'écangue et réduire ainsi la matière à moitié longueur.

La différence de qualité tient principalement à l'étendage ou blanchissage sur la prairie; cependant elle tient aussi à la cause précédente, car, à côté des parties qui n'ont pu supporter le teillage, il en est qui ont plus ou moins souffert de l'excès de fermentation, et elles constituent un ensemble véritablement inférieur au lin bien traité.

Nos expériences de culture de 1851 étaient faites sur une trop grande échelle, et le routoir qui nous avait été concédé l'année précédente était à la fois trop petit et dans de trop mauvaises conditions pour que nous pussions nous en contenter. Nous fîmes de nouvelles démarches auprès de M. le garde des eaux et forêts, qui nous autorisa à faire rouir dans un étang assez vaste dépendant de la ferme de Satory. A peine avions-nous fait mettre un tas de lin dans cet étang que nous reçûmes contre-ordre. Il fallut parlementer encore, et, cette fois, on nous donna le libre usage d'un très-petit étang bourbeux, dont les eaux étaient néanmoins limpides, dépendant également de la ferme de Satory;

c'est dans ce dernier que la majeure partie de nos lins de 185*
ont été rouis. Grâce à ces petites perturbations, nous avons fai
nos expériences de rouissage à l'eau stagnante dans trois conditions différentes.

Nous avons fait connaître quel a été le résultat produit par le
premier routoir pratiqué dans un terrain ferrugineux et ne contenant, en quelque sorte, que l'eau nécessaire pour l'imbibition
des lins qu'il renfermait; ce résultat n'a pas été très-satisfaisant

Ce sont les lins de l'expérience n° 1 de Satory qui ont été rouis
dans le grand étang de cette même ferme : ils ont pris dans ce
routoir une belle nuance, tenant le milieu entre la couleur des
lins jaunes de Courtray et celle des lins gris argenté de Lokeren.
C'est à la limpidité et au volume des eaux de ce second routoir
que nous attribuons la nuance de la partie n° 1 de Satory. On
remarquera que ce lin est resté quarante jours sur la prairie, au
lieu de trente seulement qui ont suffi pour les autres sortes; il
faut attribuer au court séjour de ce lin dans l'eau (six jours) la
nécessité où nous fûmes de le laisser longtemps sur le pré; par ce
moyen l'équilibre fut rétabli sans aucun dommage pour les filaments, le lin préalablement roui à l'eau pouvant facilement supporter le rorage, ainsi que nous venons de le dire plus haut.
C'est même là un avantage très-appréciable, qui ressort de l'emploi simultané de l'eau et du rorage pour rouir le lin; on peut ne
pas pousser la première opération à ses dernières limites et la
terminer, avec moins de danger, par l'étendage sur prairie.

Le lin de la récolte de 1850, et celui désigné par le n° 1 de
Satory exceptés, tous les autres ont été rouis dans le petit étang
de cette dernière ferme; le tableau page 149 fait voir quelle a
été la durée de l'immersion et celle de l'étendage sur la prairie

Les résultats obtenus pour la couleur, le moelleux et le poids
des lins sont analogues à ce qu'on obtient dans les routoirs du
pays de Waës. Dans ces routoirs, comme dans le petit étang de
Satory, l'eau est douce et limpide, quoique reposant sur un lit

bourbeux; la seule différence à signaler est le volume de liquide dont nous disposions, il était considérable eu égard à la quantité de lin; aussi ces eaux sont-elles restées limpides aussi bien pendant et après le rouissage qu'avant cette opération; les poissons de l'étang n'ont pas paru souffrir de la présence des lins; tandis que dans les routoirs flamands, ainsi que nous avons eu occasion de le dire antérieurement, le volume d'eau est proportionné à la quantité de lin, et celle-ci, venant à se corrompre, exhale une odeur infecte et détermine la mort des poissons. Il ne paraîtrait pas, d'après l'expérience dont nous rendons compte, qu'il fût indispensable de s'astreindre à la forme des routoirs du pays de Waës pour obtenir des lins gris argenté, moelleux et lourds, puisque nous avons obtenu ces mêmes qualités dans des eaux plus abondantes; ce qui nous a affranchi des principaux reproches qu'on adresse au rouissage : la mort du poisson et l'odeur infecte qu'il occasionne dans les eaux concentrées. L'important, pour obtenir ces résultats, est que l'eau soit douce et stagnante.

Il nous reste à citer un exemple bien frappant de ce que peuvent le rouissage et le teillage sur la qualité du lin. Ainsi qu'on a pu le remarquer dans le deuxième paragraphe de ce chapitre, une partie de la récolte faite sur le domaine de l'Institut agronomique a été conservée en paille; notre intention était de la faire servir pour expérimenter quelques-uns des procédés nouveaux de rouissage mentionnés au chapitre III. La suppression de l'Institut agronomique de Versailles nous conduisit à prendre d'autres mesures à l'égard de ces lins en paille, que nous envoyâmes dans les environs de la Fère (Aisne) pour être rouis et teillés selon l'usage de ce pays.

Nous avons maintenant sous les yeux les produits en lins teillés de toute la récolte de Versailles, dont partie a été rouie et teillée à l'Institut agronomique, et partie dans les environs de la Fère. Rien ne se ressemble moins que ces deux lots de lins teillés : les premiers, dont il a été rendu compte précédemment et dont la valeur est exprimée en chiffres au tableau de la page 149, ressemblent parfaitement, pour la couleur et la qualité, aux beaux lins gris de Lokeren, Saint-Nicolas, etc.; les autres ne peuvent être comparés qu'aux lins de Bergues et d'Audruick; ils peuvent être estimés de 1 fr. 20 cent, à 1 fr. 40 cent. le kilogramme. Ce serait à ne pas y croire, tant la différence est grande, si nous n'avions la certitude qu'ils proviennent tous de la même récolte. Il se pourrait, néanmoins, que la remarque que nous faisons au premier alinéa de la page 153, au profit du lin roui en vert comparé à celui dont la paille a été séchée préalablement, dût s'appliquer au cas que nous venons de citer. Toutefois, une partie notable des lins envoyés à la Fère ne laissant rien à désirer pour leur réussite à la dessiccation, et les lins préparés à Versailles étant supérieurs à ceux teillés à la Fère, ce que nous venons de dire pour constater l'infériorité de ces derniers conserve toute sa force. A cette occasion, nous reproduirons ici le rapport de M. Dufermont, de Hem, rendant compte d'expériences comparatives faites par lui en 1845, 1846 et 1847 sur le rouissage du lin vert et du lin séché; on y trouvera la confirmation de l'opinion que nous avons émise en faveur du rouissage du lin vert.

RAPPORT FAIT EN 1845 PAR DUFERMONT, CULTIVATEUR À HEM, À MM. LES MEMBRES DE LA SOCIÉTÉ DES SCIENCES, DE L'AGRICULTURE ET DES ARTS DE LILLE.

Après plusieurs essais faits depuis trois ans sur le rouissage de lin, je trouve de grands avantages à le rouir vert, c'est-à-dire venant du champ; six à sept jours suffisent pour le rouir, et, quant à sa couleur, six jours étendu sur le pré le rendent plus blanc qu'on ne pourrait y parvenir de toute autre manière.

Le lin trempé vert peut être roui, blanchi et rendu à l'état d'être teillé en moins de trois semaines, tandis que celui que l'on veut rouir sec court le risque, en attendant qu'il soit propre à renfermer dans la grange, d'être atteint des pluies, qui le font noircir et perdre beaucoup de sa qualité, et il est ensuite destiné à y rester d'un an à un an et demi, selon que l'acheteur veut lui faire faire ce qu'il nomme *le petit ou le grand tour*.

Le lin roui de cette manière est plus fort et économise aux marchands au moins quinze journées de travail par hectare ; il vaut 25 centimes la botte (botte de 1 kil. 4 hect.), davantage que le lin roui sec, et rapporte 5 p. o/o plus de poids.

Le lin ne rend pas les eaux aussi malsaines que le lin roui sec, et une preuve, c'est que j'ai vu des poissons vivre dans mon routoir au moment qu'il renfermait du lin.

Voici ma manière de rouir le lin vert :

Mon routoir, fait en 1842, est situé à trois mètres de la petite Marque ; deux coupures sont creusées aux deux bouts, afin que l'eau puisse entrer et sortir successivement ; il a 14 mètres de longueur, 6 de largeur et 5 de profondeur ; on peut y mettre trois ballons, contenant chacun 100 bonjeaux.

Quand le lin est bien mûr, je l'arrache par petites poignées, je reppe la graine avec une machine armée de dents en fer longues de 50 centimètres[1] ; je le lie par bonjeaux, je le mets à l'eau et le laisse jusqu'à ce qu'il soit roui ; ensuite je l'étends sur une prairie, et trois jours, sur chaque côté, suffisent pour le blanchir et le rendre propre à teiller.

Cependant, je vous ferai observer que la graine de lin vert perd beaucoup de sa qualité : il peut exister une différence de 2 francs par hectolitre.

D. F. DUFERMONT.

---

[1] C'est l'instrument dont nous avons donné le dessin tome 1er, page 289.

RÉSULTAT DE L'ESSAI FAIT EN 1845 SUR LE ROUISSAGE DE LIN VERT ET SEC,
AINSI QUE LE PRODUIT TROUVÉ.

MODES de rouissage.	POIDS vert.	POIDS SEC prêt à rouir.	POIDS ROUI et blanchi.	POIDS teillé.	PRIX.	TOTAUX.
	kil.	kil.	kil.	kil.		fr. c.
Roui vert.........	100	"	23	4 40	1f 65c le kil.	7 26
Roui sec..........	100	28	20	4 00	1 50	6 00
					DIFFÉRENCE.......	1 26

RÉSULTAT DE L'ESSAI FAIT EN 1846 SUR LE ROUISSAGE DE LIN VERT ET SEC.
PRODUIT OBTENU.

CONTE- NANCE.	PRIX du lin.	MODES de rouissage.	POIDS DU LIN				PRIX.	PRIX de la graine.	TOTAUX.
			vert.	sec, prêt à rouir.	roui et blanchi.	teillé.			
	fr.		kil.	kil.	kil.	kil.	fr. c.	fr.	fr. c.
26 à 58	222	Roui vert ...	4,030	"	862	191	1 70	27	351 70
26 à 58	222	Roui sec....	4,030	1,142	770	178	1 55	30	305 90

ÉTAT DU TRAVAIL.

CUEILLAGE du lin.	MISE en chaînes.	LE LIER.	LE BATTRE.	LE REPPER.	ROUIR et blanchir.	LE TEILLER.	TOTAUX.
j. fr. fr.	j. f. c. f. c.	j. fr. c.	j. f. c. f. c.	j. f. c. f. c.	j. f. c. f. c.	fr. c.	fr. c.
Vert. 9 à 1 9	....	....	....	3 à 1 50 4 50	4 à 1 50 6 00	57 50	77 00
Sec.. 9 9	1 à 1 50 1 50	1 à 1 50	3 à 1 25 3 75	....	5 à 1 50 7 50	53 75	78 50
....	2 à 0 75 1 50	....	....	....	....	"	"

Ces sommes, déduites des deux totaux 351 fr. 70 cent. et 305 fr. 90 cent. du tableau qui précède, nous trouvons que le lin roui vert présente un produit net de 274 fr. 70 cent., tandis que le lin roui sec ne rapporte que 227 fr. 40 cent.

RÉSULTAT DE L'ESSAI FAIT EN 1847 SUR LE ROUISSAGE DE LIN VERT ET SEC, SUR 200 KILOGRAMMES VENANT DU MÊME CHAMP : PRODUIT OBTENU.

PRIX du lin.	MODES de rouissage.	POIDS DU LIN				PRIX.	TOTAUX.
		vert.	sec, prêt à rouir.	roui et blanchi.	teillé.		
fr. c.		kil.	kil. gr.	kil. gr.	kil. gr.		fr. c.
6 05	Roui vert............	100	"	26 000	6 350	1f 90c le kil.	12 06
6 05	Roui sec.............	100	30 250	22 500	5 500	1 65	9 07
			DIFFÉRENCE de 2 fr. 99 cent. en faveur du roui vert...				2 99

ESSAI FAIT EN 1847 PAR DUFERMONT (DENIS), CULTIVATEUR À HEM, SUR LE ROUISSAGE DU LIN, EN PRÉSENCE DE M. JULIEN LEFEBVRE, SECRÉTAIRE DE LA SOCIÉTÉ DES SCIENCES, DE L'AGRICULTURE ET DES ARTS DE LILLE.

200 kilogrammes de lin, provenant de la même pièce de terre, ont été partagés en deux parties; 100 kilogrammes ont été mis à l'eau vert, et 100 kilogrammes ont été rangés en chaîne pour le faire sécher.

Les 100 kilogrammes de lin vert furent jetés dans l'eau le 9 juillet, ôtés le 16, dressés pour les faire sécher le 17, étendus pour les faire blanchir le 19, et ramassés, prêts à teiller, le 24 dudit mois.

Ces 100 kilogrammes, rouis et blanchis, pèsent 26 kilogrammes.

Les 100 kilogrammes de lin, après être séchés et battus, prêts à rouir, rapportent $30^k,250$.

Ils furent mis à l'eau le 27 juillet, ôtés le 2 août, dressés le 3, étendus le 4 et ramassés le 19 dudit mois.

Ces 100 kilogrammes, rouis et blanchis, pèsent $22^k,500$.

ÉTAT DU LIN ROUI VERT.

Prix du lin venant du champ, non compris la graine.............................	6ᶠ 05ᶜ
Travail pour rouir, blanchir et tiller.........	2 40
Total.........	8ᶠ 45ᶜ

ÉTAT DU LIN ROUI SEC.

Prix du lin, non compris la graine..........	6ᶠ 05ᶜ
Travail pour le rouir, blanchir et teiller.....	2 50
Total.........	8ᶠ 55ᶜ

Le lin roui vert, teillé, rapporte 6ᵏ,350, à 1 fr. 90 cent. le kilogramme................	12ᶠ 06ᶜ
Le lin roui sec, teillé, rapporte 5ᵏ,500, à 1 fr. 65 cent. le kilogramme................	9 07
Balance.........	2ᶠ 99ᶜ

D'après la balance ci-dessus, nous trouvons 2 fr. 99 cent. en faveur du lin roui vert.

Le lin roui sec ne rapporte pas autant : il perd de son poids en séchant avant de le battre et au blanchissage, puisqu'il doit rester étendu dix à onze jours de plus que le lin vert.

Hem, le 8 septembre 1847.

D. F. DUFERMONT.

§ 4.

ROUISSAGE PAR PROCÉDÉS INDUSTRIELS.

Parmi les divers modes de rouissage mentionnés au chapitre III, ceux de MM. Watt, Schenck et Terwangne, nous ayant paru les plus susceptibles de recevoir une application en grand, ont été le principal objet de nos recherches.

Nous avons expérimenté concurremment le procédé Schenck et celui de M. L. Terwangne; le défaut d'appareils convenables ne nous ayant pas permis d'essayer celui de M. Watt, nous n'avons cru pouvoir mieux faire que d'utiliser les bons offices de M. Farnèse Favarcq, de Lille, que ses relations intimes avec l'honorable secrétaire de la Société royale de Belfast, M. Mac Adam, mettait à même de nous bien renseigner sur les questions que nous lui avons posées, sur la valeur respective des procédés de rouissage dont il s'agit.

M. Mac Adam a répondu de la manière la plus obligeante aux questions qui lui ont été adressées. Après avoir fourni sur le procédé Watt des détails circonstanciés, accompagnés de dessins, il entre dans des considérations d'autant plus intéressantes que son opinion a une grande valeur, personne n'étant mieux posé que le secrétaire de la Société linière de Belfast pour bien juger les nombreux essais tentés dans ce pays pour la préparation du lin.

ROUISSAGE À LA VAPEUR D'APRÈS LE PROCÉDÉ WATT.

Dans le procédé de M. Watt, la dissolution des matières cimenteuses de la tige du lin et la séparation de la filasse est effectuée, non par la méthode ordinaire de fermentation, mais en exposant la paille à l'action de la vapeur dans une chaudière de construction particulière, et en la soumettant ensuite à une pression produite par de lourds rouleaux en métal. La première opération consiste à placer le lin égrené dans un appareil formé de plaques de fer fondu dont nous donnons la coupe dans le dessin pl. XXV, fig. 1.

L'appareil employé mesure environ 12 pieds anglais en longueur, environ 6 pieds en largeur et 6 pieds en profondeur, et contient à peu près 15 CWT (*50 kilogrammes 3/4 par cwt, vingtième partie du tonneau de 1,015 kilogrammes*). Sur le sommet A est un réservoir en fonte pour contenir l'eau, d'environ 18 pouces de profondeur, dont le fond forme le dessus de l'appareil, et à travers lequel passe un tube garni d'une soupape; il y a deux ouvertures dans les extrémités de l'appareil, par lesquelles on introduit le lin, et qui sont fermées par des boulons lorsque l'on introduit la vapeur.

Un faux fond B, formé de plaques de fer percées de trous, tel que celui employé dans les appareils pour la drèche, est élevé d'environ 6 pouces du fond de l'appareil; et, élevé sur ce fond, le dessin représente un tuyau droit F dont nous allons décrire l'usage.

L'appareil étant rempli de lin et les portes fermées, on laisse entrer la vapeur, et, quand la paille a été complétement saturée d'humidité et adoucie, un poids est placé sur la soupape du haut de manière à retenir la vapeur qui, à mesure qu'elle frappe le fond froid du réservoir d'eau placé au-dessus de l'appareil, se condense et descend en jet d'eau distillée qui dissout les matières solubles de la paille et les précipite dans la partie inférieure de l'appareil; le liquide qui s'accumule est conduit dans un réservoir et employé comme nourriture pour les bestiaux. (L'analyse de ce liquide est donnée ci-après.)

Vers la fin de l'opération, quand presque toutes les matières solubles ont été enlevées, le liquide s'amasse jusqu'à ce qu'il s'élève au-dessus du faux fond, et en plaçant un poids sur la soupape du couvercle, la pression de la vapeur le fait monter dans le tuyau d'aspersion, qu'il distribue en pluie sur la paille. On fait observer que ces tuyaux d'aspersion ne sont pas essentiels et que, dans quelques appareils, on ne les emploie pas, et à leur place on met un réservoir en fer au-dessus de l'appareil, et communiquant avec lui par un tuyau garni d'un robinet dans lequel on pompe le liquide accumulé dans l'appareil, et on le répand par intervalles sur la paille.

En douze à dix-huit heures le procédé de rouissage est terminé, et la paille, quand on la retire de l'appareil, est immédiatement soumise par petites parties à l'action de deux paires de lourds rouleaux de fer, par lesquels elle est pressée en bandes plates ayant forme de rubans et privée, presque complétement, de toute l'humidité qu'elle contenait. La pression longitudinale écarte aussi une portion considérable de l'épiderme ou enveloppe extérieure, et facilite la séparation de la matière ligneuse à l'écangage. Chaque paire de rouleaux employée exerce une pression égale à environ 10 CWT; leur forme est représentée dans le dessin de la planche XXV, fig. 2.

Le traitement subséquent de la paille pressée ne présente aucune différence remarquable avec le système suivi dans les rouissages à l'eau chaude : la paille est maintenue entre deux baguettes et suspendue dans un séchoir chauffé par la vapeur perdue de la machine. Les arrangements pour ce but, dans l'usine de Belford-Street, de M. Lendbetter, consistent en des ateliers dont le plancher est formé de madriers, ainsi qu'il est représenté dans le dessin pl. XXV, fig. 3. En dessous de ce plancher passe un tuyau apportant la vapeur par laquelle on chauffe l'air introduit par des ouvertures au bas de l'atelier et qu'il fait monter à travers le lin. La circulation de l'air est ingénieusement entretenue par une série de ventilateurs mis en action en dessous du tuyau à vapeur.

Le docteur Hodges a donné une analyse du liquide obtenu par le procédé breveté de Watt et un récit du nouveau mode de préparer le lin, breveté, par MM. Watt et Lendbetter, lequel, disaient-ils, offrait la seule méthode pratique d'utiliser les matières séparées de la plante du lin, dans sa préparation pour les manufacturiers, qui ait été jusque-là proposée. Le liquide qui reste dans le récipient du lin, employé dans le nouveau procédé, ne présentait aucune qualité désagréable des autres rouissages ordinaires ; il n'avait aucune odeur ni goût, et ressemblait en quelque sorte, en couleur, à une infusion de feuilles de séné. C'était, en réalité, un thé fort, contenant, sans changement par la fermentation et la putréfaction, les matières solubles de la tige du lin. Ce liquide est avantageusement employé en ce moment dans l'usine de M. Lendbetter à nourrir des cochons; mais, comme il était désirable de s'assurer de l'exacte composition de ce liquide et de sa valeur nutritive, le docteur Hodges s'en était procuré un échantillon venant de l'usine de Bedford-Street et l'avait soumis à un examen chimique.

Voici quels en ont été les résultats, pour un gallon évaporé jusqu'à l'état sec :

De matières organiques.................. 353,97 grains.
De matières terreuses et salines............ 161,49

Total des matières solides dans un gallon... 515,46

La matière organique a donné dans l'analyse 14,79 grains de nitre.

Les matières terreuses et salines ont été trouvées de la composition suivante :

COMPOSITION DE LA CENDRE DE L'EAU DE ROUISSAGE DU LIN DANS UN GALLON.

Potasse..................	27,17 p. o/o	44.63 grains.
Soude....................	3,18	5,12
Chlorure de sodium.........	21,58	34,61
Chaux...................	5,91	8,49
Magnésie.................	4,60	7,40
Oxyde de fer..............	0,83	1,33
Acide sulfuurique..........	15,64	25,11
Acide phosphorique.........	5,66	9,01
Acide carbonique...........	12,43	19,96
Silice....................	3,00	4,77
Totaux........	100,00	160,43

Le docteur Hodges a constaté que la liqueur du lin possédait de grandes qualités nutritives, et M. Lendbetter, en réponse à ses questions, a dit qu'elle n'avait produit aucun effet purgatif. Les cochons, dans son établissement, la prenaient avec un mélange de navets et de paille de lin, et étaient dans un état d'engraissement très-satisfaisant. Le résidu liquide, suivant l'observation du docteur Hodges, pourrait être obtenu dans une forme plus concentrée que l'échantillon examiné, et il serait facile aux manufacturiers, en employant un hydromètre, de le fournir d'une force uniforme.

COMPOSITION DE LA CHÈNEVOTTE DU LIN.

Les chènevottes ou matières pailleuses qui sont séparées lors de l'écangage, sont employées maintenant dans les ateliers de rouissage comme combustible. Le docteur Hodges, dans le cours d'une investigation étendue sur la plante du lin, sur laquelle il est occupé en ce moment, a trouvé que la cendre qui restait de la combustion de ces matières était composée de la manière suivante et pouvait, par conséquent, être employée avantageusement comme engrais.

100 parties de cendres donnaient :

Potasse.....................................	7,73
Soude..	5,91
Chlorure de sodium.........................	1,78
Chaux.......................................	20,15
Magnésie....................................	5,46
Oxyde de fer................................	5,60
Acide sulfurique............................	6,50
Acide phosphorique..........................	10,43
Acide carbonique............................	20,10
Silice.......................................	16,00
TOTAL....................	95,66

1,000 livres de chènevottes donnaient, après la combustion, 19 livres 1/2 de cendres.

M. Hone a promis de faire quelques essais sur les qualités fertilisantes de la cendre.

OBSERVATIONS DE M. MAC ADAM.

1° Sous le rapport de l'hygiène, le système Schenck a les mêmes inconvénients que le rouissage ordinaire; cependant l'eau saturée sortant des cuves peut être employée, avec des matières spongieuses, et former un engrais que l'eau des routoirs campagnards ne donne pas.

Le système Watt, au contraire, n'offre aucun des inconvénients des autres modes employés. L'eau sortant des chambres ou cuves n'est nullement chargée de matières malsaines provenant de la décomposition de la gomme, comme dans le rouissage ordinaire; c'est seulement une infusion des tiges. Ainsi, au point de vue de l'hygiène, le système Watt est bien supérieur aux autres; mais je ne sais trop si, comme on l'a prétendu, l'emploi de l'eau obtenue des cuves est bonne pour la nourriture des animaux; j'en doute même.

Quant au parallèle à établir entre le système de Schenck et celui de Watt, j'ai l'opinion que l'un vaut l'autre, c'est-à-dire que, donnant à chacun une tonne de lin en paille, la filasse coûtera à peu près le même prix pour l'un comme pour l'autre procédé. Je parle du système Schenck comme on le conduit dans les établissements irlandais, car, en Angleterre et en Écosse, on emploie des moyens pour nettoyer la filasse beaucoup plus dispendieux qu'en Irlande; mais le lin est beaucoup mieux nettoyé et d'une qualité supérieure nécessairement.

Dans tous les cas, le lin, soit en paille, soit écangué d'après le système Watt, fournit d'une valeur de 10 à 20 livres de plus par tonne que le produit Schenck, comme on le fait en Irlande jusqu'à présent; mais je suis presque certain que, par les procédés de teillage anglais et écossais, le produit d'après Schenck égalerait en qualité celui obtenu par le système Watt.

Encore un mot sur cette comparaison.

Le système Watt consiste en trois nouveautés :

1° L'emploi de la vapeur au lieu de l'immersion dans l'eau pour opérer le détachement des fibres de la tige;

2° L'arrêt de l'action de la vapeur au point où il y a eu seulement macération au lieu d'une fermentation ou décomposition chimique de la gomme;

3° L'emploi des cylindres de fer pour broyer les tiges mouillées.

REMARQUES SUR LE SYSTÈME DE WATT.

1° Dès le commencement, j'ai pensé que ce n'était pas la vapeur dans son état de vapeur qui opérait la macération, mais bien l'action de l'eau condensée sur le toit de la chambre, qui est formé d'un réceptacle d'eau fraîche. Aussi ai-je dû remarquer que l'eau chaude obtiendrait le même résultat.

En effet, MM. Lendbetter ont abandonné leur premier essai, et aujourd'hui ils font remplir la chambre avec de l'eau, puis bouillir cette eau par l'introduction de la vapeur.

C'est le rouissage à l'eau chaude; c'est le procédé Schenck arrêté à un certain point.

2° Ce point, c'est la parfaite macération de la tige avant que la fermentation ait commencé.

Nous ne savons pas encore si c'est une amélioration sur l'ancien système de fermentation; il me semble que la gomme existe en grande partie, même après le broyage dans les cylindres, et qu'il faut que cette gomme disparaisse sous l'action des procédés chimiques du blanchiment de la toile avant que cette toile réunisse tout ce qu'on peut désirer, c'est-à-dire la solidité et pureté de blanc.

Par les systèmes campagnard et de Schenck, la filasse est épurée; aussi obtient-on une toile parfaite, et, pour donner une idée de ce que je veux poser, je vous montre ici un échantillon de fil blanchi : l'un A, roui dans les puits campagnards, et un autre B, du même numéro, roui par le système Watt; le dernier, qui a subi le même traitement que l'autre, n'est pas d'une aussi belle couleur, et le fabricant affirme qu'il a perdu de sa solidité; car, dans l'état de fil gris ou écru, il a été même plus beau que l'autre.

Nous avons encore beaucoup à apprendre sur cette question, qui renferme des objections graves sur le principe de macération contre la fermentation.

3° J'ai motivé quelques expériences sur le broyage du lin roui par le procédé Schenck, afin de savoir si ce broyage nettoyait bien les derniers restes de gomme dont la fibre est saturée lorsqu'elle est tirée des cuves, à cause de la mixtion de l'eau avec les produits de la décomposition.

Le résultat de ces expériences a été très-satisfaisant, car ce broyage paraît exprimer les matières malfaisantes et rendre la filasse plus molle, plus fine, plus divisée et plus propre à la filature.

De sorte que je trouve, moi, qu'on obtiendra d'aussi bons résultats par l'application du broyage au procédé Schenck que par l'emploi du procédé Watt dans son entier.

Reste à savoir s'il est préférable d'arrêter le rouissage Schenck avant que la fermentation commence ou à quelque point après, c'est-à-dire de faire des expériences sur le rouissage à l'eau chaude de 10, 15, 20, 30, 40 ou 50 heures, puis de broyer les tiges, au lieu de continuer le rouissage jusqu'à 60 heures, comme on fait en général et suivant le procédé Schenck.

Une lettre récente de M. Lendbetter, propriétaire du brevet Watt, dit :

La paille de lin est bouillie pendant 16 heures.

Le rendement est de 25 p. o/o sur le poids de la paille sèche.

Les frais, pour toutes les opérations, s'élèvent à 10 livres sterl.

(250 francs) par tonne (1,015 kilogrammes) de filasse dans une usine bien montée.

En faisant l'analyse des observations pleines d'intérêt de M. Mac Adam, nous trouvons que le système de rouissage de Schenck présente, sous le rapport de l'hygiène, tous les inconvénients du rouissage de la campagne, mais que ses eaux concentrées peuvent être utilisées comme engrais.

Nous voyons que, par le procédé Watt, les eaux de rouissage sont exemptes de tous les inconvénients qu'on reproche au procédé de Schenck ainsi qu'à celui de la campagne, par la raison qu'il n'y a pas décomposition des matières gommeuses, mais seulement macération de la plante; mais il ne serait pas bien démontré que ces eaux pussent être employées avantageusement à l'alimentation des animaux, ainsi que le prétendent les propriétaires du brevet.

Il résulte de la comparaison faite des procédés de Schenck et de Watt que le coût serait à peu près le même dans les deux cas; que la qualité des produits Watt serait supérieure à ce qu'on obtient en Irlande par le procédé Schenck, mais non à ce qui se fait en Angleterre et en Écosse; d'où on peut inférer que la qualité des filasses dépend moins du procédé que de la manière dont les opérations sont conduites.

Il serait superflu de s'arrêter beaucoup à l'examen des effets du rouissage Watt, tel qu'il a été inventé par celui-ci, puisque MM. Lendbetter, propriétaires actuels du brevet, l'ont déjà modifié d'une manière notable. Ce n'est plus par l'envoi direct de la vapeur à travers les tiges du lin qu'ils veulent en opérer le rouissage; ils remplissent leurs cuves d'eau, et la vapeur n'intervient que pour la mettre en ébullition. L'opération est arrêtée avant que la fermentation s'établisse : c'est ce qu'on peut appeler une décoction du lin.

Nous demanderons, avec M. Mac Adam, si la décoction du lin, avec la suppression de la fermentation, remplit bien les conditions d'un bon rouissage.

L'expérience décrite plus haut, faite sur les échantillons de fil A et B, qui sont entre nos mains, tend à confirmer l'opinion de M. Mac Adam, qui est que la gomme du lin n'est pas suffisamment éliminée de cette plante par le rouissage du système Watt. En effet, il existe une grande différence dans la nuance des deux échantillons : celui qui provient du rouissage campagnard, à l'eau, est à la fois plus blanc et plus solide. Ce fait a quelque chose d'analogue à ce qui se produit quand on fait usage de lin non roui ou roui incomplétement.

Nous nous reportons à cette occasion à ce que nous avons dit, page 32, sur quelques-uns des inconvénients des lins rouis sur terre; non-seulement ces lins sont susceptibles de s'altérer par la fermentation, quand ils sont mouillés, mais, au début, ils sont fort difficiles à blanchir, et on n'y parvient qu'en subissant un déchet relativement considérable. Nous renvoyons aussi aux observations si judicieuses de M. Gallesio, pages 51 à 55 de ce volume. Nous citerons encore les paroles de M. Chevreul à la Société nationale et centrale d'agriculture, dans la séance du 20 août 1852, en réponse à M. Soyez, qui s'annonce comme étant l'inventeur d'une machine à l'aide de laquelle il pense arriver à teiller les lins sans rouissage préalable : « Dans la question de la préparation des lins sans « rouissage, il y a toujours des illusions; on ne tient pas compte « de la substance nommée *pectose*, qui s'altère dans l'eau et dispa- « raît au lessivage, mais qui ne peut pas être détruite par l'emploi « des machines, etc. » Les faits qui suivent corroborent parfaitement l'opinion de MM. Gallesio et Chevreul.

En 1826, la maison centrale de Melun fit des essais sur des tissus provenant de filasses non rouies, mais obtenues par des moyens mécaniques; ces tissus se désorganisèrent très-promptement : il en fut de même de cordages essayés dans le port de Rochefort.

Voici maintenant comment M. Bralle, dont nous avons cité en détail le procédé de rouissage à la vapeur, justifie l'abandon qu'il fit plus tard de sa méthode, qui avait paru très-bonne et avait été recommandée par le Gouvernement :

« Le chanvre roui à la vapeur pourrit aisément, son huile rési-
« neuse essentielle adhérente à la gomme lui étant enlevée.

« Les matières textiles ont besoin d'une immersion totale dans
« l'eau; il en résulte une fermentation douce qui met le cortex en
« fusion, détache plus facilement le parenchyme qui retient la
« filasse à la paille, et le tout sans violence.

« Dans le rouissage à la vapeur, au contraire, il n'y a point de
« renflement, point de vraie fusion du cortex; le textile est rongé
« par la chaleur combinée avec l'humide, le parenchyme est
« amolli et lavé; en un mot, les parties gommo-résineuses sont
« désorganisées. »

La nécessité de faire dissoudre la pectose ou gomme par la fermentation dans l'opération du rouissage, pour obtenir des filasses parfaites, nous paraît suffisamment démontrée par les citations qui précèdent. En effet, si nous examinons des produits résultant d'un rouissage où cette fermentation ait été incomplète, ils sont difficiles à blanchir, perdent beaucoup de leur poids et fermentent facilement, et cela dans la proportion de la pectose ou gomme dont ils restent chargés après l'opération du rouissage.

Les bons résultats que M. Mac Adam a obtenus des expériences auxquelles il s'est livré, en appliquant les cylindres compresseurs aux tiges de lin rouies par le procédé Schenck, nous portent à considérer cette innovation comme étant la meilleure et la principale de celles que présente le procédé Watt. M. Watt n'est du reste pas le seul qui comprime les tiges de lin à l'aide de cylindres au moment où ces tiges sortent des cuves-routoirs; M. Bower, dont nous avons décrit le procédé page 86, emploie le même moyen.

Il est très-présumable que l'excès d'humidité que la pression des cylindres enlève aux tiges de lin est la partie la moins intéressante de cette opération, mais que le point important consiste surtout dans l'expulsion d'une partie notable de la gomme résineuse, qui, dans les opérations ordinaires, se reconstitue de nouveau par la dessiccation et coagule entre elles les diverses parties dont la plante se compose; car la dessiccation n'évapore que la partie aqueuse, et toute la gomme qui n'a pas été expulsée pendant le temps de l'immersion reste et forme encore un obstacle à la parfaite divisibilité des filaments. Nous sommes porté à croire que, si M. Bralle eût soumis ses chanvres ou ses lins à une forte pression, à la suite du rouissage de son système, ces matières n'eussent pas été aussi sujettes, à beaucoup près, à la prompte détérioration dont il se plaint lui-même.

Par le même motif, nous pensons que les bons résultats que M. Bower attribue à son mode de rouissage sont principalement dus à l'emploi des cylindres, et que les lins de M. Watt se détérioreraient, tout aussi bien que ceux de M. Bralle, s'il n'avait trouvé le moyen d'en extraire une portion assez importante de la gomme résineuse, qui est le principal agent de la fermentation et de la coloration de ce textile.

Ainsi, avec le procédé de Watt, le rouissage n'a rien d'insalubre; mais, par la proportion des matières colorantes qu'il retient, il nuit au blanchiment et à la qualité des produits. Celui de Schenck, bien conduit, donne des résultats analogues au rouissage de la campagne, qu'il ne fait qu'imiter en le hâtant par l'élévation de la température; mais, comme ce dernier, et bien plus que ce dernier, il est insalubre.

Nous pensons, avec MM. Parent-Duchatelet, Dalbis du Salze et Biré, dont l'opinion sur l'innocuité du rouissage se trouve consignée aux annexes de ce volume, qu'on a beaucoup exagéré les dangers des routoirs : nous sommes convaincu que, pratiqué dans les rivières et les étangs, le danger est nul. Il n'en serait peut-être pas ainsi des routoirs en eau stagnante et concentrée, si ces opérations étaient suivies; mais, on le sait, ces routoirs ne servent que l'espace de quelques semaines; tout ce qui est roui en vert ne peut souffrir aucun retard : tout est fini pour ce genre de lins, et ce sont ceux pour lesquels on emploie les eaux les plus concentrées, tout est fini, disons-nous, quinze jours au plus tard après la récolte.

Il n'en est plus ainsi d'un routoir industriel, où, en lieu clos, on fait rouir des masses de lin bien autrement considérables que celles confiées à tel ou tel routoir de la campagne, et cela pendant toute l'année, de manière que, dans un *seul appartement,* on arrive à faire rouir plus de lin qu'on ne le fait sur 10, 15, 20 et 40 kilomètres carrés, où, cependant, on agit à air libre.

C'est bien pour les routoirs manufacturiers, quand ils ne sont que la reproduction des usages de la campagne, qu'il faut tenir grand compte de l'opinion de tant de savants qui ont signalé les dangers des émanations putrides que fournit le rouissage du lin et du chanvre. Il serait beaucoup trop long de rappeler les noms de ceux qui ont écrit dans ce sens depuis cinquante ans seulement; mais tout ce qui a été dit pour et contre jusqu'à ce jour n'empêche pas ceux qui sont aujourd'hui en première ligne parmi les hommes de science, tels MM. Dumas, Chevreul, Payen, Malagutti, etc. de considérer l'opération du rouissage à l'eau, en général, comme étant insalubre, et n'a pas empêché le conseil général du département du Nord, le plus compétent peut-être en cette matière, d'émettre, tout récemment, l'avis qu'on ne devait tolérer l'existence d'un routoir qu'à 200 mètres au moins de l'agglomération des habitations et des principales voies de communication.

Ajoutons, contre l'innocuité des routoirs du système Schenck, que l'autorité locale de Belfast a pris des mesures pour que les eaux de rouissage fussent conduites souterrainement hors des lieux habités, et que là, comme à Marq, où les émanations sont comparées à celles de matières animales pourrissantes, il faut purger hebdomadairement les ouvriers; qu'à Patrington les cuves sont recouvertes d'étoffes feutrées, par mesure de prudence en faveur des ouvriers; et qu'enfin, partout où il existe des établissements de ce genre, on s'est vu obligé à prendre des précautions exceptionnelles.

§ 5.

EXPÉRIENCES COMPARATIVES ENTRE LE PROCÉDÉ L. TERWANGNE ET CELUI DE SCHENCK.

Il nous a été adressé, dans le temps, par M. L. Terwangne, de Lille, des échantillons de lins remarquables par leur moelleux leur finesse et leur force. Informé par l'auteur du nouveau procédé de rouissage qu'il fallait attribuer à son système les qualités que nous trouvions dans son lin, et que son mode offrait, en outre, l'avantage d'être salubre, nous avons voulu nous rendre compte de ces faits en nous livrant à des expériences comparatives.

Nos premiers essais ont été exécutés dans la magnifique usine d'Ourscamp, si bien administrée par l'honorable M. Peigné-Delacourt, qui eut l'obligeance de mettre à notre disposition tous les appareils nécessaires pour nos opérations.

La cuve en bois dont nous avons fait usage peut contenir 200 kilogrammes de tiges de chanvre ou de lin.

La moitié des opérations a été faite d'après le système Schenck, qui devait nous servir de terme de comparaison; l'autre moitié en suivant le procédé de M. L. Terwangne.

Dans l'un et l'autre cas, on doit maintenir la température de 25 à 30 degrés, comme il a été dit précédemment en donnant les détails sur le procédé Schenck; c'est ce que nous avons fait.

La disposition des appareils diffère très-peu; il est moins dispendieux de les organiser suivant le système de M. L. Terwangne que par celui de Schenck; la grande différence, celle qui constitue le principal mérite de la nouvelle invention, consiste dans l'addition d'agents dont l'effet est d'empêcher la fermentation, qui se développe pendant l'opération du rouissage, de passer à l'état putride. Des rinçages, dont l'utilité est très-appréciable, sont recommandés par M. Terwangne, et font partie de son procédé.

La différence des phénomènes externes qui se sont produits pendant le cours de nos expériences s'est manifestée principalement par l'acidité des eaux de rouissage et par les odeurs plus ou moins désagréables qu'elles exhalaient.

Avec le procédé Schenck, nous avons eu des odeurs des plus nauséabondes, surtout quand nous avons opéré sur du chanvre; dans ce cas, ce n'était pas seulement l'odorat qui avait à souffrir, nous avons aussi éprouvé des vertiges et de la céphalalgie, quoique le travail se fît dans un hangar à peine semi-clos. Plongé dans le bain, le papier de tournesol prenait une couleur rouge vif, même dans des parties de bain étendues d'eau.

En opérant d'après les données de M. L. Terwangne, la fermentation s'est manifestée promptement; elle s'est maintenue avec régularité et activité. L'odeur exhalée ne ressemblait en rien à celle produite par le système américain; ici elle n'avait rien de repoussant, on pourrait la comparer à celle de certains légumes préparés au beurre blanc ou à une décoction de feuilles de mauve; cependant, vers la fin des opérations, qui, dans les deux cas, ont duré environ 80 heures, on remarquait une odeur de cidre tournant à l'aigre, et le papier de tournesol était décoloré.

Désireux d'apprécier d'une manière plus certaine que nous ne pouvions le faire nous-même ce qui intéresse l'hygiène dans cette question du rouissage manufacturier, nous avons eu recours à la science, en faisant faire l'analyse chimique d'une portion de liquide enlevée à chacune des expériences. C'est aux soins de M. Verdeil, chef des travaux chimiques à l'Institut agronomique de Versailles, que nous sommes redevable du travail dont nous donnons la copie ci-après.

ANALYSE DES EAUX PROVENANT DU ROUISSAGE DU LIN.

OBSERVATIONS GÉNÉRALES.

L'eau renfermée dans les huit bouteilles était en fermentation, quoique à un faible degré, et avait une réaction acide.

La proportion de gaz exhalé par les eaux des différentes bouteilles varie, comme l'analyse le démontre : dans quelques-unes la proportion de gaz hydrogène sulfuré est assez considérable, dans d'autres elle est presque nulle; cependant le gaz ne manque dans aucune des bouteilles; il existe une certaine proportion d'azote dans les gaz dégagés des eaux : cette proportion est plus considérable dans les eaux qui renferment la plus grande quantité d'hydrogène sulfuré.

La majeure partie de l'acide carbonique qui s'est dégagé des eaux par l'action de la chaleur, et qui était fixé dans le liquide comme bicarbonate de chaux, et ainsi à l'état de liberté, n'est pas dissoute dans le liquide, mais elle forme un sel non volatil.

Une certaine quantité de liquide provenant de chaque bouteille a été évaporée au bain-marie à siccité; le résidu a été pesé, puis calciné, et le produit de l'incinération pesé de nouveau : chaque liquide a laissé un résidu formé de substances organiques, et, après l'incinération, une cendre blanche formée de carbonate de chaux; cette cendre existe en assez grande quantité dans le résidu de toutes les eaux, et sa proportion est plus considérable dans les eaux qui sont le moins décomposées.

PROCÉDÉ AMÉRICAIN.

ANALYSE N° 1.

L'eau exhale une odeur désagréable et dégage des gaz dans la proportion suivante :

600 du liquide, chauffés à une température inférieure à l'ébullition, dégagent 140 de gaz, qui contiennent pour 100 :

Hydrogène sulfuré.........	2
Azote...................	8
Acide carbonique..........	53
Air.....................	37

200 de liquide, évaporés à sec, donnent $0^g,482$ de substances solides, contenant $0^g,240$ de carbonate de chaux.

PROCÉDÉ DE TERWANGNE.

ANALYSE N° 1.

Le liquide répand une odeur se rapprochant de celle du cidre.

600 du liquide, chauffés, donnent 120 de gaz, contenant pour 100 :

Hydrogène sulfuré..........	0 3
Azote...................	0
Acide carbonique..........	58
Air.....................	35 7

200 de liquide, évaporés à sec, donnent $0^g,810$ de substances solides, contenant $0^g,470$ de carbonate de chaux.

ANALYSE N° 2.

6oo dégagent 110 de gaz, contenant pour 100 :

Hydrogène sulfuré.......... 2
Azote.................... 8
Acide carbonique.......... 50
Air...................... 40

200, évaporés à sec, donnent 0ᵍ,542 de substances solides, contenant 0ᵍ,245 de carbonate de chaux.

ANALYSE N° 3.

6oo dégagent 140 de gaz, contenant pour 100 :

Hydrogène sulfuré.......... 2 3
Azote..................... 10
Acide carbonique.......... 53
Air...................... 34 7

200, évaporés à sec, donnent 0ᵍ,660 de substances solides, contenant 0ᵍ,250 de carbonate de chaux.

ANALYSE N° 4.

Le liquide répand une odeur nauséabonde d'hydrogène sulfuré.

6oo laissent dégager 130 de gaz, contenant pour 100 :

Hydrogène sulfuré.......... 2 5
Azote..................... 10
Acide carbonique.......... 55
Air...................... 32 5

200 donnent 0ᵍ,660 de substances solides, contenant 0ᵍ,300 de carbonate de chaux.

ANALYSE N° 2.

6oo dégagent 130 de gaz, contenant pour 100 :

Hydrogène sulfuré......... 0 5
Azote.................... 6
Acide carbonique.......... 60
Air...................... 33 5

200, évaporés à sec, donnent 0ᵍ570, de substances solides, contenant 0ᵍ,315 de carbonate de chaux.

ANALYSE N° 3.

6oo dégagent 110 de gaz, contenant pour 100 :

Hydrogène sulfuré......... 0 5
Azote.................... 6
Acide carbonique.......... 55
Air...................... 38 5

200, évaporés à sec, donnent 0ᵍ,721 de substances solides, contenant 0ᵍ,362 de carbonate de chaux.

ANALYSE N° 4.

Le liquide ne répand qu'une faible odeur d'hydrogène sulfuré.

6oo dégagent 130 de gaz, contenant pour 100 :

Hydrogène sulfuré......... 1
Azote.................... 7
Acide carbonique.......... 56
Air...................... 34

200 donnent 0ᵍ,603 de substances solides, contenant 0ᵍ,270 de carbonate de chaux.

On voit, par les chiffres qui précèdent, que les eaux provenant du rouissage par le procédé américain contiennent une beaucoup plus grande quantité des gaz qui leur donnent leur insalubrité et leur fétidité que celles du procédé Terwangne; la proportion de l'hydrogène sulfuré est de 8,8 dans le procédé Schenck contre 2,3, soit environ 4 contre 1.

Les eaux du rouissage Terwangne contiennent plus de carbonate de chaux que les autres; mais cela provient des ingrédients qui sont employés dans l'opération.

Ainsi, au point de vue de l'hygiène, d'après l'analyse chimique, il est évident que le procédé de M. Terwangne offre des avantages incontestables sur le procédé américain.

L'insalubrité qui résulte de l'opération du rouissage en eau concentrée ne se produit pas seulement pendant le temps de l'immersion, elle se continue jusqu'à ce que la dessiccation ait mis fin à l'état de fermentation dans lequel se trouve le lin au sortir du routoir. Ici, ce n'est pas uniquement une question d'hygiène : l'industrie peut aussi retirer un avantage important du procédé de M. Terwangne, qui met les matières rouies à l'abri des suites de la fermentation, et qui permet d'en prolonger l'immersion dans l'eau sans autant de dangers qu'avec les autres procédés.

Les résidus obtenus dans le rouissage de Terwangne peuvent être utilisés comme engrais, d'autant que les ingrédients employés sont de nature à en accroître le volume et susceptibles d'en augmenter la qualité.

Nous avons renouvelé à Mortagne (Vendée) les expériences comparatives faites à Ourscamp.

Dans ces nouvelles expériences, nous ne nous sommes pas astreint à suivre les prescriptions de MM. L. Terwangne et Schenck pour la manière d'élever la température des routoirs. Sachant que, dans l'un et l'autre cas, il est bon que la chaleur n'atteigne pas trop promptement une haute température, nous avons utilisé la chaleur perdue d'un générateur, en plaçant au-dessus de ce générateur nos deux appareils à rouir. Nous voulions par ce moyen, qui ne changeait rien au fond des deux systèmes, voir s'il n'y aurait pas là une voie nouvelle offrant une économie incontestable.

Les mêmes conditions atmosphériques, la même qualité de lin et la même eau ont été appliquées, en même temps, aux deux routoirs, dont l'un seulement a été garni des ingrédients qui font l'objet de la découverte de M. Terwangne, et l'autre laissé dans son état naturel. Le thermomètre plongé dans l'eau des deux routoirs, au moment de l'immersion, marquait 8 degrés centigrades au-dessus de zéro. La température s'est élevée progressivement, mais lentement, jusqu'à 23 degrés; aussi ne fut-ce que le neuvième jour que le lin nous parut suffisamment roui [1].

Les phénomènes remarqués à Ourscamp se sont reproduits à Mortagne.

Le routoir du système Schenck exhalait une forte odeur d'hydrogène sulfuré, et celui du système Terwangne celle de légumes bouillis tournant plus tard à l'aigre.

Une autre différence à signaler, c'est que la surface du liquide, dans le routoir du système Schenck, s'est chargée, pendant la durée de l'immersion, d'une plus forte proportion de cette écume couleur foncée dont il est fait mention à la page 17 d'un rapport déjà cité, fait au Conseil central de salubrité du Nord, dans sa séance du 26 janvier 1852, à la suite d'une inspection faite à Marq, dans l'usine de MM. Scrive frères.

Ainsi, cette nouvelle épreuve confirme ce qui a été dit plus haut en faveur des avantages hygiéniques attribués au procédé Terwangne. Restait ensuite à apprécier la valeur industrielle des deux systèmes mis en parallèle [2]. Dans ce but, une partie du lin confié aux deux routoirs employés à nos expériences y a été laissée pendant quinze jours au lieu de neuf. Après quoi nous avons fait sécher, broyer et teiller, en soumettant chaque échan-

---

[1] Cette expérience suffit pour démontrer qu'il n'y a pas lieu, dans les cas ordinaires, de songer à monter un rouissage manufacturier à l'aide de la simple chaleur perdue d'un générateur. Ce qu'il faut dans une opération de ce genre, c'est la célérité; sans cela les appareils seraient trop nombreux ou les résultats sans importance.

[2] On sait que l'un des principaux inconvénients du rouissage gît dans la difficulté de déterminer exactement le point où la fermentation a atteint le degré convenable, point au delà duquel la solidité des filaments est altérée et en deçà duquel le lin n'est pas suffisamment roui.

tillon à des manutentions identiques. Nous avons pu constater une différence très-appréciable, non-seulement entre ces deux portions dont le séjour dans l'eau a été prolongé, mais entre les lins dont l'immersion n'a été que de neuf jours; dans les deux cas, le lin traité par le procédé Terwangne a conservé plus de force que celui soumis au procédé de Schenck. Ce fait est constaté par une différence de rendement en lin teillé équivalente à 25 p. o/o. Ainsi se trouve justifiée l'assertion de l'inventeur, qui affirme que, par son procédé de rouissage, les matières textiles peuvent séjourner impunément dans le bain au delà du temps ordinaire, et que les effets de la fermentation ne sont point à redouter pendant le temps de la dessiccation, fait important pour l'industrie, que nous avons pu vérifier et reconnaître.

Un établissement se monte en ce moment, d'après le système de M. Terwangne, à Bernay (Eure). Les bacs sont construits en briques jointoyées en ciment; ils ont 25 mètres de long sur 2 de large et 1^m,85 de haut; ils sont enterrés de 1^m,25. L'établissement est organisé pour produire 3,000 kilogrammes par jour. Il paraît que cet établissement modèle sera ouvert à toute personne désirant monter un rouissage manufacturier [1].

§ 6.

DE LA COTONISATION DU LIN, DE LA SUPPRESSION DU ROUISSAGE, DU BLANCHIMENT ET DE SON APPLICATION AUX MATIÈRES TEXTILES, À L'ÉTAT BRUT ET AVANT LEUR TRANSFORMATION EN FIL.

Nous avons vu dans les paragraphes précédents que l'opération du rouissage, qu'il soit manufacturier ou rural, exerce une grande influence sur celle du blanchiment, et que cette dernière opération est d'autant plus facile que la proportion de gomme résineuse (matière colorante) expulsée des tiges de lin et de

[1] On nous informe que l'usine en question vient d'être montée par l'honorable M. Pesnel; qu'il fait rouir 8,000 kil. de lin à la fois dans un seul rouloir, et que les résultats qu'il obtient sont très-satisfaisants.

chanvre par le rouissage est plus considérable. A vrai dire, le rouissage est un commencement de blanchiment; les opérations subséquentes, qui ont pour but de compléter le blanchiment proprement dit, rentrent donc naturellement dans la question qui nous occupe.

Autrefois, le blanchiment ne s'opérait qu'à l'aide de l'action lente de l'oxygène de l'air, et jamais il n'était question de blanchir le lin ou le chanvre avant que ces matières textiles eussent été transformées en fils ou en tissus. Il n'en est pas ainsi aujourd'hui : la découverte de l'illustre Berthollet a modifié profondément l'industrie du blanchiment ; et nous trouvons des personnes qui proposent de l'appliquer aux tiges de lin, sans autres manutentions préalables : tels MM. Six frères, qui veulent, par ce moyen, supprimer le rouissage, suivant leur procédé décrit page 88 de ce volume; M. Claussen, qui, à l'aide du même principe, plus ou moins modifié, veut aussi supprimer le rouissage, et espère pouvoir assimiler les filaments du lin à la soie, à la laine et au coton, ainsi que cela est expliqué dans une longue note de l'auteur, annexe n° 5.

En 1849, M. le docteur Ch. Flandin, membre de la commission de salubrité de la Seine, satisfaisant aux vœux de quelques-uns de ses amis, se livrait à des expériences qui avaient pour but la désagrégation des filaments du lin, au point de pouvoir les assimiler à ceux du coton. Le savant chimiste, en collaboration de M. de Ruoltz, vit bientôt ses efforts couronnés de succès, et on peut dire que la question fut résolue d'une manière satisfaisante, au point de vue scientifique.

Dans le cours de l'année suivante, en novembre 1850, le *Morning Chronicle* consacrait un long article à énumérer les avantages que devait faire naître le procédé de blanchiment de M. Claussen. Il annonçait, comme ayant bien réussi et donnant les plus grandes espérances, des essais de filature de lin-coton, préparé sans rouissage et filé à Manchester sur des métiers à coton. Depuis lors, le même journal et plusieurs autres, tant en Amérique qu'en Europe, se sont préoccupés de cette question comme intéressant au plus haut point l'agriculture et l'industrie. Il est à remarquer que la plupart des journaux qui ont traité cette question ont beaucoup insisté sur les avantages de la suppression du rouissage. Ces innovations, et plusieurs autres que nous n'avons fait qu'indiquer, sont un nouveau motif en faveur des expériences, dont le compte rendu complète ce paragraphe.

Les rayons occupés, à l'Exposition de Londres, par les articles de M. Claussen, contenaient l'assortiment le plus complet; le lin y figurait sous des formes très-variées. Nous avons encore maintenant sous les yeux les nombreux échantillons que nous tenons de l'obligeance de l'inventeur.

M. Claussen ne s'est pas contenté de nous offrir une collection de ses produits, il a voulu que des expériences fussent faites en notre présence. Les opérations ont été conduites par M. Claussen lui-même et par M. Way, chimiste, dans le laboratoire duquel les expériences ont eu lieu.

Elles ont consisté,

1° Dans l'introduction de tiges de lin sec en paille dans un bain contenant cent parties d'eau et deux parties de soude caustique; le bain a été amené à ébullition, et les matières y sont restées pendant une heure environ. Au bout de ce temps, il a été facile de séparer les filaments du lin de la partie ligneuse [1];

2° Dans l'addition, au bain précédent, d'une faible proportion d'acide sulfurique, environ une partie pour cinq cents de liquide.

---

[1] Nous devons faire remarquer que l'expérience se faisait sur une petite échelle; que la séparation des fibres textiles de la partie ligneuse des tiges de lin s'est faite à la main sans difficulté, mais qu'il n'en serait plus ainsi dans une opération toute manufacturière. Dans ce cas, il faudrait employer un moyen analogue à celui du teillage, travail qui ne peut se faire qu'à l'état sec. D'où il résulterait la nécessité d'une plus longue macération, attendu que la dessiccation reconstitue promptement les tiges de lin, si la paille de celles-ci n'est pas fortement attaquée, soit par le rouissage ordinaire ou autres moyens analogues.

3° Les filaments ont été coupés en longueur de 3 à 4 centimètres;

4° On a lavé;

5° On a plongé la matière dans un bain composé de dix parties de carbonate de soude ordinaire pour cent parties d'eau;

6° Les matières, étant saturées du bain précédent, ont été plongées dans une dissolution composée d'une partie d'acide sulfurique et de deux cents parties d'eau; alors il y eut une vive effervescence qui donna beaucoup d'expansion à la matière immergée;

7° Enfin, le lin fut plongé dans un vase contenant de l'hypochlorite de magnésie, et fut blanchi très-promptement par ce dernier bain.

Là se terminèrent les opérations chimiques de M. Claussen; le lin fut lavé, et on nous le remit à l'état humide.

Notre premier soin fut de faire sécher le lin-coton (c'est le nom que l'auteur lui donnait) résultant des manutentions que nous venons de décrire; la dessiccation se fit par l'action de l'air, elle fut achevée en vingt-quatre heures.

Voici ce que nous avons pu constater : le lin-coton est resté imprégné d'une forte odeur de chlore, et la solidité des filaments en était très-altérée.

Nous ne voudrions cependant pas tirer de cette expérience la conclusion que toutes les matières préparées d'après les procédés de M. Claussen sont altérées; nous avons même des raisons de croire le contraire; mais il ressort néanmoins du fait que nous signalons l'imminence d'un danger trop réel, puisqu'il s'est produit même entre les mains des maîtres de la science nouvelle. Il nous reste d'ailleurs assez d'objections contre le nouveau procédé, sans qu'il soit nécessaire d'insister plus longtemps sur l'inconvénient que nous venons de signaler et sur la cause qui a pu le produire.

Nos objections contre la transformation du lin en fibres courtes ne s'appliquent pas seulement au procédé de M. Claussen, elles sont générales. Voici, du reste, dans quel sens nous écrivions à ce sujet à M. le docteur Ch. Flandin en octobre 1852 :

A MONSIEUR LE DOCTEUR CH. FLANDIN, MEMBRE DU CONSEIL DE SALUBRITÉ DE LA SEINE.

Mortagne-sur-Sèvres (Vendée), 4 octobre 1852.

Monsieur,

Vous avez bien voulu me faire part des expériences chimiques auxquelles vous vous êtes livré sur les matières textiles, lin et chanvre, dans le but d'en assimiler les fibres à celles du coton, et vous m'avez fait l'honneur de me demander mon avis sur les avantages qu'on pouvait espérer de cette transformation.

Après examen des échantillons divers que vous m'avez soumis, je n'hésite point à vous déclarer, contrairement à l'opinion de ceux de vos amis pour lesquels vous avez expérimenté, qu'il n'est pas avantageux de transformer les lins et chanvres en fibres courtes, imitant celles du coton, mais qu'au contraire je n'aperçois là qu'une opération onéreuse, puisque son résultat est d'amoindrir la qualité et la valeur de la matière première sur laquelle on opère, en privant les lins et chanvres de ce qui fait leur principal mérite, la longueur, la fraîcheur et la force de leurs filaments.

D'une autre part, le lin de bonne qualité a toujours plus de valeur que le coton; puis, ce serait une erreur de croire, avec M. Claussen, que les fibres du lin peuvent acquérir des propriétés en opposition avec leur nature et même leur contexture. Ainsi, les poils du coton, plats et contournés en forme de ∞ successifs, seront toujours essentiellement différents et ne pourront jamais être assimilés d'une manière parfaite aux fibres cylindriques du lin, qui conservera toujours sa pesanteur spécifique et n'acquerra jamais la chaleur de la laine ou de la soie.

L'étude que j'ai faite, à l'Exposition de Londres, des produits de M. Claussen, analogues à ceux que vous avez obtenus, m'a convaincu de ce que j'avance. J'ai examiné ces produits sous toutes leurs formes, l'inventeur m'ayant remis une série complète d'échantillons.

C'est après avoir vu que je suis demeuré convaincu :

1° Que, pour opérer, avec quelques chances de profit, la transformation du lin ou du chanvre en matière imitant celle du coton, il faut agir sur des matières premières de très-petite valeur, telles que lins de mauvaise venue, lins avariés ou déchets de filature, etc.

2° Que les fibres et tissus qu'on obtiendra de la nouvelle préparation conserveront toujours leur qualité propre, et qu'ils ne deviendront jamais véritablement coton, laine ou soie;

3° Enfin, que les opérations chimiques auxquelles M. Claussen soumet ses matières ne sont pas sans dangers en ce qui concerne l'altération des filaments, ainsi que j'en ai eu la preuve dans les expériences faites par l'auteur en ma présence.

En entendant les explications scientifiques si intéressantes que vous avez bien voulu me donner sur l'ensemble de vos procédés, j'ai compris qu'ils sont tout autres que ceux de M. Claussen, et qu'ils ont sur ceux-ci l'immense avantage d'écarter tous dangers d'altération, en même temps qu'ils sont plus économiques dans leur emploi.

Des expériences de blanchiment ont été faites en suivant vos indications; les résultats obtenus sont ceux que vous aviez annoncés, car des fils de même nature et même grosseur, traités les uns par le procédé ancien, les autres d'après votre méthode, ayant été poussés au blanc fleur et soumis ensuite à l'épreuve du dynamomètre, ont donné une différence de plus de 25 p. 0/0 en faveur de ceux soumis à votre procédé.

Aussi, pendant que j'ai le regret de vous exprimer une opinion peu favorable sur la transformation des lins en coton, suis-je heureux d'apercevoir dans votre nouvelle découverte la réalisation d'un progrès notable dans l'importante question du blanchiment.

M. Claussen agit avec de la soude, et notamment avec de la soude caustique, sauf l'emploi qu'il fait de sous-chlorate de magnései. Son procédé de blanchiment ne diffère pas de l'ancienne méthode, tandis que vous faites agir tout l'acide hypochloreux des chlorures ou hypochlorites par l'introduction d'un agent sans action nuisible sur les tissus les plus délicats.

C'est à la mise à nu de l'acide carbonique que M. Claussen attribue toutes les merveilles de la désagrégation des fibres textiles, tandis que ce dernier phénomène, d'après vos expériences et vos connaissances si distinguées en chimie, est dû à l'action oxydante et désoxydante des divers agents mis en jeu. Vous m'avez aussi démontré que nulle matière colorante ou colorée ne résiste à l'une ou l'autre, ou à l'une et à l'autre de ces actions; elles paraissent posséder la propriété des acides, qui, comme on sait, séparément ou conjointement, transforment les matières insolubles.

Recevez donc mes bien sincères félicitations pour les progrès que vous faites faire à la science et les services que vous rendez à l'industrie; car, si Berthollet a introduit l'usage du chlore, pour vous vous avez le mérite d'avoir su, par votre procédé, lui enlever tout ce qu'il a de dangereux dans son emploi.

Veuillez agréer, etc.

A peu près à l'époque où nous écrivions la lettre qui précède, nous recevions des renseignements positifs sur le sort de l'entreprise montée par MM. Quitzow, Schlesinger et compagnie, de Leeds, à Apperley-Bridge (entre Leeds et Bradford), pour l'exploitation de la découverte de M. Claussen. Nous avons appris, par un témoin oculaire, que les appareils, composés principalement de quatre grandes chaudières destinées à lessiver le lin à la soude caustique, étaient abandonnés et sans emploi. Au fait, en jugeant le mérite de l'invention par les échantillons de fils provenant d'un mélange de lin-coton et de coton, on devait s'attendre à un tel résultat; ce fil est un produit irrégulier, gros, qui a exigé une torsion outrée. On peut dire que c'est un produit sans valeur; il est de beaucoup inférieur non-seulement au fil de lin, mais aussi au fil de coton ordinaire.

Nous avons aussi appris, ultérieurement, que des essais ont été tentés sur plusieurs points en France, et qu'ils ont eu un résultat semblable à celui obtenu en Angleterre.

La chose fût-elle bonne en elle-même, qu'il resterait encore des difficultés presque insurmontables; car, ou il faut agir sur le lin en paille, à l'état brut, ou il ne faut opérer qu'après la séparation des parties ligneuses et des parties filamenteuses. Dans le premier cas, qu'arrivera-t-il? Il faudra employer des agents chimiques, toujours dispendieux, sur une masse de matières sans valeur, dont les quatre cinquièmes environ sont destinés à disparaître pendant le cours des manutentions nécessaires; les frais à la charge des produits nets seront donc relativement très-considérables. Dans le second cas, si l'on veut agir sur du lin qui ait déjà été roui et teillé, on rencontre un autre obstacle non moins grave au point de vue économique, car on est tout de suite en présence d'un produit qui a plus de valeur que la matière dans laquelle il s'agirait de le transformer, sans parler des frais que nécessiterait cette transformation; puis reparaîtrait l'ancien système avec tous ses inconvénients. Et c'est précisément la suppression des anciens procédés qui fait qu'on a préconisé si chaleureusement la nouvelle méthode.

M. Claussen a bien pressenti les inconvénients que nous signalons; c'est pourquoi il engage (voir annexe n° 5) à faire usage d'une machine mécanique, à l'aide de laquelle on doit enlever une forte proportion de la partie ligneuse du lin.

C'est ici le cas de renvoyer M. Claussen au mémoire de M. G. Gallesio, dont nous donnons un extrait page 51 et suivantes de ce volume. Là l'auteur démontre de la manière la plus évidente que les matières textiles, lin et chanvre, ne peuvent être traitées mécaniquement à l'état brut, sans rouissage préalable, sous peine de supporter un dommage notable, tant par la perte d'une partie des filaments que par le mauvais état de ceux qui résistent à l'action des machines.

De ce qui précède il ressort évidemment que le bas prix auquel M. Claussen annonce qu'il peut livrer le lin-coton est exagéré ; que cette matière est notablement inférieure à celle du lin long ; qu'elle n'est pas propre à améliorer les fils de coton qui seraient mélangés d'une partie de la nouvelle matière, et qu'enfin elle ne pourrait que porter préjudice à la laine ou à la soie à laquelle on la mélangerait.

L'idée qu'il pouvait y avoir avantage à cotoniser le lin, ou à diviser ses filaments beaucoup plus qu'on ne l'a fait jusqu'à ce jour, a séduit plus d'une personne ; elle a été présentée tout récemment, dans ce sens, à l'une des séances de la Société d'encouragement, par un de ses membres, professeur au Conservatoire des arts et métiers. Nous devons ajouter, à l'appui de notre opinion contraire, que l'honorable président de la Société d'encouragement n'a pas laissé passer le discours, fait en faveur de la désagrégation des filaments du lin, sans présenter de graves objections tendant à faire rejeter de semblables moyens.

Ce que nous venons de dire contre la transformation du lin ou du chanvre en matière courte destinée à remplacer le coton, et contre le blanchiment de ces matières, nous pouvons également l'appliquer, en grande partie, aux lins longs blanchis avant d'être filés et surtout avant l'opération du rouissage. En effet, si l'on blanchit 100 kilos de lin en paille, il faudra que la dépense en combustible, s'il y a lieu, mais dans tous les cas en agents chimiques, soit dans la proportion de 100 kilos. Cela se comprend ; des analyses chimiques ont démontré que les diverses parties constitutives de la plante du lin sont identiques en ce qui concerne la matière colorante qui y adhère, et qu'ainsi elles ont les mêmes éléments organiques, la même composition chimique. Il faudra donc, pour blanchir les filaments textiles, blanchir nécessairement aussi les fibres ligneuses qui leur servent de véhicule. Et que restera-t-il de ces 100 kilos après blanchiment et lorsque les filaments seront débarrassés de matières hétérogènes? Il restera probablement un peu moins de 11 kilos; car, après un rouissage ordinaire, bien conduit, qu'il soit fait selon l'usage de la campagne ou qu'il soit manufacturier, le rendement moyen atteint à peine 18 p. o/o; de ces 18 kilos il faut maintenant déduire 40 p. o/o, dus à l'action du blanchiment, ou, si l'on veut, à l'ablation des matières hétérogènes. Ainsi, on aura donc blanchi 100 kilos de matière pour obtenir un produit de 11 kilos de lin teillé. Ce résultat que nous prévoyons ne pourra cependant être obtenu qu'autant que le blanchiment lui-même sera irréprochable; car, s'il altérait la matière, il est évident que ce serait au préjudice des longs filaments, dont une partie se réduirait alors en étoupes.

L'expérience que nous avons faite sur du lin de très-belle qualité, blanchi après avoir été roui et teillé, nous a fourni la preuve que le blanchiment était encore appliqué ici prématurément. Ce lin, dans son état normal, nous entendons simplement roui et teillé par les procédés ordinaires, n'eût pas rendu moins de 60 p. o/o au peignage, et les étoupes en eussent été de bonne qualité. Voici les résultats obtenus au peignage sur ce lin :

Lin long.............. 25 p. o/o
Étoupes............. 75 p. o/o

Les filaments du lin long sont restés très-gros, relativement à la qualité primitive de la matière, et les étoupes courtes et très-chargées de boutons étaient presque de nulle valeur; quoique d'un beau blanc, elles étaient inférieures aux étoupes ordinaires.

Nous ne pensons pas qu'il faille accuser le blanchiment proprement dit des mauvais résultats que nous venons de signaler. Cette opération ne paraissait rien laisser à désirer; elle avait, du reste, été conduite par un praticien aussi instruit qu'habile, M. Pochez.

Nous croyons qu'il faut en chercher la cause dans l'inopportunité du moment où le lin a été blanchi; car, en opérant sur le lin teillé, on attaque isolément une multitude de fibrilles extrêmement ténues, incapables, en cet état, de la résistance qu'elles apportent quand elles sont réunies en une sorte de faisceau, fortifié par la torsion, et qu'on appelle alors fil. C'est pourquoi la proportion de lin long obtenue au peignage est restée très-faible, les gros filaments ayant eu seuls la force de résister à l'opération du blanchiment. La simple immersion du lin teillé dans un liquide quelconque constitue un grave inconvénient; il résulte de l'agglutination entre elles des fibrilles les plus ténues une grande difficulté pour la dessiccation, ce qui contribue beaucoup à augmenter la proportion des étoupes au détriment du lin long, qui est la partie la plus précieuse de ces filaments.

Il ressort des faits mentionnés dans ce paragraphe qu'il est nécessaire de continuer, comme par le passé, de soumettre les lins à l'opération du rouissage par fermentation ou macération, et non par moyens mécaniques; que les matières textiles, lin et chanvre, ne doivent être soumises au blanchiment *parfait* qu'après leur transformation en fils, et mieux encore après qu'elles ont été converties en tissus ou en fils retors[1].

Nous terminerons ce paragraphe par quelques observations que nous suggère un article du Journal d'agriculture pratique du royaume de Belgique, de novembre 1851, dont voici un extrait:

---

[1] Dans une foule de circonstances, l'industrie exige des fils simples blanchis; dès lors, c'est une nécessité qu'il faut subir. Cependant, d'après les considérations qui précèdent, l'altération des fils étant d'autant plus facile et plus profonde que les fibrilles qui les composent sont plus isolées, il sera toujours préférable, autant que les circonstances le permettront, de ne soumettre les fils simples à un blanc fleur qu'après leur mise en œuvre, et de se contenter, préalablement, de manutentions suffisantes pour en éliminer les matières hétérogènes, mais incapables d'en altérer les fibres.

« Le dernier terme de la vie du lin est de mourir sous la forme
« de papier. Le papier de lin l'emporte de beaucoup sur celui de
« coton. Or, le papier est un feutrage d'autant plus parfait que la
« fibre est plus réduite à sa pureté, à son isolement d'avec des
« matières hétérogènes et à la ténuité voulue. Le procédé Claussen
« en est là, que directement ces conditions sont remplies sur la
« matière textile, de sorte que l'avenir de l'industrie papyrante est
« changé : elle ne doit plus dépendre des chiffons, mais de la cul-
« ture du lin. »

Certes, ce ne devrait pas être à nous, propagateur zélé de la culture du lin, de venir critiquer une théorie qui rentre si bien dans nos vues ; mais l'exagération des résultats qu'on peut obtenir du procédé Claussen, décrit plus haut, nous empêche de garder ici le silence.

L'auteur de l'article dont nous donnons ci-dessus un extrait dit que, grâce à la découverte de M. Claussen, l'industrie *papyrante* ne doit plus se préoccuper de la question des chiffons ; que son avenir dépend maintenant de la culture du lin, dont elle peut faire un emploi direct.

Pour se rendre compte de ce qu'il y a de pratique dans cette proposition, voyons quelles sont les modifications que subit le lin dans les différentes phases qu'il parcourt, suivant les usages ordinaires, depuis le moment où on le cueille jusqu'à celui de sa transformation en papier.

Nous admettrons, pour la base de notre calcul, les chiffres de M. Claussen, que nous trouvons annexe n° 5, tant pour le prix du lin que pour la quantité de son rendement pour cent en matière textile.

ÉTAT DE LA MATIÈRE.	POIDS primitif.	NATURE DES MANUTENTIONS.	RÉDUCTION p. 0/0.	POIDS RESTANT après chaque manutention.
	kil.			kil.
Lin vert égrené............	100	Dessiccation...............	75	25
Tiges de lin sec...........	25	Rouissage.................	30	17.50
Lin roui..................	17.50	Teillage...................	75	4.40
Lin teillé.................	4.40	Peignage..................	5	4.18
Lin peigné et étoupes	4.18	Filature...................	15	3.553
Fil de lin et étoupes........	3.553	Lessivage..................	20	2.842
Fil lessivé................	2.842	Tissage....................	"	2.842
Tissu en fil lessivé..........	2.842	Blanchiment...............	15	2.416
Tissu blanc...............	2.416	Fabrication du papier.......	30	1.692

Le tableau ci-dessus représente assez exactement les diverses modifications qu'éprouve le lin dans le cours de sa vie et la réduction de poids qui en est la conséquence. Ainsi, 100 kilogrammes de lin pris au moment de la récolte, après égrenage, fournissent moins de 2 kilogrammes de papier blanc, non compris le produit des émoqûres pouvant produire 770 grammes de pâte commune.

Par le procédé de M. Claussen, on supprime, il est vrai, une partie des manutentions ci-dessus mentionnées; néanmoins, on ne parviendra pas à obtenir une fibre blanche et pure, parfaitement isolée d'avec les matières hétérogènes, telles que chènevotte, gomme résineuse, etc. sans soumettre le lin à une série d'opérations analogues à celles du rouissage, du teillage et du blanchiment. Or ces travaux exigent des frais qu'il faut ajouter au prix de la matière, et on n'évitera pas l'énorme réduction de poids qui résulte de ces manutentions.

Le compte de revient du lin-coton Claussen, matière telle qu'il la faudrait pour obtenir du papier de pâte fine, est établi en ces termes, annexe n° 5, page 318 :

« Pour une tonne (plus de 2,000 livres) de lin prêt à être
« filé, puis tissé par les machines à coton, il faut quatre tonnes
« de lin vert, qui, estimées au prix le plus élevé, coûtent 4 livres
« sterling, soit 16 livres sterling pour le tout.

« Les frais de la préparation ne s'élèvent pas à 4 livres ster-
« ling, ce qui fait une somme de 20 livres sterling pour plus de
« 2,000 livres de lin propre à remplacer le coton, soit environ
« 2 pence 1/7 par livre (environ 25 centimes). »

Le compte de revient, tel qu'il appert de la citation qui précède, a probablement servi de base au calcul fait en faveur du procédé Claussen, à l'occasion de l'industrie *papyrante*; mais il est facile d'apercevoir combien ce compte est inexact.

Nous acceptons le prix fixé dans la notice Claussen pour les 100 kilogrammes de lin en paille, soit 10 francs[1].

Nous acceptons aussi qu'il faille quatre tonnes de lin en paille pour produire une tonne de filaments : c'est ce que nous avons dit à la page 162 de ce volume.

On aura donc 25 kilogrammes de filaments de lin ou étoupes qui coûteront 10 francs (plus frais de transport [mémoire], lessivage de 100 kilos de lin en paille, blanchiment, séparation des filaments d'avec les parties ligneuses), ci............ 10^f 00^c

Nous ne pouvons pas préciser bien exactement quels sont les frais que fait M. Claussen pour lessiver à la soude 100 kilos de lin en paille, mais nous l'estimerons fort heureux s'il peut opérer à aussi bas prix que cela se fait par les procédés Schenck ou Terwangne, pour lesquels on calcule au plus bas[2].............. 4 00

Pour que le blanchiment de M. Claussen soit calculé dans les conditions les plus favorables pour lui, nous le supposons appliqué uniquement aux matières filamenteuses, c'est-à-dire après que ces matières auront été séparées des parties ligneuses ; le coût du blanchiment ne portera donc que sur 25 kilos, qui, calculés au prix

A reporter.......... 14 00

---

[1] Ce prix est au-dessous du cours moyen; il atteindrait plutôt 15 francs.
[2] Cette opération remplace celle du rouissage.

$$\text{Report} \dots \dots \dots \dots \quad 14^f\ 00^c$$

très-minime de 20 francs, donneront.............. 6 25

 Ainsi que nous l'avons établi précédemment, le teillage coûte de 25 à 35 francs par 100 kilos de lin teillé ; nous ne pensons pas que M. Claussen ait des moyens plus économiques que ceux usités jusqu'à ce jour. Cependant, puisque nous avons calculé tout au plus bas, nous continuerons encore et ne compterons que 25 francs des 100 kilos, soit pour les 25 ci-dessus........... 6 25

$$\text{Coût du lin et montant des frais} \dots \quad 26\ 50$$

Ainsi, en calculant tout au plus bas possible, on arrive à 26 fr. 50 cent. pour 25 kilos de filaments, qui ne peuvent perdre moins de 50 p. o/o dans les opérations du blanchiment et de la fabrication du papier; d'où il suit que c'est à tort qu'on avance que le lin peut être employé directement à la fabrication du papier. Cela ne peut être vrai et avantageux que pour les déchets de lin qui se livrent à des prix réduits, après avoir subi des manutentions dispendieuses qui restent entièrement à la charge des préparateurs de lin ou des filatures.

CHAPITRE VI.

AVANTAGES DE LA CULTURE DU LIN. — COMMENT ON PEUT LUI DONNER DE L'EXTENSION.

Ce chapitre, destiné à résumer les avantages que présente la culture du lin, servira aussi à indiquer sommairement par quels moyens on pourrait la développer en favorisant les diverses industries qui s'y rattachent et en utilisant toutes ses ressources.

La culture du lin, faite dans de bonnes conditions, est avantageuse :

1° Aux propriétaires du sol ;
2° Aux fermiers ;
3° A la classe ouvrière des campagnes ;
4° A l'industrie et au pays tout entier.

§ 1er.

AVANTAGES DE LA CULTURE DU LIN POUR LES PROPRIÉTAIRES DU SOL.

Il résulte de divers points de notre enquête que la culture du lin amende le sol ; la forte proportion d'engrais que les bénéfices de cette culture permettent d'employer justifie suffisamment cette assertion ; elle contribue puissamment à l'élévation du prix des fermages.

Tous les cultivateurs que nous avons consultés à cet égard n'ont point hésité à nous déclarer que, sans la ressource de la culture du lin, ils ne pourraient pas payer des prix de ferme aussi élevés qu'ils le font.

§ 2.

AVANTAGES DE LA CULTURE DU LIN POUR LES FERMIERS.

Puisque la culture du lin amende le sol et qu'elle assure, à la suite, de bonnes récoltes de froment ou autres, il est évident que les fermiers profitent de ces avantages; ils sont, du reste, unanimes pour signaler la culture du lin comme étant celle qui donne les plus gros bénéfices. (Voyez tome Ier, pages 103, 104, 160, 161, etc.) Les fermiers trouvent aussi dans la préparation des lins le moyen d'occuper utilement des bras nombreux pendant les journées d'hiver, qui, sans cette ressource, resteraient pour la plupart improductifs.

En faisant entrer le lin dans un assolement, on en prolonge la durée d'une année, par conséquent le même produit reparaît moins souvent; il y a encore là, pour le fermier, un avantage incontestable.

§ 3.

AVANTAGES POUR LA CLASSE OUVRIÈRE DE LA CAMPAGNE.

Nous avons vu dans un passage de l'enquête française de 1838, que nous avons rapporté au préambule historique de la France, tome Ier, quel est le nombre de journées de travail que procure un hectare de terre semé en lin. Aucune autre culture n'est comparable, sous ce rapport, à celle du lin. En effet, différent des autres produits du sol qui cessent, pour la plupart, de fournir du travail quand la récolte en est faite, c'est alors que le lin exige des bras nombreux, pour le rouissage, le teillage, le sérançage, la filature, le tissage et mille autres transformations. Ces travaux sont d'autant plus précieux que la plupart sont à la portée de tous les âges et de toutes les intelligences; ils sont réguliers et presque sans intermittences. Ils sont à la disposition de tous en quelque sorte, car ceux qui n'ont pas le moyen d'être cultivateurs peuvent se livrer uniquement à la préparation du lin, ainsi que cela a lieu dans beaucoup de localités, où les grands fermiers vendent leurs récoltes sur pied, en totalité ou en partie. Avec les ressources de cette industrie le chef de maison peut grouper autour de lui tous ses enfants, et conserver ainsi l'esprit de famille, en conservant l'innocence de leurs mœurs, ainsi que cela se pratique encore aujourd'hui si admirablement bien dans les Flandres et une partie de la Bretagne, et cela surtout à une époque de l'année où les autres travaux sont plus rares.

§ 4.

AVANTAGES DE LA CULTURE DU LIN POUR LE PAYS ENTIER.

Il importe à un pays de tirer de son sol la matière première qu'il emploie.

Le sol et le climat de la France conviennent généralement à la culture du lin, plante si utile aux habitants de la campagne, aux fileuses, aux tisserands, aux établissements mécaniques, aux fabricants de fil à coudre, aux fabricants de toiles et de tissus de tout genre dans lesquels le fil de lin entre pour une part plus ou moins importante.

Par une culture mieux soignée et plus étendue, nous pouvons conserver dans le pays les 20 à 30 millions de francs que nous portons aujourd'hui à l'étranger, et rendre aux populations rurales la main-d'œuvre que leur a enlevée la transformation du filage, avec cette différence que le travail du lin est mieux rétribué que le filage à la main ne l'était.

La filature mécanique favorisée par l'amélioration des lins apporte, de son côté, une somme de salaires qui dépasse aujourd'hui 10 millions de francs; la répartition de ces salaires est bien supérieure à ce que chaque fileuse pouvait se procurer par les anciens procédés.

Le tissage, rendu plus facile par la qualité et le classement régulier des fils mécaniques ainsi que par leur bas prix, a pu prendre un très-grand développement. En mettant désormais les tissus de lin à la portée des consommateurs de toutes les classes de la société, on peut véritablement dire qu'il y a là une amélioration sociale. Nous l'avons fait remarquer ailleurs, le bas prix des tissus marche simultanément avec l'accroissement du prix du lin, de sorte que producteurs et consommateurs, tous y trouvent avantage.

Quelques lignes extraites d'un discours adressé aux représentants belges, en 1847, par M. Rogier, ministre de l'intérieur, feront voir comment on apprécie la culture du lin dans ce pays:

« Nous avons dit qu'il fallait examiner les Flandres au point de « vue industriel, agricole et maritime. Au point de vue agricole, « que trouvons-nous? Des propriétés très-divisées et la culture « principale d'un produit qui a cet immense avantage de ne pas « se consommer et disparaître immédiatement après sa maturité, « comme la plupart des fruits de la terre; on y trouve la culture « du lin, dont la grande utilité commence en quelque sorte, quant « au travail, à une époque où l'utilité des autres fruits de la terre « a disparu. Ce n'est pas assez que le lin en herbe ait rapporté « au cultivateur le prix de sa culture, c'est dans toute l'élabora- « tion à laquelle est soumis ce produit précieux que le cultiva- « teur trouve de nouvelles ressources. Lorsqu'un pays est en pos- « session d'un pareil produit, loin de chercher à le restreindre, « on doit faire tous ses efforts pour en étendre la culture. »

§ 5.

DES MESURES SUSCEPTIBLES DE FAVORISER L'INDUSTRIE LINIÈRE.

Si, dans l'état actuel des choses, la culture du lin est considérée comme étant une des plus avantageuses au pays, il est bien à désirer qu'elle reçoive toutes les améliorations dont elle est susceptible, puisque le bien-être qui en résultera ne sera pas seulement en raison de son extension, mais aussi en raison de ses perfectionnements.

En prenant des mesures favorables à l'industrie linière, la France ne fera qu'imiter les gouvernements de Belgique, d'Angleterre et de Russie. Elle accomplira en quelque sorte l'œuvre commencée par l'empereur Napoléon, dont le but était de *multiplier et de mettre en valeur* les produits du sol. Si le problème de la filature du lin à la mécanique eût été résolu de son temps, Napoléon n'aurait pas manqué de prendre les mesures les plus efficaces pour la développer, en imposant des bornes à sa rivale, dont la matière première est exotique.

Si les filés et les tissus de lin et de chanvre qui *sont français* avaient été traités aussi favorablement que les filés et les tissus de coton qui *ne le sont pas,* notre industrie linière se serait sans doute maintenue au premier rang, et nous n'aurions pas été exposés à la voir disparaître entièrement du beau pays de France.

Il est des mesures qui peuvent être prises par les cultivateurs, d'autres par les industriels; enfin il en est qui ne sont qu'à la disposition du Gouvernement. Ce sera par la simultanéité des efforts de tous que nous accroîtrons le bien-être de notre pays, en faisant prospérer la plus ancienne, la plus nationale de toutes ses industries.

§ 6.

INTERVENTION DES AGRICULTEURS.

Parmi les mesures dont l'application dépend plus particulièrement des agriculteurs, nous leur recommanderons celles qui ont pour but :

1° De leur faire juger la meilleure graine;
2° L'emploi des femmes pour le teillage;
3° Des expositions de produits agricoles;
4° La recherche de centres populeux, là où l'on veut cultiver le lin en grand et le préparer;

5° Le classement régulier des lins;

6° L'usage des tourteaux de lin et de la graine elle-même pour la nourriture et l'engraissement du bétail.

1° CHOIX DE LA GRAINE.

La graine de Riga est reconnue la meilleure, mais, comme il est fort difficile d'en apprécier la qualité à la simple vue, que l'étiquette du sac n'est pas toujours une garantie en présence des fraudes commerciales, et que cependant il importe beaucoup au cultivateur de n'employer que celle qui a les qualités propres pour la reproduction, voici la précaution qui est prise par beaucoup de personnes :

On sème, dès le commencement de février, une vingtaine de graines dans un pot à fleur; cet essai peut se faire sur plusieurs échantillons, ceux qui réussissent le mieux obtiennent la préférence. L'époque à laquelle se font ces essais n'étant pas très-convenable pour la végétation, on estime généralement que la graine est bonne, si le nombre de celles qui lèvent atteint le tiers ou la moitié.

2° EMPLOI DES FEMMES POUR LE TEILLAGE.

Dans la partie des Flandres où le lin est préparé avec le plus de soin, nous avons vu le teillage presque exclusivement confié aux femmes. Il y a là une économie de main-d'œuvre trop importante pour que, dans les localités où le travail s'est fait jusqu'ici par la main des hommes, on ne cherche pas à l'introduire dans l'usage ordinaire.

Le teillage à la méthode flamande n'est pas un travail au-dessus des forces d'une femme.

3° EXPOSITIONS DE PRODUITS AGRICOLES. — DISTRIBUTIONS D'OUTILS PERFECTIONNÉS.

Nous avons l'avantage de posséder de nombreux comices agricoles, mais leur salutaire influence ne s'est pas jusqu'ici étendue aussi loin que possible. Des concours, dans lesquels on accorderait des encouragements aux meilleurs produits du sol, aux instruments utiles, etc., ne manqueraient pas d'amener de bons résultats, en excitant l'émulation. Par la distribution d'outils perfectionnés, donnés en primes, les comices pousseraient peut-être plus sûrement au progrès que par des encouragements uniquement en argent, car l'important est de perfectionner les méthodes ; on a pu juger, dans le cours de cet ouvrage, quelle différence il y a entre des lins bien rouis et bien teillés, et ceux qui laissent à désirer sous ce rapport.

4° LA CULTURE EN GRAND EXIGE DES CENTRES POPULEUX.

La culture du lin a le précieux avantage de procurer beaucoup de travail ; dès lors, si on veut faire cette culture en grand et y joindre les préparations subséquentes, il faut avoir à sa disposition une population nombreuse, sous peine d'être entravé par le prix excessif de la main-d'œuvre. Nous pouvons, du reste, faire remarquer que cette condition se rencontre dans les grands centres liniers, tels que la Belgique, la Hollande, l'Irlande, la Bretagne, etc.

Là où la main-d'œuvre est trop élevée, par la rareté des bras, la culture du lin peut être faite uniquement en vue de la graine, qui a un excellent emploi, soit comme semence, soit pour la nourriture du bétail, ainsi que cela se pratique en Écosse et en Angleterre. Dans ce dernier cas, nous recommanderions de donner la préférence aux sortes qui produisent la plus forte proportion de graine : tels sont le lin à fleur blanche et le lin d'hiver de la Loire.

5° CLASSEMENT RÉGULIER DES LINS.

Les lins de Russie sont d'une qualité inférieure aux autres lins d'Europe ; cependant la vente en est régulière et facile. D'où vient cela? On a pu remarquer, en lisant le préambule historique de la Russie, que, dans ce pays, tous les lins sont classés et réunis par qualité aussi uniforme que possible. Chaque balle reçoit une marque qui indique la qualité qu'elle renferme. C'est là un avantage que les filateurs savent apprécier; ils y tiennent d'autant plus qu'en général chaque établissement a son genre particulier, pour lequel il faut des qualités spéciales. Le classement régulier des lins par qualité est donc un moyen d'en faciliter la vente. Nous le conseillons aux cultivateurs d'abord, puis aux intermédiaires qui pourraient se livrer au commerce des lins.

6° USAGE DES TOURTEAUX ET DE LA GRAINE DE LIN POUR LA NOURRITURE ET L'ENGRAISSEMENT DU BÉTAIL.

On n'a pas assez compris, en France, l'avantage qu'on peut retirer de l'emploi des tourteaux et de la graine de lin pour engraisser le bétail; les capsules elles-mêmes peuvent être utilisées dans le même but.

Le cultivateur qui emploiera dans son exploitation tout ou partie des produits de sa récolte en retirera ainsi le meilleur parti possible, et donnera nécessairement une plus-value à ce qu'il livrera au commerce, par le seul fait de l'extension qu'il donnera à la consommation de son produit.

C'est l'Angleterre qui consomme la plus forte partie de nos tourteaux de graines oléagineuses; cela justifie l'opinion que nous émettons, car on sait que les agriculteurs anglais entendent généralement bien leurs intérêts.

La planche n° XXVII donne le dessin d'une machine à concasser la graine de lin employée à l'alimentation du bétail.

§ 7.

INTERVENTION DES INDUSTRIELS.

Nous nous adresserons maintenant aux industriels; ils peuvent quelque chose en faveur de l'industrie linière, c'est-à-dire en faveur de l'agriculture :

1° Par l'application des moyens mécaniques ;
2° En assurant une bonne fabrication ;
3° En utilisant tous les produits de la culture.

Toutes choses qui contribueront à accroître la production et à faciliter les débouchés.

1° MOYENS MÉCANIQUES.

Les moyens mécaniques auxquels l'extension de l'industrie linière obligera nécessairement de recourir sont généralement peu du goût des cultivateurs; c'est, du reste, une véritable industrie manufacturière que celle de la préparation du lin par procédés mécaniques; c'est pourquoi nous appelons l'attention des industriels sur cette nouvelle branche de commerce, assez connue aujourd'hui pour pouvoir être exploitée avec avantage. Nous sommes heureux de pouvoir dire que déjà on rencontre, dans le nord de la France, quelques établissements de ce genre.

Cet exemple sera suivi, car, dans la plupart des centres liniers de la France, les bras sont moins nombreux et surtout moins habiles à préparer le lin qu'on ne l'est dans le Nord; dès lors, l'application des moyens mécaniques y sera d'autant plus utile et plus profitable que la concurrence des prix et de la perfection du travail sera plus facile à soutenir.

2° FABRICATION RÉGULIÈRE.

Quiconque sait de quelle défaveur nos produits sont frappés sur les marchés étrangers déplore l'usage des moyens qui ont valu cette réputation à nos fabriques. Ce n'est que par une fabrication irréprochable qu'on pourra, avec le temps, réparer l'atteinte portée à notre commerce extérieur. La marque de fabrique serait aussi un bon moyen à employer pour accroître nos débouchés. Nous en reparlerons plus loin.

3° EMPLOI DES DÉCHETS DE LIN.

La Belgique nous donne, sous ce rapport, d'excellents exemples à suivre. On trouve, dans les principaux centres liniers, des fabriques qui ont pour but l'emploi des matières les plus communes, qui sont le produit des premières préparations du lin. Il ressort de cette industrie une source précieuse de travail pour les femmes, les enfants et les vieillards, et le cultivateur lui-même voit s'accroître le produit de sa culture. Ce genre d'industrie doit s'établir et s'exercer sur les lieux de la production, car le volume et le peu de valeur de la matière première ne permettent guère de lui faire supporter des frais de transport.

Ce genre d'industrie manque dans plusieurs de nos centres liniers. Il y a lieu d'espérer que le développement de la culture du lin donnera naissance à cette industrie dans les contrées qui ne la connaissent pas encore, et que les avantages qu'on en recueillera seront eux-mêmes un nouvel encouragement.

§ 8.

DE L'ACTION DU GOUVERNEMENT.

Le travail dont nous nous occupons est une preuve non équivoque de la sollicitude du Gouvernement en faveur de l'industrie linière ; ses dispositions bienveillantes nous engagent à lui présenter avec confiance les quelques moyens par lesquels nous croyons qu'il pourrait contribuer au développement de cette industrie.

1° FRAUDE AU DÉTRIMENT DES SEMENCES ; MOYEN DE LA COMBATTRE.

Le premier mal dont l'agriculture ait à souffrir est dû à la fraude dont la graine à semer venant de Riga est souvent l'objet. Il est des négociants qui introduisent des graines défectueuses dans des tonneaux ayant déjà servi à l'importation de la graine de Riga, et, à l'aide de ce cachet, la livrent comme telle, quoique inférieure en qualité, et souvent d'une autre provenance.

Au moyen du plombage des tonneaux, le Gouvernement peut empêcher cette fraude, si préjudiciable à l'agriculture.

2° AFFRANCHIR LES GRAINES À SEMER DES DROITS D'ENTRÉE.

Par des mesures de douane, le Gouvernement peut affranchir les graines à semer de certaines provenances dûment constatées; par là il encouragera l'emploi de ces semences, dont la supériorité est bien reconnue.

3° AUGMENTER LES DROITS D'ENTRÉE SUR LES LINS TEILLÉS.

Par le même moyen, les douanes, il continuera à protéger l'agriculture en maintenant et en élevant même les droits d'entrée sur les lins étrangers. Ce vœu, que nous exprimons ici, uniquement au point de vue agricole et du travail national, et qui sera appuyé, plus loin, par d'autres considérations non moins graves, est justifié par la main-d'œuvre considérable qu'exige la préparation des lins teillés. Considérés sous ce rapport, on reconnaîtra que les droits actuels sont minimes, car, si la France importe annuellement pour 30 millions de francs de lin, cette somme représente plus de 15 millions de frais de main-d'œuvre, d'un travail tout en dehors de ce qui concerne l'agriculture, et dont le salaire rendrait tant de services aux habitants de nos campagnes.

4° APPLICATION DU DRAWBACK AUX FILS ET TISSUS DE LIN.

Pour que la mesure de douane soit complète, et qu'en favorisant l'agriculture elle ne porte pas atteinte au commerce et à l'industrie, nous verrions avec plaisir que le drawback fût appliqué aux fils et tissus de lin expédiés à l'étranger[1].

Par l'ensemble de ces mesures, l'augmentation du droit d'en-

---

[1] On sait que c'est à des mesures de ce genre que l'Angleterre doit la haute position commerciale qu'elle a conquise.

trée et l'application du drawback, nous verrions grandir nos relations extérieures, en même temps que la production indigène se développerait plus rapidement.

Nous ne sommes pas à même d'apprécier quelle serait l'influence de ces mesures sur le trésor public; nous pensons qu'il n'aurait pas à en souffrir, peut-être même y gagnerait-il; quoi qu'il en soit, l'exemple de la Russie, de l'Angleterre et de la Belgique, qui ont tant fait en faveur de leur industrie linière, est bien capable d'engager à suivre la même voie. Par ordonnance royale du 26 juin 1849, le Gouvernement de Belgique proroge les délais des arrêtés antérieurs, allouant des primes à la sortie des tissus de lin et de chanvre et des fils retors. Ces primes, pour les pays hors d'Europe, étaient maintenues à 11 et 12 p. o/o, *ad valorem*.

Tant que l'industrie anglaise a eu à redouter la concurrence étrangère, son Gouvernement l'a fortement protégée par des primes et autres moyens. La Belgique ne se borne pas à accorder des primes; elle a, dans sa sollicitude pour l'industrie linière, créé des ateliers modèles, où les meilleures méthodes sont enseignées aux ouvriers qui doivent l'entretenir et la perfectionner; elle propage et distribue gratuitement des outils perfectionnés.

5° UTILITÉ D'AUGMENTER LES VOIES DE COMMUNICATION.

En multipliant les voies de transport, le Gouvernement a rendu d'immenses services; mais il est encore bien des points déshérités sous ce rapport : c'est surtout l'agriculture qui a besoin d'avoir à sa disposition des moyens économiques, elle dont les produits sont encombrants et d'une valeur relativement peu considérable. Combien de grandes exploitations agricoles, qui ne peuvent s'occuper de la préparation des lins, se livreraient néanmoins à la culture de cette plante, si les frais de transport leur permettaient d'en exporter les tiges à quelques myriamètres de distance!

6° MARQUE DE FABRIQUE.

Nous croyons que le commerce général extérieur de la France gagnerait à une mesure du Gouvernement qui rendrait obligatoire la marque de fabrique; cette mesure, qui serait avantageuse aux consommateurs, ne pourrait nuire qu'aux fabricants de mauvaise foi. Elle aurait aussi pour effet de rétablir notre position sur les marchés étrangers, et, par suite, de favoriser toutes les industries qui participent à nos exportations.

7° APPLICATION DU SYSTÈME MÉTRIQUE AU NUMÉROTAGE DES FILS DE LIN.

Ce serait aussi une mesure utile que d'obliger toutes les filatures à suivre le système métrique pour le numérotage de leurs filés. Cette prescription rendrait plus facile et plus sûre la perception des droits d'entrée sur les fils de lin étrangers.

§ 9.

CONSIDÉRATIONS EN FAVEUR DES TOILES DE LIN, COMPARÉES À CELLES EN CHANVRE, POUR LES ARMEMENTS MARITIMES.

Il y a peu d'années encore, l'opinion était toute en faveur des toiles en chanvre pour la confection des voiles de la marine; l'expérience qui en a été faite tend de plus en plus à leur faire préférer les toiles de lin, comme présentant une économie importante dans les frais d'armement, plus de résistance, plus de durée, plus de souplesse, et comme étant, par conséquent, d'une manœuvre plus facile. Ces faits sont justifiés par l'importance des fabriques anglaises, dont les toiles à voiles sont exclusivement en fils de lin; par ce que nous avons appris de certains hommes du métier; par ce que dit le Moniteur universel dans son numéro du 29 décembre 1852, et enfin par ce que nous a écrit l'honorable maison Joubert-Bonnaire, d'Angers, si compétente en cette matière. Voici quelques extraits de notre correspondance avec cette maison :

« Depuis nombreuses années, une lutte et une controverse des
« plus vives se sont engagées entre les partisans des toiles de chanvre
« et ceux de lin ; ce dernier filament, après avoir été délaissé de
« tous temps par le commerce pour les toiles fortes, et après avoir
« été longtemps exclu des fournitures de l'État, soit par l'adminis-
« tration de la guerre, soit par celle de la marine, a fini par être
« employé avec succès ; la vogue et la faveur sont devenues telles,
« que sur les principales places d'armement, telles que le Havre,
« Nantes, Bordeaux, Marseille, etc. etc. les toiles en chanvre sont
« totalement délaissées et remplacées par les toiles à voiles en lin,
« qui y sont préférées en quelque sorte exclusivement.....

« En effet, les toiles de lin sont plus souples, plus faciles à
« manier, à serrer dans les manœuvres ; puis, la nature de ce fila-
« ment permet de tisser les fils de lin sans aucun apprêt ou encol-
« lage, ce qui est en quelque sorte impossible pour les toiles de
« chanvre ; or, cet encollage nuit évidemment à la qualité de la
« toile ; il occasionne fréquemment une fermentation active qui
« finit par amener la détérioration complète de la toile.

« Enfin, le lin rend au peignage infiniment plus de longs brins
« que le chanvre, et, en prenant des qualités correspondantes de
« l'un et de l'autre de ces filaments, par suite de cette différence
« dans les résultats du peignage, le prix de la toile de lin sera tou-
« jours inférieur à celui de la toile de chanvre.

« Quant aux épreuves de force dynamométrique, que nous
« avons suivies avec attention, et sur les toiles de lin et sur celles
« de chanvre, elles ont toujours été à peu près les mêmes pour
« chacun de ces filaments, en employant toutefois des matières
« correspondantes *pour la qualité et la torsion des fils.* »

A ce qui précède nous ajouterons que, pour le cas où l'État
exigerait des toiles à voiles extra-supérieures, le lin permettrait
de faire des qualités qu'il serait impossible d'obtenir avec le

chanvre; les plus beaux filaments de cette dernière plante restent bien au-dessous des lins de premier choix.

Si, pour les motifs qui précèdent, économie, durée, etc. la marine de l'État s'alimente avec des toiles en fils de lin, c'est un nouveau motif pour que le Gouvernement continue à encourager la culture de cette plante.

§ 10.

CONSIDÉRATIONS POLITIQUES.

Du reste, la question qui nous occupe n'est pas seulement intéressante au point de vue agricole, industriel et commercial; nous ne craignons pas d'avancer qu'elle est éminemment politique.

Quand nous écrivions les lignes qui se trouvent tome Ier, pages 89 et 90, nous ne prévoyions pas la guerre d'Orient; cet événement, tel qu'il s'est produit, ne laisse pas de donner de la valeur à nos paroles, puisqu'il a eu pour résultat de faire augmenter rapidement les prix des fils et des tissus nécessaires aux armements, de 20 à 25 p. o/o de ce qu'ils sont aujourd'hui.

Mais supposons, pour un instant, que la guerre se fût prolongée pendant plusieurs années, et que la Prusse, par laquelle nous avons continué à recevoir les lins de Russie pendant la durée de la guerre, se fût alliée à nos adversaires, que fût-il arrivé? Les frais d'approvisionnements de cordages, de voiles, de tentes, de sacs, de pantalons, etc. eussent doublé au moins; heureux même si l'armée eût pu se pourvoir de tout le nécessaire.

Depuis un certain nombre d'années, nos relations avec l'Angleterre sont fort polies, on serait presque tenté de dire amicales; mais qui nous garantit qu'il en sera toujours ainsi? Chacun ne se rend-il pas ce témoignage intime, que les anciennes racines, pour avoir été coupées à la surface, n'en restent pas moins très-vivaces. Survienne donc une guerre avec l'Angleterre, qui n'aurait pas besoin d'être fortement motivée pour être très-nationale, c'est bien alors que nous serions réduits, pour ainsi dire, à nos seules ressources, malgré les besoins, plus grands que jamais, que nous aurions de tous les produits de l'industrie linière.

La France possède surabondamment tous les éléments qui peuvent rendre son agriculture, son industrie et son commerce prospères au dedans et à l'extérieur; les causes de sa prospérité, en temps de paix, feront sa force, sa sécurité et son indépendance en temps de guerre.

ANNEXES.

ANNEXE N° 1.

Vix, le 11 octobre 1850.

Monsieur,

Pour me conformer à vos désirs, et en même temps pour remplir la promesse que je vous ai faite, je vous envoie les quelques renseignements que vous m'avez demandés : 1° sur les habitudes agricoles de nos cultivateurs ; 2° sur les causes qui ont pu conduire à une misère extrême une population laborieuse chargée de cultiver le sol le plus riche, peut-être, de toute la France. En troisième lieu, je vous dirai quelle influence exercent, selon moi, sur les hommes les émanations provenant du rouissage du lin et du chanvre dans nos marais.

En parcourant, avec mon beau-père et moi, les marais de Doix et de Vix, vous avez été étonné de la belle végétation qui règne dans nos campagnes ; votre étonnement est devenu bien plus grand encore lorsque vous avez appris que cette terre si féconde et toujours cultivée n'avait jamais reçu d'engrais. Eh bien, monsieur, cela est vrai, et j'ajouterai de suite que, si nos cultivateurs fumaient leurs terres, cette simple opération, faite convenablement, suffirait pour tripler leurs produits. Et pourquoi ne le font-ils pas ? Je vais vous le dire.

Anciennement, les marais de Doix, Vix, Maillé, Maillezais, n'étaient, pour ainsi dire, que de vastes pâturages ; les fermiers, comme encore aujourd'hui ceux des marais de Champagné, Saint-Michel, etc. se livraient au commerce ou à l'engraissement des bestiaux, et n'ensemençaient qu'une très-faible partie de leurs domaines. Ainsi nos terres étaient, pour ainsi dire, vierges de toute culture, lorsque des spéculateurs les ont affermées, et puis après sous-affermées en détail à nos pauvres paysans à des prix tout à fait exagérés. D'abord, malgré le prix de fermage, les choses allaient assez bien : nos spéculateurs gagnaient beaucoup d'argent; le pauvre colon payait, parce qu'il récoltait beaucoup sans employer d'engrais, et parce qu'il vendait ses denrées trois fois le prix qu'il en obtient aujourd'hui.

Ainsi, les filatures n'existaient pas : le cultivateur vendait aux ménagères 1 franc 50 centimes le kilogramme le lin que vous, filateur, ne pouvez payer 80 centimes[1] ; la graine de chanvre se vendait 30 francs l'hectolitre, aujourd'hui elle ne vaut pas la moitié de ce prix. De pareils faits suffisent certainement pour expliquer la misère qui règne dans nos contrées. Mais il est une autre raison qui entretient cette misère et qui tend à l'accroître encore : c'est, d'un côté, l'ignorance de nos pauvres cultivateurs, qui donnent, vous le savez, une si mauvaise préparation à leurs produits textiles, et, d'un autre côté, le mauvais vouloir des principaux fermiers, qui, tout en maintenant leurs prétentions exorbitantes, s'opposent avec un entêtement vraiment déplorable à toute espèce d'amélioration. Et cependant que faudrait-il faire pour remédier à tant de maux? Il faudrait simplement donner l'exemple : créer des prairies artificielles, qui donneraient des produits si extraordinaires dans nos marais; élever du bétail et donner à des colons partiaires des terres reposées et fumées, tout en exigeant qu'ils donnent à leurs produits une préparation convenable.

Je suis persuadé aujourd'hui, monsieur, que le voyage que vous avez fait dans nos contrées sera utile au pays. Plusieurs petits propriétaires non fermiers m'ont promis de préparer l'année prochaine leurs lins d'après vos procédés, que leur enseignera

---

[1] Nous avons eu occasion d'expliquer, dans un des articles précédents, quelle a été l'influence de la filature mécanique sur la culture et le commerce du lin. Elle a tourné tout entière au bénéfice des contrées qui produisent de bonnes qualités, en augmentant sans cesse la demande et les prix. Les mauvaises qualités, au contraire, ont été délaissées de plus en plus : ne trouvant plus d'écoulement dans la filature à la main, et étant rejetées par les filatures mécaniques, les prix en ont été avilis autant que possible.

encore avec zèle le jeune Belge que vous nous avez envoyé ; s'ils tiennent parole (et je le crois), leur exemple sera bientôt suivi, et vous serez heureux, monsieur, car vous aurez contribué à tirer de la misère une population excellente et qui n'est retenue dans le cercle de ses devoirs que par son esprit éminemment religieux.

Lorsqu'en qualité de médecin je suis venu fixer mon domicile à Vix, je croyais que les émanations infectes provenant du rouissage du lin et du chanvre avaient une influence des plus délétères sur la santé des hommes, et que c'était là la cause principale des fièvres intermittentes qu'on remarque dans nos contrées. Un examen attentif des faits depuis dix-huit années m'a démontré que j'étais dans l'erreur : les communes de Doix, Vix, Maillé, du Gué-de-Velluire, sont certainement celles où se récoltent le plus de lin et de chanvre. Eh bien, mon expérience m'a démontré que les fièvres intermittentes étaient peut-être moins fréquentes et assurément moins tenaces que dans les portions de marais plus rapprochées de la mer, où l'on ne cultive pas le lin. L'année dernière, à pareille époque, le choléra-morbus a sévi d'une manière bien cruelle à Vix : sur 3,000 habitants, et dans l'espace d'un mois, 100 personnes ont succombé. Je m'attendais *a priori* que la portion de la population qui habite sur les bords des fossés où s'opérait alors le rouissage du lin et du chanvre, et qui boit de l'eau en rapport direct avec ces foyers d'infection, compterait le plus de victimes ; il n'en a rien été : la maladie les a épargnés en plus grande partie, et a trompé encore dans cette circonstances toutes les prévisions du praticien.

Je vous prie, monsieur, d'agréer, etc.

BIRÉ,

Docteur-médecin, membre du conseil d'arrondissement.

Nota. Depuis que M. Biré nous a écrit la lettre qui précède, les cultivateurs du marais vendéen, fidèles à leur promesse, ont amélioré leurs procédés de rouissage et de teillage. Aujourd'hui leurs produits, recherchés dans le commerce, ont beaucoup augmenté de valeur, malgré l'extension qu'ils donnent chaque année à la culture du lin.

ANNEXE N° 2.

Dans le tome Ier des Annales d'hygiène publique et de médecine légale, publié en 1829, se trouvent deux mémoires relatifs au rouissage : le premier, dû à M. le docteur Marc, n'est que l'opinion de ce médecin sur les routoirs et leur influence; le second est un rapport fait à l'Académie royale de médecine, en réponse à différentes questions adressées à l'autorité supérieure par le conseil municipal de la ville du Mans.

Nous lisons dans la consultation de M. Marc (page 336 des Annales d'hygiène) le passage suivant : « En supposant qu'il se « dissolve pendant l'opération du rouissage quelques principes « vénéneux, ils se trouvent étendus dans une trop grande quan- « tité d'eau pour qu'ils puissent exercer une action sensible. Aussi « est-il constant que les bestiaux boivent impunément de l'eau des « routoirs, et qu'elle n'a pas les propriétés délétères qu'on lui « attribuait autrefois. Ce n'est donc pas dans la mauvaise qualité « de l'eau, considérée comme boisson, qu'il faut chercher l'insa- « lubrité des routoirs, mais plutôt dans les substances gazeuses « qui en émanent et qui sont dues à un commencement de fer- « mentation putride à laquelle on expose le lin et le chanvre..... « Pour peu donc que l'eau des routoirs puisse se renouveler, bien « que lentement, ils ne sauraient exercer une action sensible sur « la santé publique. Ce serait donc seulement aux eaux absolu- « ment stagnantes et dans lesquelles on ferait rouir une trop « grande quantité de chanvre et de lin, relativement à leur « volume, que l'on pourrait attribuer une influence fâcheuse « sur la santé; encore l'expérience ne confirme-t-elle pas cette « supposition, puisque, dans les contrées mêmes où les routoirs

« présentent ces conditions défavorables, il n'existe pas de mala-
« dies épidémiques, à moins que d'autres circonstances locales
« ne les y produisent. »

D'après ces considérations, et s'appuyant sur des circonstances particulières aux localités sur lesquelles il était consulté, M. Marc concluait que les routoirs en question n'avaient pas déterminé les maladies épidémiques dont on leur imputait l'origine, mais que ces maladies tenaient aux émanations marécageuses du pays. Cinq médecins des environs avaient émis la même opinion dans un mémoire à consulter.

Dans le rapport de l'Académie royale de médecine, il s'agissait de fixer l'administration municipale du Mans sur les inconvénients qu'il y avait à introduire dans des fontaines publiques l'eau d'un ruisseau qui alimentait dans son cours plusieurs routoirs.

Pour répondre à cette importante question, la commission de l'Académie, composée de MM. Duméril, Marc, Pelletier, Villermé et Robiquet, s'était posé les trois questions suivantes :

PREMIÈRE QUESTION.

L'opération du rouissage du chanvre introduit-elle dans l'eau des principes délétères? La corrompt-elle de manière à la rendre insalubre et malsaine comme boisson?

DEUXIÈME QUESTION.

Les eaux d'une rivière dont le cours est considérablement affaibli pendant l'été et le volume réduit à trois mètres cubes par seconde peuvent-elles être altérées dans leurs qualités potables par l'opération du rouissage du chanvre, au point de devenir malsaines et nuisibles à la santé de l'homme, dans l'usage habituel de la vie?

TROISIÈME QUESTION.

Y a-t-il des moyens simples et peu dispendieux de purger

l'eau des principes que l'opération du rouissage a pu y introduire, et, en lui redonnant sa première pureté, de la rendre susceptible d'entrer sans aucun inconvénient dans la consommation que l'homme peut en faire comme boisson?

Voici l'analyse de la réponse faite par l'Académie à la première question : « Il est vrai que l'opération du rouissage peut « introduire dans l'eau quelques principes délétères; mais on « aurait grand tort d'en conclure que l'eau qui les contient de- « vienne par cela seul délétère elle-même : tout dépend du degré « de concentration. Il s'en faut beaucoup que l'eau de macéra- « tion des routoirs, même de ceux à eau stagnante, soit assez impré- « gnée des principes du chanvre pour devenir vénéneuse, quand « bien même ces principes seraient délétères dans leur état de « pureté. Bien que cette eau ne soit pas réellement vénéneuse, « il n'en est pas moins vrai de dire qu'elle sera d'autant moins « salubre qu'elle contiendra une plus grande quantité de ces prin- « cipes. »

En répondant à la seconde question, l'Académie disait que, si l'eau des routoirs à eau stagnante n'était pas vénéneuse, et si son innocuité s'augmentait avec la masse du liquide, on concevait combien le danger devait être affaibli par un rouissage à l'eau courante, où à chaque instant une nouvelle portion d'eau vient remplacer celle qui s'écoule.

Enfin, pour résoudre la dernière question, tout en exprimant la conviction où se trouvait l'Académie que les eaux destinées à alimenter les fontaines du Mans ne pouvaient contenir que des quantités minimes de matières organiques, on proposait, comme moyen de salubrité, d'exposer l'eau au contact de l'air avant de l'introduire dans les tuyaux de distribution, et surtout de la faire passer au travers de plusieurs couches successives de sable et de charbon.

Ces deux importants mémoires, dont j'ai cru devoir rapporter les principaux passages, fixèrent mon attention au moment où ils parurent. La décision nette et précise de M. Marc, l'incertitude et l'hésitation de l'Académie, me frappèrent surtout. Je vis partout l'énoncé d'une opinion, et non pas la force et l'autorité qu'imposent nécessairement les faits; en un mot, ces mémoires, expression de l'état de la science à l'époque où ils furent faits, me parurent susceptibles d'être combattus par les armes mêmes que fournissaient les archives de la science. Je fus loin de regarder la question comme résolue, et je prévis le moment où l'opinion contraire ne manquerait pas d'être émise.

Devais-je, dans cet état de choses, rester spectateur d'une lutte qui, sans résultat positif, allait probablement s'engager? Telle ne fut pas ma pensée. Pénétré de l'idée que la question dont il s'agissait était extrêmement importante, il me fut bientôt démontré que des expériences pouvaient seules l'éclairer, et concilier, s'il était possible, les opinions contradictoires émises sur elle par les auteurs. J'entrepris ces expériences, et depuis plus de deux ans je m'en suis sans cesse occupé.

Je me livrais à mes recherches, et je les multipliais, lorsque le rapport du conseil central de salubrité du département du Nord, pour l'année 1830, me tomba sous la main. J'y trouvai un travail sur la question des routoirs de l'arrondissement de Douai, pays où le chanvre et le lin se cultivent en grand et contribuent à la richesse de la population laborieuse de cette fertile contrée. Je vais analyser ce mémoire, qui, dans les circonstances où je me trouve, devient pour moi du plus haut intérêt (page 160 du rapport).

Un propriétaire du village de Courcelles, arrondissement de Douai, voulut établir des routoirs dans un marais dont les eaux se déversaient dans un petit courant; mais les villages traversés par ce courant formèrent opposition, alléguant pour raison les dangers que leur ferait courir la double influence des exhalaisons fétides et des eaux corrompues. Le sous-préfet de Douai, chargé de statuer sur cette demande, en renvoya l'examen à une commission, avec prière de ne s'arrêter à aucune considération étrangère à la salubrité.

Cette commission, dans un travail qui, sous tous les rapports, est digne de servir de modèle, commence par avouer que les auteurs qui ont traité la même matière sont partagés d'opinion : que la plupart croient au danger des routoirs; que quelques-uns les nient à peu près.

Parmi ceux qui ont émis cette dernière opinion, la commission ne cite qu'un seul particulier, qui depuis longtemps avait présenté son travail à une des sociétés savantes du département; elle ajoute que la société avait accueilli le travail avec une approbation flatteuse, et l'avait transmis ensuite à l'autorité. La commission ne nomme pas l'auteur de ce travail; elle dit seulement qu'il n'appuie son opinion que sur des raisons assez nombreuses de physique et de chimie, qui deviendraient un argument dont on pourrait tirer parti pour le réfuter. La commission pensa donc que combattre les principes énoncés par l'auteur du travail cité, c'était en même temps émettre les siens.

Voici les raisons sur lesquelles s'appuyait l'auteur du mémoire pour croire à l'innocuité des émanations fournies par le chanvre.

Les gaz morbifiques qui s'exhalent pendant la saison du rouissage, le gaz acide carbonique, le gaz hydrogène carboné et le gaz hydrogène sulfuré, sont peu dangereux, car, 1° le gaz acide carbonique, tant par son attraction élective pour l'eau que parce qu'il pèse une fois et demie plus que l'air atmosphérique, ne peut se combiner avec ce dernier qu'en très-petite proportion, et les chimistes n'ignorent pas qu'il n'est pas d'air qui n'en contienne un peu; 2° les gaz hydrogènes composés sont tous solubles dans l'eau : si donc le routoir est vaste et profond, il contiendra assez d'eau pour emprisonner tous les gaz, et la pureté de l'air n'en sera pas altérée.

A ces propositions la commission répond : « que le gaz acide

« carbonique est peu soluble dans l'eau, puisqu'à la pression
« atmosphérique ordinaire l'eau ne dissout de ce gaz qu'une fois
« son volume; que, d'ailleurs, la pesanteur spécifique du gaz
« acide carbonique ne s'oppose point à ce qu'il se mêle à l'air en
« assez grande quantité. Le gaz acide carbonique, dit Thenard,
« étant plus pesant que l'air, peut être versé d'un flacon dans un
« autre, à la manière de l'eau; mais il ne faudrait pas conclure
« de cela que le gaz, dans un air tranquille, occuperait toujours
« la partie inférieure, et, d'après Berthollet, les gaz dont la pe-
« santeur spécifique est très-différente finissent par se mêler,
« lors même qu'ils ne communiquent ensemble que par un tube
« très-étroit. Si, continue la commission, le mélange du gaz acide
« carbonique se fait dans un air calme, à plus forte raison peut-il
« avoir lieu lorsque les couches atmosphériques sont agitées, ce
« qui arrive souvent.

« Pour ce qui est des gaz hydrogènes carboné et sulfuré, le
« premier de ces gaz est si peu soluble dans l'eau, que c'est sous
« l'eau qu'on le recueille, et que, pour l'obtenir pur, il faut le
« laver dans ce liquide. Quant au second, c'est aussi sous l'eau
« qu'on le recueille : par conséquent, il n'est pas d'une parfaite
« solubilité.

« Les gaz hydrogène carboné et hydrogène sulfuré se mêlent
« donc à l'air; le gaz acide carbonique s'y mêle aussi en assez
« grande quantité, malgré sa pesanteur : les raisons de science ne
« sont même pas nécessaires pour prouver le mélange d'un de
« ces gaz (l'hydrogène sulfuré). L'odeur infecte qui frappe nos
« sens aux environs des routoirs n'est-elle pas la preuve irrécu-
« sable de son mélange avec l'atmosphère? »

Ainsi conclut la commission : « L'air des environs des routoirs
« est malsain, car, bien que le gaz acide carbonique mêlé à l'air
« ne soit pas très-nuisible, la quantité qui s'en dégage dans le
« rouissage doit du moins altérer la pureté de l'atmosphère; il en
« est de même du gaz hydrogène carboné, et, quant au gaz hy-

« drogène sulfuré, on sait que de tous les gaz c'est le plus délé-
« tère, et qu'il suffit que l'air en contienne 1/200 pour qu'un
« cheval finisse par y périr. »

A ces considérations sur l'effet nuisible des gaz dégagés pendant le rouissage, la commission ajoute : « l'effet des miasmes,
« dont la nature est jusqu'à présent insaisissable, mais dont la
« nocuité n'est malheureusement que trop réelle. »

La commission avoue que : « l'expérience ne confirme pas tou-
« jours ce que la théorie avance relativement au danger des exha-
« laisons du rouissage; nombre de communes qui s'adonnent à
« cette opération ont offert une atmosphère pure et très-salubre,
« lorsque, dans le même temps, un air contagieux frappait d'épi-
« démies des villages qui ne sont entourés d'aucun routoir. Les
« commissaires, s'appuyant sur la généralité des auteurs, qui sont
« d'accord sur le danger des émanations des routoirs, citent les
« opinions de Bosc (*Nouveau Cours complet d'agriculture*) et celles
« du professeur Fodéré : suivant le premier, le rouissage a des
« inconvénients non-seulement pour la santé de ceux qui l'exé-
« cutent, mais même pour la santé des villages voisins des rou-
« toirs; d'après le second, les puits où l'on rouit le chanvre sont
« extrêmement malsains; on peut regarder les mares où l'opé-
« ration se fait comme l'origine de la grande quantité de fièvres
« pernicieuses qui règnent dans les pays de chanvre. »

Relativement au danger que pourrait occasionner l'usage de
l'eau des routoirs, les mêmes commissaires rapportent un passage
du Dictionnaire d'agriculture de l'abbé Rosier : « Les anciennes
« et les nouvelles coutumes de presque toutes les provinces du
« royaume, dit cet agriculteur célèbre, par la crainte de l'infec-
« tion des eaux et des personnes, ont proscrit le rouissage dans
« les eaux même courantes..... Cette défense fait partie du droit
« public en France. »

Ils citent encore, au même sujet, les ouvrages de Bosc et de
Fodéré : selon celui-ci, « le rouissage à l'eau courante est moins

« dangereux, parce que l'eau emporte les matières à mesure qu'elles
« se forment; cependant la police doit veiller à ce qu'il ne se fasse
« pas dans les eaux qui, dans leur trajet, servent à désaltérer les
« hommes et les animaux, parce que, si ce ne sont pas de grandes
« masses d'eau, elles deviennent un dangereux poison... » —« Tout
« le monde sait, dit Bosc, que les poissons meurent dans les eaux
« du rouissage. Les hommes et les animaux ne sont jamais dans
« le cas de boire de l'eau où le chanvre a roui, parce qu'ils sont
« avertis par la mauvaise odeur et la détestable saveur dont elle
« est pourvue; ce n'est donc que lorsqu'elle est mêlée avec celle
« des rivières où elle a afflué qu'elle peut leur causer du mal;
« les effets à très-hautes doses doivent être narcotiques et pur-
« gatifs. »

Ces opinions sur l'altération que le chanvre fait éprouver à l'eau parurent d'autant plus fondées à la commission de Douai que tout le monde semble d'accord sur ce point, même l'auteur du mémoire indiqué plus haut, car cet auteur, pour plaider plus avantageusement la cause des routoirs, prétend qu'en rouissant en eau courante on corrompt une plus grande masse d'eau, et on court les risques de faire périr les hommes et les bestiaux. L'abbé Rosier va plus loin encore: non-seulement, selon lui, il y a danger à boire l'eau provenant des routoirs, mais encore à boire celle de tous les puits voisins dans lesquels l'eau des routoirs a pu trans-suder.

D'après ces raisonnements et ces autorités, les commissaires conclurent, dans leur rapport, que l'autorité devait s'opposer à l'établissement des routoirs projetés; ils émirent même l'opinion que les herbes des prairies étaient altérées, dans leur qualité, par les eaux des routoirs, et citèrent à ce sujet un fait arrivé dans le pays, et l'opinion de Bosc et de l'abbé Rosier : « Si les ani-
« maux, dit Bosc, mangeaient de l'herbe empreinte de l'odeur du
« chanvre, ils seraient exposés à des maladies graves et même à la
« mort; » et, suivant Rosier, « on a vu de petits routoirs répandus

« dans les prés nuire aux plantes, rendre les animaux malades, et
« même les faire périr promptement. »

Ce rapport, très-bien fait, comme je l'ai déjà dit, est suivi de considérations sur le mémoire à consulter de M. Marc que j'ai cité en commençant ce travail, et sur la réponse faite par l'Académie royale de médecine aux questions proposées par la ville du Mans. Les membres de la commission de Douai trouvent dans le travail de l'Académie une réfutation complète du mémoire de M. Marc, et ils pensent que cette académie, en prescrivant des mesures pour purifier les eaux contaminées par le chanvre, a prétendu démontrer, contre l'opinion du docteur Marc, que ces eaux ne peuvent pas être impunément bues.

Cet extrait du mémoire des médecins de Douai paraîtra peut-être un peu long; mais, je le répète, il devient pour moi d'une telle importance dans la circonstance où je me trouve, que je n'ai pas cru pouvoir l'abréger; j'aurai occasion d'y revenir et d'examiner le mérite et la valeur des opinions qui y sont consignées.

Dans la rédaction de ce nouveau travail, je suivrai l'ordre suivant.

Dans un premier chapitre, j'exposerai l'opinion des auteurs qui ont écrit sur l'influence du chanvre et des routoirs. Je serai long dans cet exposé; mais le nombre de ces auteurs, l'autorité dont ils ont joui jusqu'ici, et surtout la gravité et l'importance du sujet, me mettent dans la nécessité d'entrer dans des détails que j'abandonnerais dans toute autre circonstance; mon intention n'est pas de plaire, mais d'instruire et d'éclairer : je dois tout négliger pour arriver à ce but.

Dans le second chapitre, que je partage ici en quatre paragraphes, j'examinerai :

1° Si l'eau dans laquelle on a fait rouir du chanvre contracte des propriétés malfaisantes et capables de nuire à la santé de ceux qui s'en servent comme boisson;

2° Si l'eau dans laquelle on a fait rouir le chanvre nuit véritablement au poisson ;

3° Si le chanvre et ses diverses préparations agissent à la manière des narcotiques et des purgatifs;

4° Si l'air chargé des émanations du chanvre peut nuire à la santé de ceux qui le respirent.

Dans le troisième et dernier chapitre, je ferai un résumé général de tout mon travail, et j'exposerai les conséquences qui en dérivent.

CHAPITRE PREMIER.

DU ROUISSAGE EN GÉNÉRAL, ET OPINIONS COMMUNÉMENT ADMISES SUR L'INFLUENCE QUE CETTE OPÉRATION PEUT AVOIR SUR LA SANTÉ.

Le mot *rouissage*, d'après Baudrillard, vient du latin barbare *rossiare*, dérivé de *rivus*, ruisseau, ou de *ros*, rosée ; il exprime l'action de faire rouir le lin et le chanvre, c'est-à-dire de l'exposer dans un ruisseau ou à la rosée, pour le faire macérer et séparer le liber ou la filasse de la partie ligneuse.

On a donné le nom de *routoirs* ou *roussoirs*, *roteurs*, *roussières*, aux lieux destinés à l'opération du rouissage.

Le rouissage du lin et du chanvre se pratique différemment, suivant les localités. Dans le voisinage des rivières, c'est dans le lit même qu'on le place ; dans les pays où se trouvent des mares et des étangs, on les choisit de préférence ; enfin, dans la plupart des cas, on creuse sur le bord des rivières ou des ruisseaux des fosses de trois pieds de profondeur, sur une largeur et une longueur indéterminées ; on emplit ces fosses de chanvre, que l'on charge de pierres pour le tenir sans cesse immergé, et on y fait arriver l'eau par une rigole : c'est cette fosse qui porte le nom de *routoir*. Les plus estimés sont ceux qui reçoivent l'eau par la partie supérieure, et peuvent s'en débarrasser par leur partie inférieure.

Les eaux les plus favorables au rouissage sont celles qui sont à la température de l'atmosphère, ou même un peu plus chaudes ; aussi celles des routoirs sont préférables à celles des étangs, celles des étangs aux eaux des rivières, et ces dernières à celles des fontaines et des puits : ceci doit s'entendre de la promptitude avec laquelle s'opère le rouissage, et non pas de la qualité du chanvre ; car, pour avoir du chanvre de bonne qualité, ce sont les eaux qui ne sont ni ferrugineuses ni chargées de sels calcaires qu'il faut choisir de préférence, car le fer qui se trouve dans certaines eaux colore la filasse, et, quant aux eaux calcaires, elles sont décomposées par l'ammoniaque qui se forme pendant le rouissage, ce qui permet au carbonate de chaux de se précipiter sur la filasse et de s'y combiner, ce qui la rend sèche, cassante, et nuit à son tissage ainsi qu'à son filage.

L'ancienne législation et les coutumes des différents pays adonnés à la culture du chanvre feront connaître l'opinion que l'on avait et que l'on a encore sur l'influence des routoirs ; je vais rapporter quelques-uns des passages les plus importants.

La coutume de Normandie, chapitre IX, article 209, porte que « rotours ou rotouers ne peuvent être faits en eau courante ; « et si aucun veut détourner pour en faire, il doit vider l'eau « dudit rotour, en sorte qu'elle ne puisse retourner dans la ri- « vière. »

La coutume d'Amiens porte « qu'on ne peut rouir lin, chanvre « et autres choses aux rivières ou marais publics du haut et moyen « justicier, ni autrement empêcher lesdits marais ou rivières, sans « le congé du seigneur et sans encourir l'amende de 60 sols pa- « risis. »

Celle de Hainaut porte « qu'on ne pourra mettre ni lin ni « chanvre ès rivières et eaux courantes, sous peine de 5 sols d'a- « mende et de confiscation des lins et chanvres. »

Celle de Mons porte que « nul ne peut mettre lin ni chanvre « rouir en rivières courantes, ni en rivières et fossés rapissonnés,

« sur lois de 5 sols blancs, et le lin et le chanvre acquis au sei-
« gneur. »

Celle du Bourbonnais porte « qu'on ne peut mettre ni lin ou
« autres choses portant poison en étangs, pêcheries, gares et ma-
« rais appartenant aux particuliers, sans leur vouloir et congé. »

Par arrêt des juges en dernier ressort, du 26 juillet 1557,
pour le comte de Saint-Fargeau, contre les habitants de Saint-
Fargeau, il leur fut défendu « de mettre à rouir leurs lins et
« chanvres dans les rivières, sous peine de privation des droits
« de pêche qu'ils pouvaient y avoir et d'amendes arbitraires. »

L'ordonnance du roi d'Espagne du mois de juillet 1627, portant règlement pour la pêche aux bords de la mer et dans les
rivières de l'Escaut, la Durme, la Lys, la Deule et autres courants et canaux de Flandre, porte : « Que personne ne s'ingère
« aussi de rouir du lin dans les mêmes rivières, ni dans les mares
« et larges fossés, ni ès écarts d'iceux ayant communication avec
« lesdites rivières, à peine de forfaiture, et chaque fois la somme
« de 20 florins. »

Avant l'établissement des maîtrises en Flandre, le sieur Deba-
gnol, intendant, fit défense aux habitants des lieux de la haute
et basse Deule, marais et canaux y affluant, d'y faire rouir leur
lin et chanvre, à peine de confiscation et d'amende de 100 florins,
sauf à faire rouir dans les eaux dormantes qui ne se déchargent
pas dans lesdites rivières, et aux lieux où il n'y aurait d'autres
commodités que des rigoles et des canaux dont les eaux auraient
communication avec ces rivières, permettant de se servir desdites
rigoles, à la charge de boucher les ouvertures de chaussées de
terre forte, larges de dix pieds au moins, qui ne pourraient être
ouvertes avant la fin du mois d'octobre.

La défense de faire rouir le lin et le chanvre dans les ruisseaux
est réitérée en France par les arrêts du conseil des 27 juin 1702,
17 décembre 1713, 11 septembre 1725, 26 février 1732 et
28 décembre 1756.

Par l'article 30 de l'arrêt du conseil du 26 février 1732, il est expressément défendu à toute personne de faire rouir des lins et du chanvre dans les rivières des Gobelins, près Paris, et dans les lieux y affluant, à peine de 30 livres d'amende et d'un mois de prison.

Il existe deux arrêts du parlement de Bretagne, l'un du 6 août 1735, l'autre du 31 janvier 1757, qui sont relatifs au rouissage et qui défendent, sous les peines de la confiscation et de l'amende, de rien jeter dans les rivières et d'y faire rouir du lin et du chanvre.

Ces détails, et d'autres que je n'ai pas cru nécessaire d'analyser, se trouvent en entier dans le Traité général des eaux et forêts de Baudrillard. Ce savant explique la multiplicité et la sévérité des règlements sur les routoirs « par la décomposition du « lin et du chanvre, qui corrompt l'eau et qui fait mourir le « poisson, et occasionne des maladies aux bestiaux qui y vont « boire, et même aux habitants. »

Si je voulais rapporter ici l'opinion de tous ceux qui ont écrit sur le rouissage et qui ont parlé de son influence sur la santé, je n'en finirais pas, car il me faudrait passer en revue les agriculteurs et les médecins qui se sont occupés d'hygiène publique. Je dois donc me borner au choix des principaux et des plus modernes; et, comme les auteurs de l'Encyclopédie méthodique ont réuni dans les articles *Routoir* et *Chanvre* ce qui constituait la science à l'époque où ils ont écrit, j'analyserai de préférence ces deux articles, remarquables par la sagesse qui a présidé à leur rédaction et par l'érudition qui s'y trouve.

Voici ce que je remarque dans ce dernier ouvrage, au mot *Routoir :*

« . . . . . . C'est dans les rivières et les étangs que l'on fait « rouir le chanvre, au grand détriment des poissons, et même « des animaux domestiques et des hommes qui boivent l'eau de « ces rivières et de ces étangs.

« Les opérations des routoirs, lorsqu'ils sont garnis, sont dé-
« sagréables à l'odorat et nuisibles à la santé : aussi doit-on, autant
« que faire se peut, les établir à quelque distance des habi-
« tations. . . . .

« Dès le lendemain du jour où on a mis du chanvre dans les
« routoirs, on voit, s'il fait chaud et que l'eau vienne d'un étang
« ou d'une rivière, des bulles d'air atmosphérique crever à la sur-
« face, et, le lendemain, c'est de l'air chargé d'une surabondance
« d'acide carbonique, et, le troisième jour, de l'air chargé d'hy-
« drogène sulfuré ; alors l'eau est trouble, colorée, et exhale une
« odeur désagréable qui porte à la tête ; les insectes et les pois-
« sons qui s'y trouvent périssent, après être venus à la surface
« respirer un air moins vicié. . . . . Les hommes et les animaux
« sont rarement dans le cas d'être affectés en buvant de l'eau des
« routoirs garnis de chanvre, parce que l'odeur et la saveur de
« cette eau les repoussent ; il n'en est pas de même de celle des
« rivières dans lesquelles on opère le rouissage, vu la petite quan-
« tité qu'on en boit et le peu de principes délétères qu'elle con-
« tient ; au plus pourrait-elle être légèrement narcotique et pur-
« gative. »

A l'article *Chanvre* du même ouvrage se trouve ce qui suit :

« . . . . Quelquefois, mais rarement, les ouvriers occupés
« à arracher le chanvre sont pris d'éblouissement, de maux de
« tête violents et tombent même sans connaissance. . . . . Les
« personnes qui soignent le lait dans les montagnes de la Franche-
« Comté évitent d'approcher des chènevières ou de toucher du
« chanvre, persuadées que l'odeur qui se conserverait dans leurs
« habits serait capable d'altérer le lait. . . . .

« . . . . Dans les routoirs, les deux premiers jours, il se dé-
« gage de l'air atmosphérique ; le troisième, c'est du gaz acide ;
« ensuite, de l'air inflammable. Si c'est en été, il ne se dégage
« plus rien après le sixième jour ; l'eau se colore, se trouble ; elle
« devient d'une grande fétidité, le poisson y meurt. . . .

« A mesure que l'on retire le chanvre, et si on le met sécher,
« on n'éprouve qu'une légère odeur désagréable s'il a été roui
« dans un réservoir un peu étendu ; mais l'odeur qui s'en dégage
« est très-fétide si le rouissage s'est fait en eau stagnante. Cette
« odeur a d'autant plus d'intensité que le rouissage s'est opéré
« plus promptement, que le routoir est plus petit et que l'eau
« n'aura pas été renouvelée....

« On attribue, continuent les auteurs de l'article que j'analyse
« dans ce moment, aux exhalaisons des routoirs stagnants et du
« chanvre qui sèche après être roui, plusieurs maladies qui at-
« taquent les hommes dans les pays à chanvre..... On est en quel-
« que sorte autorisé à regarder le chanvre en rouissage comme
« cause de maladies, par l'odeur vireuse de cette plante en fermen-
« tation, par la douleur de tête qu'elle occasionne à quelques ou-
« vriers qui l'arrachent, par l'enivrement des animaux que le hasard
« fait coucher sur des tas de chanvre femelle nouvellement ré-
« colté, par la mort du poisson dans certains routoirs stagnants,
« et par le dégoût qu'inspire aux bestiaux l'eau des routoirs ; mais
« ce ne sont là que des conjectures et une simple présomption :
« il faut des faits bien constatés pour rejeter sur le rouissage du
« chanvre les maladies automnales. On peut dire qu'en éclair-
« cissant plusieurs points incertains sur le rouissage, les auteurs
« n'ont pas fourni de quoi décider absolument la question mé-
« dicale, très-difficile à la vérité.

« Il est certain qu'il règne tous les ans des maladies dans les
« pays à chanvre, et ce sont surtout des fièvres réglées ; mais la
« cause de cette maladie est-elle uniquement le rouissage, ou le
« rouissage combiné avec l'exhalaison des marais, ou sont-ce les
« exhalaisons seules des marais, très-communs dans les pays à
« chanvre? On ne parviendra à résoudre cette question qu'en
« prouvant que les maladies régnantes dans les pays à chanvre ont
« lieu ou n'ont pas lieu dans les autres pays ; qu'on les y trouve
« avec la même intensité, ou avec une intensité moindre, quand

« elles arrivent avant l'époque du rouissage, ou seulement quand il
« est commencé; qu'enfin, les routoirs ayant été établis dans les
« pays où il n'y a pas de marais, il a régné dans ces pays, depuis
« cet établissement, des maladies qui n'y régnaient pas, et qui ont
« cessé aussitôt que les mêmes routoirs ont été détruits. Il faut
« espérer, continuent toujours les mêmes auteurs, que ces questions,
« soumises de nouveau à la sagacité et à l'observation des savants,
« seront quelque jour bien éclaircies, et que le cultivateur appren-
« dra du médecin les causes de ces maladies et les moyens d'en
« diminuer les effets..... »

Après des considérations sur des lois qui défendent le rouissage, et après avoir fait observer que ces lois ont été exécutées dans quelques pays d'une manière abusive, et toujours enfreintes dans d'autres par un autre abus, les auteurs terminent leur article par les considérations suivantes : « Tout cultivateur doit pouvoir
« faire rouir son chanvre dans les rivières qui ont quelque largeur,
« puisque les poissons n'y souffrent pas; il est même prouvé que
« le poisson se trouve bien de la présence de ce chanvre et qu'il
« le recherche; car dans les routoirs le poisson meurt asphyxié
« uniquement parce qu'il n'a pas un assez grand espace pour se
« soustraire à l'action méphitique du chanvre en putréfaction; car
« si, au moment où il est asphyxié, on le retire pour le mettre
« dans une pièce d'eau qui ne contient pas de chanvre, il revient
« promptement..... C'est surtout lorsqu'on fait rouir le chanvre
« femelle (porteur de graine) que le poisson souffre dans les rou-
« toirs stagnants, parce que cet individu a une odeur plus vireuse,
« et que les grains qui y restent sont des appâts; dans les rivières,
« le poisson qui aime le chanvre en approche sans inconvénients.....
« Enfin il est nécessaire de faire couler dans les rivières l'eau des
« routoirs, pour ne pas laisser subsister un foyer d'infection; mais
« on doit le faire graduellement, à proportion du peu de largeur
« de la rivière : de cette manière, on sauve le poisson. »

Telle est l'opinion des rédacteurs de l'Encyclopédie sur le

chanvre et les routoirs. Je vais passer en revue quelques auteurs qui ont publié sur le chanvre des monographies estimables.

A la tête de ces auteurs il faut placer Dodart et Marcandier, le premier, intendant du Berry, le second, conseiller à l'élection de Bourges. On sait que la province du Berry s'adonne beaucoup à la culture du chanvre, et que les bonnes qualités que possède cette plante dans cette partie de la France la font principalement rechercher pour les besoins de la marine. L'ouvrage de Dodart parut en 1755; il est analysé dans le journal de Trévoux. Celui de Marcandier, qui n'est qu'une amplification du premier, a été imprimé en 1757; on y trouve ce passage remarquable :

« On prétend que l'eau dans laquelle on a fait rouir le chanvre « serait un poison mortel pour ceux qui en boiraient; cela peut « être; mais ce que le vulgaire raconte de ce danger sur le poisson « des rivières et des étangs où l'on met le chanvre à rouir est très-« faux : le poisson aime cette plante, il la recherche, et, s'il est « arrivé quelques accidents, ce ne peut être que dans quelques « réservoirs trop petits, où l'eau qui n'a pas de cours aura été trop « imprégnée de jus de chanvre, ou aura fourni trop abondamment « au poisson une nourriture délicate, dont l'excès est toujours « nuisible. » Marcandier fait observer que, dans le pays qu'il habite, « on a l'habitude de faire prendre la macération de chanvre aux « bœufs et aux chevaux qui ont le flux de ventre, et cela avec « succès. » Il ajoute « qu'en jetant sur la terre la macération de « chanvre, on en fait sortir les vers, procédé dont se servent les « pêcheurs pour en prendre lorsqu'ils en ont besoin, ce qui a fait « dire à Matthiole qu'elle pouvait avoir la vertu de chasser les vers « du corps humain. »

M. Salviat, qui publia en l'an VIII un traité sur la culture, la récolte et la préparation du chanvre, s'exprime ainsi à l'occasion du rouissage : « Soit que cette plante ait une odeur trop forte, « soit qu'elle communique à l'eau un mauvais goût, soit par « d'autres raisons, le poisson périt, ou au moins y gagne une cer-

« taine langueur qu'il garde longtemps ; elle gâte tellement la sa-
« lubrité de l'eau, qu'on se trouve souvent incommodé de s'être
« baigné dans une rivière au-dessous de l'endroit où l'on a mis
« rouir le lin. »

Bralle, agriculteur distingué du département de la Somme, ayant trouvé le moyen, à l'aide du savon et de la vapeur, de séparer la filasse du ligneux du chanvre, la société d'encouragement pour l'industrie nationale, après avoir vérifié la bonté du nouveau procédé, pensa qu'elle rendrait un service au pays en propageant cette méthode, par laquelle le rouissage devenait inutile ; elle proposa donc un prix pour celui qui adopterait en grand cette méthode, et dans son programme elle s'exprimait ainsi : « Les in-
« convénients du rouissage ordinaire sont les principaux obstacles à
« l'extension de la culture du chanvre ; la longueur de cette opé-
« ration, les maladies qu'elle occasionne, ont plus nui à ce précieux
« travail que l'ingratitude du sol. » Personne ne s'étant présenté pour réclamer le prix, la même société discuta, en mai 1807, si elle remettrait le même prix au concours, et elle imprima dans le procès-verbal de sa séance le passage suivant : « La fermentation
« putride qui opère le rouissage altère l'eau au point qu'il s'en
« élève des vapeurs méphitiques et délétères qui portent souvent
« l'épidémie dans les environs des rouissoirs ; la manipulation du
« chanvre, ainsi réuni, devient très-dangereuse à ceux qui s'y
« livrent. »

Un accord si parfait entre tous les savants sur les inconvénients inhérents au rouissage fit penser à quelques mécaniciens qu'on pourrait, à l'aide de machines, séparer l'une de l'autre les deux parties du chanvre, et de cette manière se passer de l'opération chimique qui s'opère naturellement lorsque le chanvre est dans l'eau, et qui constitue le rouissage : parmi ces mécaniciens, il faut distinguer MM. Christian, Laforest, Chasle de la Touche.

M. Christian publia, vers 1818, la description de sa machine, et dans son instruction, adressée aux gens de la campagne, il

s'exprime ainsi à l'occasion des exhalaisons fournies par le rouissage ordinaire : « La nature bien connue de ces exhalaisons est
« telle que, si les hommes les respiraient toutes pures pendant
« quelques instants, ils tomberaient morts comme d'un coup de
« foudre, et, si les accidents de ce genre ont été heureusement
« rares, c'est que ces exhalaisons se mêlent à l'air, et que le poison
« en est amorti, non détruit; car tout le monde sait que, dans les
« pays où l'on cultive le chanvre en grand, il règne des maladies
« très-graves, que le rouissage seul occasionne, et qui abrègent
« toujours de plusieurs années la vie des malheureux qui pra-
« tiquent cette opération, opération sur laquelle on s'aveugle
« d'une manière remarquable. »

M. Laforest donna, en 1824 et en 1826, la description d'une broie mécanique dont il était inventeur, et vint à Paris pour y former une société, qui prit le titre de *Compagnie sanitaire contre le rouissage*. A cette occasion, il jeta dans le public un grand nombre de prospectus, dans l'un desquels, en parlant des routoirs, qui, suivant lui, exhalent des vapeurs pestilentielles, on trouve ce passage remarquable : « Les routoirs, même à l'eau
« courante, ne sont pas exempts de semblables dangers : l'his-
« toire rapporte la relation d'une épidémie dont la ville de Paris
« fut affligée dans les premières époques de notre monarchie,
« épidémie que l'on attribua, dans les temps, à d'immenses quan-
« tités de chanvre qu'on avait fait rouir dans les eaux basses de
« la Seine supérieure. »

Je voudrais savoir dans quel auteur M. Laforest a découvert la description de l'épidémie dont il parle dans ce mémoire; je ne la trouve pas dans les extraits que j'ai faits des ouvrages qui regardent l'histoire et la salubrité de Paris. Mais on voit dans son mémoire que M. Lenormand, lui écrivant au nom de la Société académique des sciences, ne parle que de l'insalubrité des routoirs et aussi des maladies qu'ils occasionnent, et que M. Vitalis, professeur de chimie technologique, lui dit que, grâce à cette invention, l'humanité n'aura plus rien désormais à redouter d'une opération meurtrière.

Enfin, M. Chasle de la Touche, dans son mémoire intitulé, *Essai sur la culture du chanvre*, publié en 1826, conseille, pour écarter les miasmes délétères qui se répandent dans l'air et occasionnent des maladies graves, de préférer les eaux courantes...

« Il n'y aurait pas lieu, dit-il, de craindre que les rivières fussent
« infectées au point de nuire à la santé des hommes et des ani-
« maux ; l'empoissonnement n'en souffrirait pas sensiblement non
« plus, car l'odeur du chanvre, loin d'attirer le poisson, le chasse
« et ne tue que celui qui s'arrête dans un très-court rayon. »

Je terminerai ces nombreuses citations par l'analyse des discussions qui eurent lieu en 1828 à la Chambre des pairs, lorsqu'il s'agissait de la pêche fluviale.

Dans le projet du Gouvernement, le trentième article du titre IV, consacré à la conservation et police de la pêche, était ainsi conçu :

« Le rouissage du lin et du chanvre et de toute autre plante
« textile dans les fleuves, rivières, canaux, et dans les ruisseaux
« y affluant, est défendu, sous peine d'une amende de 25 à 100 fr.
« Toutefois, dans les localités où l'on ne pourrait suppléer au
« rouissage dans l'eau par un autre moyen, le préfet, sous l'ap-
« probation du Gouvernement, pourra accorder les concessions
« qu'il jugera nécessaires. »

Dans l'exposé des motifs, le ministre chargé de la présentation de la loi disait à l'occasion de l'article 30 :

« Le danger du rouissage du lin et du chanvre dans les cours
« d'eau, dans les mares et dans les fossés, est généralement connu :
« la salubrité publique, la navigation et la conservation du poisson
« appellent depuis longtemps un autre mode de débarrasser la
« filasse des plantes textiles. »

Dans la discussion du projet, M. le comte d'Argout fit sur cet article 30 les observations suivantes :

« Cet article est non-seulement inutile, mais il est encore
« dangereux, car les intérêts doivent être pesés et comparés entre
« eux : en effet, là où la culture du chanvre est peu considérable,
« elle ne saurait porter dommage à la pêche, et là où cette cul-
« ture est considérable, elle constitue un intérêt supérieur à la
« pêche..... La récolte du chanvre dans le Graisivaudan rapporte
« plusieurs millions, la pêche de l'Isère ne vaut pas 30,000 francs.

« Au surplus, rien n'est moins certain que le dommage que
« peut causer le rouissage à la pêche ; des expériences déjà an-
« ciennes, puisqu'elles sont consignées dans l'Encyclopédie, sem-
« blent constater que cette opinion est l'effet d'un préjugé popu-
« laire.

« Mais ce qui n'est pas un préjugé, ce qui est malheureusement
« un fait certain et avéré, c'est l'insalubrité du rouissage pour la
« population, et les maladies épidémiques que ce rouissage ne
« propage que trop souvent. En empêchant le rouissage dans les
« eaux courantes, où il n'offre aucun danger, vous forcerez à
« concentrer ce rouissage dans des mares croupissantes, qui de-
« viendront autant de foyers pestilentiels ; en un mot, vous aurez
« sacrifié la conservation des hommes à la conservation du
« poisson! »

Dans la discussion de l'article lui-même, plusieurs pairs prirent
la parole; un d'eux dit : « que le projet était bien d'accord avec
« l'ordonnance de 1669 et avec les arrêts du conseil des années
« 1702 et 1725 ; que ces prohibitions étaient principalement
« fondées sur les funestes effets du rouissage, relativement à la
« conservation du poisson, mais que leurs dispositions n'ont jamais
« reçu d'exécution..... que, si les fermiers de la pêche se plai-
« gnent du rouissage, ces réclamations sont plutôt fondées sur
« ce que le poisson, qui aime à se réfugier dans les chanvres
« déposés au milieu du courant, est souvent dérobé par le culti-
« vateur. »

Un autre pair ajouta : « En France, comme dans le reste de

« l'Europe, on a, jusqu'à ce jour, fait rouir le chanvre dans l'eau
« des fleuves, des rivières et des ruisseaux ; si cet usage a quel-
« quefois donné lieu à des réclamations isolées, elles n'ont jamais
« pu soutenir l'examen ; tout le monde comprend, en effet, que,
« lorsqu'on plonge quelques poignées de chanvre dans une eau
« courante, les principes étrangers que la décomposition sépare
« de la fibre végétale se trouvent aussitôt entraînés par le courant,
« sans nuire à la salubrité de l'air, ni même à la conservation du
« poisson, et le danger de l'opération est d'autant moindre qu'elle
« est faite dans une masse d'eau plus considérable. Les rivières
« de la Belgique, quoique peu rapides pour la plupart, offrent un
« exemple remarquable de ce que j'avance : la quantité de chanvre
« que l'on fait rouir sur leurs bords est telle, qu'à l'époque du
« rouissage leurs eaux m'ont paru noires comme de l'encre.

« ..... J'ai interrogé, continue le même pair, les habitants pour
« savoir si leur santé s'en trouvait altérée. Jamais, lui a-t-on ré-
« pondu, ils n'ont éprouvé le moindre inconvénient de cet usage,
« et il n'est venu dans la pensée de personne de le changer..... »
Continuant toujours ses observations sur ce sujet, le même pair
ajoute : « Si vous forcez les habitants à mettre leur chanvre rouir
« dans un espace étroit, l'eau commencera bientôt à s'altérer ; elle
« ne pourra plus servir de boisson aux hommes et aux animaux ;
« enfin l'air se trouvera chargé d'exhalaisons méphitiques qui le
« rendront d'autant plus malsain aux habitants, que c'est autour
« de leurs chaumières qu'ils trouvent ordinairement les eaux dont
« ils ont besoin pour faire rouir le chanvre provenant de leur
« récolte. »

D'après ces considérations, et plusieurs autres d'un haut intérêt sur la statistique et le revenu que le chanvre produit à la
France, l'article 30 du projet de loi fut supprimé.

Toutes ces opinions sur l'influence fâcheuse du chanvre mis
à rouir ne sont ni nouvelles ni particulières à un pays.

Ramazzini, dans son livre *Des maladies des artisans*, s'exprime

ainsi : « Rien n'est plus connu que les dangers qui résultent de la
« macération du chanvre et du lin pendant l'automne, lorsque
« cette macération répand au loin une odeur infecte et très-
« nuisible. »

Fourcroy, en traduisant Ramazzini, paraît adopter toutes les opinions de l'auteur italien, et, pour appuyer ce qu'il avance, il cite le passage suivant d'Anatus Lusitanus : « Un paysan qui avait
« étalé du chanvre puant enfla de tout le corps; on le traita comme
« s'il eût été empoisonné, et il guérit. Le chanvre en putréfaction
« répand une vapeur tout à fait vénéneuse. »

Ramazzini revient encore dans un autre endroit de son livre sur l'influence fâcheuse des routoirs ; car, en parlant des laboureurs qui, dans l'été, sont attaqués de fièvres ardentes, et, en automne, de dyssenteries produites par les fruits et les erreurs de régime, il ajoute :

« Ils ont l'habitude de faire pourrir, en automne, du chanvre
« et du lin dans des eaux marécageuses, et leurs femmes, qui sont
« particulièrement chargées de ce travail, ayant de l'eau jusqu'à
« la ceinture, retirent et lavent les paquets de chanvre. Beaucoup
« de ces femmes sont aussitôt prises de fièvres aiguës, et meurent
« très-promptement ; ce qui arrive non-seulement à cause du
« resserrement de la peau et de la suppression de la transpira-
« tion, mais aussi à cause de la destruction des esprits animaux
« occasionnée par le méphitisme horrible qui se répand dans tout
« le voisinage....... Jamais le séjour à la campagne n'est plus
« redouté des habitants des villes que dans les temps de rouissage,
« et c'est avec raison, car partout on y sent une odeur infecte. »

Ramazzini, pour prouver l'action délétère des routoirs, s'appuie sur l'autorité du père Kircher, qui regarde ces exhalaisons comme capables de faire naître des pestes dans les villes voisines.

Il cite encore les observations de Schenchius, le livre des fièvres pestilentielles de Petrus à Castros, les ouvrages de Simon Pauli et de plusieurs autres savants.

Tout semble indiquer, chez ceux qui ont écrit sur le chanvre, l'opinion que cette plante contient un principe narcotique analogue à celui de l'opium ; cette idée dérive de l'odeur stupéfiante qu'il possède, surtout quand il est réuni en une certaine masse, et plus encore de l'usage qu'en font les Indiens et les Égyptiens pour se procurer une sorte d'ivresse. On n'a pas manqué d'attribuer à ce principe narcotique les funestes influences qu'exerce le rouissage du chanvre en eau stagnante, soit sur les individus qui sont exposés à ses émanations, soit sur les animaux qui vont s'abreuver dans les routoirs. Je me propose de consacrer à l'examen de cette propriété, que l'on croit inhérente au chanvre, une partie de ce mémoire. J'espère que les expériences auxquelles je me suis livré pourront jeter quelque jour sur cette question.

L'extrait que je viens de donner des principaux auteurs qui ont émis leur opinion sur le chanvre permet de se former une idée suffisante de l'état actuel de la science sur cette partie de l'hygiène ; mais, comme le nombre et l'étendue de ces extraits ne permettent pas de les embrasser d'un coup d'œil, je vais, dans une récapitulation succincte, présenter le tableau de ces différentes opinions, qu'on peut réduire :

1° A l'altération que l'eau, considérée comme boisson, éprouve de la part du chanvre ;

2° A l'influence du chanvre sur le poisson ;

3° A l'altération que ce même chanvre fait éprouver à la salubrité de l'air.

Relativement à la première de ces opinions, les avis sont partagés : les uns regardent l'eau chargée des principes du chanvre comme très-nuisible à l'homme et aux animaux (l'auteur anonyme sur les routoirs du département du Nord, Bosc, Rosier, Fodéré et Baudrillard, les auteurs de l'article *Routoir* de l'Encyclopédie, Salviart), les autres professent une doctrine toute contraire (M. Marc ; jusqu'à un certain point, l'Académie royale de médecine; Marcandier, Dodart; un pair de France, dans la discussion de la loi sur la pêche fluviale).

Pour ce qui regarde l'influence du chanvre sur le poisson, même dissidence d'opinions : les uns prétendent que cette influence est des plus nuisibles (Bosc, Baudrillard, les auteurs de l'article *Routoir* de l'Encyclopédie, Salviart, Chasle de la Touche); les autres disent que cette influence est nulle, et même qu'elle est avantageuse (les auteurs de l'article *Chanvre* de l'Encyclopédie, Marcandier, Dodart, M. d'Argout, un autre pair de France).

Quant à la troisième opinion, le nombre des auteurs qui considèrent le chanvre comme pouvant procurer à l'air des qualités nuisibles est considérable, et parmi eux on compte plusieurs de ceux qui ont émis l'opinion que le chanvre ne nuit ni aux poissons ni à la salubrité de l'eau (l'auteur anonyme du département du Nord; la commission sanitaire de ce département; Bosc, Fodéré; tous ceux qui ont fait les lois et ordonnances prohibitives du rouissage; les auteurs de l'article *Routoir* de l'Encyclopédie méthodique; la société d'encouragement pour l'industrie nationale; MM. Christian, Laforest, Chasle de la Touche, et tous les pairs de France qui ont parlé dans le projet de la loi sur la pêche fluviale). Cependant, cette altération de l'air, occasionnée par le chanvre, est contestée par plusieurs autres (M. Marc; l'Académie royale de médecine, jusqu'à un certain point; les membres de la commission sanitaire du département du Nord; enfin les auteurs de l'article *Chanvre* de l'Encyclopédie méthodique, rédigé par M. Teissier).

Si les questions de salubrité et d'hygiène publique se décidaient à la majorité des voix, il serait facile, par une opération d'arithmétique, de découvrir la vérité; mais, comme il n'en est pas ainsi, comment se reconnaître dans ce conflit d'opinions si diamétralement opposées? Les auteurs que nous venons de citer ont-ils bien observé? Se sont-ils trouvés dans les mêmes conditions? Quelques-uns n'avaient-ils pas un intérêt particulier à propager l'opinion qu'ils cherchaient à faire prévaloir? Ces suppositions, qu'il faut nécessairement admettre, ne viennent-elles pas ajouter à l'obscurité de la question et en rendre la solution encore plus difficile? Cependant cette solution doit avoir lieu, car elle intéresse à un haut degré l'industrie l'hygiène rurale et l'administration de tous les pays adonnés à la culture du chanvre.

Il reste démontré, par tout ce qui précède, qu'en ne s'appuyant que sur l'autorité des auteurs on pourra soutenir toutes les opinions ; mais cet état de choses peut-il satisfaire un esprit judicieux? peut-on croire qu'une question de cette gravité, et qui touche à de si grands intérêts, soit restée jusqu'à ce moment dans le vague et l'incertitude?

D'après ce qui précède, on me croira donc aisément quand je parlerai de la surprise que j'éprouvai lorsque, après avoir fait le dépouillement des auteurs, je m'avisai de rapprocher et de comparer leurs opinions. On me pardonnera d'avoir suspendu mon jugement jusqu'à ce que des faits observés en grand dans les pays adonnés d'une manière spéciale à la culture du chanvre, ou au moins des expériences directes faites plus en petit, soient venus jeter quelque jour sur cette matière.

Me trouvant dans l'impossibilité de faire dans la campagne les investigations dont je viens de parler, j'ai entrepris de résoudre le problème par des expériences directes ; je les ai multipliées et variées ; je les ai répétées pendant deux années de suite, et n'ai rien épargné pour leur donner tout le degré d'évidence dont elles sont susceptibles. L'exposé et le résultat de ces expériences vont faire le sujet du chapitre suivant.

CHAPITRE II.

EXPÉRIENCES POUVANT JETER QUELQUE JOUR SUR LA QUESTION DE L'INSALUBRITÉ OU DE L'INNOCUITÉ DES ROUTOIRS.

D'après les extraits que j'ai insérés dans le chapitre précédent, on peut réduire à quatre points principaux tout ce qui a été dit sur le chanvre et les routoirs. Comme je suppose ces questions indécises, je vais prendre la forme du doute et donner aux paragraphes de ce chapitre les titres suivants :

§ 1. — L'eau dans laquelle on fait rouir le chanvre contracte-t-elle des propriétés malfaisantes et capables de nuire à la santé de ceux qui s'en servent comme boisson ?

§ 2. — L'eau dans laquelle on a fait rouir le chanvre nuit-elle véritablement aux poissons ?

§ 3. — Le chanvre et ses préparations diverses agissent-ils à la manière des narcotiques et des purgatifs ?

§ 4. — L'air chargé des émanations du chanvre peut-il nuire à la santé de ceux qui le respirent ?

§ 1er.

L'EAU DANS LAQUELLE ON FAIT ROUIR LE CHANVRE CONTRACTE-T-ELLE DES PROPRIÉTÉS MALFAISANTES ET CAPABLES DE NUIRE À LA SANTÉ DE CEUX QUI S'EN SERVENT COMME BOISSON ?

Pour faire les expériences qui puissent résoudre cette question, j'ai d'abord pris du chanvre (mâle, non porte-graine) parfaitement mûr, entièrement desséché ; je l'ai coupé en fragments égaux de 3 décimètres de longueur, et, les rangeant debout et côte à côte dans un vase cylindrique, de même hauteur, j'ai pu remplir exactement ce vase ; ayant recouvert la totalité des fragments d'eau ordinaire, je les y laissai macérer pendant huit, dix et quinze jours, suivant la température, qui a varié de 10 à 25 degrés centigrades. Par ce mode d'opérer, je me procurai une eau d'une teinte jaune, presque brune, semblable à celle d'un thé très-fort, et répandant au loin l'odeur particulière au chanvre roui ; sa faible proportion, comparée à la masse du chanvre, la rendait pour le moins semblable à l'eau des routoirs les plus chargés et qui passent pour les plus contraires à la santé, car l'eau du vase n'était pas renouvelée. C'est avec cette macération, qui était toujours dans les mêmes conditions puisque j'avais soin de renouveler partiellement mon chanvre tous les quatre ou cinq jours, que j'ai fait les expériences suivantes :

PREMIÈRE EXPÉRIENCE.

Deux passereaux adultes, nouvellement privés de leur liberté, furent mis dans une cage et nourris avec du froment gonflé et du pain trempé dans la macération cannabique, qui leur servait encore de boisson.

Après six jours de ce régime, un de ces passereaux mourut ; l'autre vécut deux mois bien portant, et fut mis alors en liberté. Ayant ouvert le premier de ces passereaux, je crus reconnaître une inflammation très-vive de la partie inférieure du canal intestinal qui, dans toute son étendue, ne contenait pas d'aliments.

DEUXIÈME EXPÉRIENCE.

Bien qu'il soit fréquent de voir les oiseaux sauvages mis en cage périr par le seul fait de leur détention, il fallait savoir si la mort du passereau de l'expérience précédente était fortuite ou due à son régime. Pour m'en assurer, je pris six autres passereaux adultes et les nourris de la même manière. Ils vécurent tous pendant deux mois et demi bien portants, et vivraient probablement encore si, pour m'en débarrasser, je ne les avais mis en liberté. On ne peut donc raisonnablement attribuer au chanvre la mort du premier de ces oiseaux.

TROISIÈME EXPÉRIENCE.

Deux poules d'un an furent nourries de froment et de pain trempés dans la macération cannabique... On y laissait ce froment pendant quatre jours ; il s'imbibait donc jusqu'à refus... Ce régime, suivi pendant quatre mois, n'altéra en rien leur santé.

QUATRIÈME EXPÉRIENCE.

Les oiseaux paraissant insensibles à la macération du chanvre, je leur substituai des cochons d'Inde, quadrupèdes herbivores, très-commodes pour ces expériences. Je pris deux de ces animaux adultes, l'un mâle et l'autre femelle, et, pendant près de cinq mois, je ne les nourris qu'avec du son détrempé dans la macération cannabique. Durant ce temps, la femelle fut fécondée, donna le jour à cinq petits et les nourrit pendant un mois; cinq jours après leur naissance, ces petits se mirent à manger la pâtée cannabique, et, pendant un mois qu'ils restèrent sous mes yeux, ils en parurent très-avides... Il est digne de remarque que le chanvre herbacé déplaît tellement à ces animaux qu'ils se laisseraient mourir de faim plutôt que d'en manger; j'en ai fait l'épreuve.

CINQUIÈME EXPÉRIENCE.

Pendant que je faisais l'expérience précédente, j'ai voulu voir si la croissance serait arrêtée ou entravée par le régime dont je cherchais à reconnaître l'influence; pour cela, je pris deux jeunes cochons d'Inde, d'âge différent, l'un pesant 450 grammes, l'autre 247 grammes, et je les mis à l'usage du son détrempé dans la macération cannabique. Ils n'avaient mangé jusque-là que des choux et des carottes. Sous l'influence de ce régime, leur poids s'est accru dans les proportions suivantes :

Poids primitif :

 Le premier............................... 450 grammes.
 Le deuxième.............................. 247

Après 23 jours :

 Le premier............................... 472 grammes.
 Le deuxième.............................. 330

près 96 jours :

Le premier........................... 529 grammes.
Le deuxième........................ 501

Ainsi, dans l'espace de 23 jours, ils avaient gagné :

Le premier, 22 grammes,
Le second, 83 grammes ;

Et, dans l'espace de 96 jours, ils avaient augmenté :

Le premier, de 57 grammes,
Le second, de 171 grammes.

Cette différence dans la progression du poids ne doit pas étonner, car on sait que l'accroissement est d'autant plus rapide que l'individu est plus jeune. Ainsi, l'usage interne de la macération putride et infecte du chanvre n'a pas changé les lois de la nature, même chez les individus qui, sans transition, y furent brusquement soumis.

Toutes les expériences que je viens de citer sont confirmées par plusieurs autres que j'ai faites, en différents temps, sur des animaux qui m'avaient servi à d'autres essais : c'est pour éviter les longueurs que je m'abstiens d'en parler.

SIXIÈME EXPÉRIENCE.

Si les résultats que je viens d'exposer pouvaient me faire présumer que l'eau des routoirs n'avait pas, sur la santé des animaux, une influence aussi fâcheuse que l'avaient annoncé quelques personnes, ils ne m'apprenaient pas la véritable action de cette eau sur l'homme, objet principal et, pour ainsi dire, unique de mes recherches. Pour cela, il fallait expérimenter sur l'homme lui-même ; mais où trouver quelqu'un assez courageux pour devenir le sujet de l'expérience ? Dans la croyance où je devais être que la macération du chanvre contenait des principes délétères, pouvais-je, en conscience, expérimenter sur quelques gens de bonne volonté, et, profitant de leur position malheureuse, les mettre dans le cas de compromettre leur santé, et peut-être leur vie, par l'appât de quelque gain? Dans cet état de choses, sachant bien que tous les essais peuvent se tenter impunément, pourvu qu'on y apporte cette sagesse et cette prudence dont ne s'écartent jamais les esprits judicieux, je pris la résolution d'être moi-même le sujet de l'expérience; je le fis de la manière suivante :

Je passai au papier joseph un centilitre de macération, et l'ayant légèrement sucrée, je l'avalai avec quelque répugnance; une heure après j'en pris un second, et une heure plus tard un troisième : ces trois doses me barbouillèrent un peu le cœur, mais elles ne m'empêchèrent pas de déjeuner à mon heure ordinaire.

Le lendemain, je pris, en une fois, une tasse à café d'eau de macération, ce que je continuai pendant quinze jours sans en éprouver la moindre indisposition.

SEPTIÈME EXPÉRIENCE.

Après cet essai, je me crus autorisé à tenter sur d'autres un moyen dont l'effet avait été sur moi d'une si grande bénignité. Chargé d'un service dans un vaste hôpital, j'avais pour cela des ressources précieuses que je mis à profit de la manière suivante :

Je pris un grand nombre de baguettes de chanvre pesant chacune un gramme; j'en mis dix dans un vase contenant un litre d'eau, et tous les jours j'ajoutais une nouvelle baguette. Après huit jours de macération, j'en donnai un demi-décilitre à quelques-uns de ces individus qui, sans être malades, viennent dans les hôpitaux pour y trouver des ressources ou du repos; cette liqueur, donnée en potion sous le nom d'infusion cannabique, conservait sa saveur, seulement la couleur en était masquée par quelques pétales de coquelicot qui la teignaient en rose.

Pendant l'espace de quinze jours, dix individus ont pris tous les matins une dose de cette macération, qui a agi sur eux à la manière des tisanes ordinaires.

Je dois ajouter qu'on remplissait toujours le flacon à mesure qu'on y puisait, et qu'on y jetait tous les matins une nouvelle tige de chanvre, et que ces tiges avaient fini par en occuper presque toute la capacité.

HUITIÈME EXPÉRIENCE.

Un résultat si inattendu me fit désirer qu'un autre vérifiât l'expérience; pour cela, je m'adressai à M. Andral, professeur de pathologie à la faculté de médecine, et chargé avec moi d'un service dans le même hôpital. Je vais transcrire ici la note que m'adressa ce collègue à la fin de l'automne dernier.

« J'ai administré l'eau venant du chanvre en macération à dix-
« sept malades atteints d'affections diverses, dont aucun n'avait de
« fièvre, et chez lesquels les voies digestives étaient saines.

« Tous ont pris impunément cette boisson; l'estomac n'a pas
« ressenti la moindre trace d'irritation, et aucun accident nerveux
« ne s'est manifesté.

« Parmi ces malades, huit ont pris l'eau chanvrée pendant
« quinze jours de suite, à la dose de cinq à six onces par jour.

« Des neuf autres malades, six l'ont prise au moins sept ou huit
« jours de suite; à trois seulement elle n'a été donnée qu'une ou
« deux fois.

« Je crois pouvoir conclure de ces essais que l'eau dans laquelle
« on a fait macérer du chanvre, assez longtemps pour qu'elle
« exhale une odeur des plus fétides, peut être donnée en boisson
« sans qu'il en résulte aucune espèce d'accident.

« ANDRAL. »

Jusqu'ici je n'ai parlé que du chanvre parvenu à sa maturité, tel enfin qu'il se trouve lorsqu'on le place dans les routoirs; mais ce n'est pas dans ce cas qu'il exhale la plus grande fétidité, c'est principalement lorsqu'il est mis dans l'eau à l'état vert, et surtout à l'état herbacé, qu'il répand une odeur dont l'infection dépasse en désagrément non-seulement celle des routoirs les plus mal tenus, mais encore celle des voiries, je dirai même des eaux dans lesquelles on a fait macérer des matières animales.

C'est dans cette matière verte, qui n'est probablement que la chlorophylle des chimistes modernes, unie à un principe particulier, qu'il faut chercher la cause de la mauvaise odeur que répand le chanvre, car elle est d'autant plus forte que le chanvre est moins mûr. Je l'ai trouvée à peine sensible sur des pieds que j'avais choisis et qui s'étaient desséchés d'eux-mêmes sans avoir été arrachés. Il faut donc attribuer la mauvaise odeur du chanvre à la nécessité où l'on est d'en faire la récolte avant sa complète maturité, et surtout à l'inégale maturité de tous les brins qui se trouvent dans un champ. Il est, suivant moi, probable que le rouissage dans nos pays cesserait d'être aussi incommode si la plante qui le rend nécessaire pouvait être récoltée à l'état où se trouve le blé lors de la moisson; car la dessiccation ne détruit pas ce principe de putréfaction, elle ne fait qu'en modifier l'odeur; j'ai pu la réduire souvent, au milieu de l'hiver, avec des feuilles que j'avais conservées.

Comme il était démontré pour moi que la matière verte dont je viens de parler était la seule cause des émanations infectes qui sortent du chanvre, je devais rechercher quelle pouvait être son action sur l'économie des hommes et des animaux. C'est ce que j'ai fait, comme on le verra par les expériences suivantes.

NEUVIÈME EXPÉRIENCE.

Je me suis procuré une macération de chanvre vert, aussi chargée que possible, faite en emplissant un vase de tiges et de feuilles et recouvrant le tout d'eau. Après huit jours de macération, lorsque les feuilles tombaient en putrilage, j'ai délayé du son avec cette macération, et je l'ai donné à quatre cochons d'Inde : deux qui m'avaient déjà servi aux expériences précédentes et deux nouvellement achetés ; mais aucun ne voulut y toucher. Ce n'est qu'après avoir étendu la macération dans dix ou douze fois son poids d'eau qu'ils se mirent à manger, mais encore avec répugnance. Dans cet état de choses, l'expérience ne pouvant rien me prouver, j'ai remis les animaux au régime ordinaire.

DIXIÈME EXPÉRIENCE.

Un coq de quatre mois, pesant 750 grammes, fut enfermé dans une cage et nourri, à refus, avec du blé trempé et gonflé dans la macération précédente : il n'avait pour boisson que la même macération coupée avec trois fois autant d'eau ordinaire ; cette addition d'eau était nécessaire pour rendre la macération potable, en diminuant son épaisseur et sa viscosité : dans l'espace d'un mois, son poids s'accrut dans les proportions suivantes :

Poids primitif..........................	750 grammes.
A la fin de la première quinzaine..........	852
A la fin de la seconde quinzaine...........	1,052

A cette époque, il fut tué, mangé et trouvé fort bon.

ONZIÈME EXPÉRIENCE.

Deux jeunes poulets femelles, de huit jours, reçurent pour boisson le mélange qui avait servi dans l'expérience précédente, et pour nourriture de la mie de pain trempée dans la même macération ; à raison de leur jeune âge, j'y ajoutai tous les jours quelques asticots ou vers de viande, dont ils sont très-friands. Pendant un mois ils furent soumis à ce régime, dont le tableau suivant va montrer le résultat.

Poids primitif (15 août) :

N° 1...............................	51 grammes.
N° 2...............................	61

Douze jours plus tard (27 août) :

    N° 1 .... 70 grammes.
    N° 2 120

Neuf jours plus tard (6 septembre) :

    N° 1 .... 132 grammes.
    N° 2 184

Six jours plus tard (12 septembre) :

    N° 1 .... 145 grammes.
    N° 2 216

A cette époque, la liberté leur fut rendue, et aujourd'hui, à la fin de décembre, ils sont aussi forts et aussi bien portants que ceux de leur âge.

DOUZIÈME ET TREIZIÈME EXPÉRIENCE.

Malgré ces faits, bien capables de rassurer, surtout lorsque l'on connaît l'extrême susceptibilité des oiseaux de basse-cour pour les substances vénéneuses, et malgré un essai fait sur moi-même, en petit, il est vrai, il me répugnait de proposer à des hommes l'usage intérieur d'une pareille substance. J'attendais une occasion favorable, lorsqu'elle se présenta au mois de septembre dernier.

A peu de jours d'intervalle, deux femmes entrèrent dans mes salles, l'une tourmentée par un ténia, l'autre affectée d'une monomanie qui lui faisait croire qu'un animal vorace s'était logé dans ses entrailles, et qu'elle en serait à la fin dévorée si l'on ne trouvait un moyen de l'expulser promptement. J'ai su depuis que ces malades, vrais piliers d'hôpital, avaient déjà été traitées infructueusement dans plusieurs autres établissements publics, et, dans quelques-uns, soumises à des médications extrêmement actives.

Ayant affaire à des femmes dans la force de l'âge, et dont les organes digestifs se trouvaient dans le meilleur état, après les avoir observées pendant quelques jours et m'être concerté avec mon interne, M. Gachais, dont la sagacité et le bon esprit médical égalent l'instruction, je crus devoir recommencer sur les deux le traitement rationnel et empirique des affections vermineuses : les malades s'y soumirent avec le plus grand courage, mais, à leur grand désespoir, ce fut sans le moindre succès.

C'est alors que je leur proposai, comme dernière ressource, l'emploi d'un moyen qui, l'emportant en désagrément sur tout ce qu'elles avaient déjà pris, exigeait de leur part un courage plus qu'humain ; l'espoir de guérir leur fit accueillir avec joie ma proposition, et, pendant plusieurs jours, elles prirent sans hésiter des quantités considérables d'une macération extrêmement chargée. Je commençai par un décilitre le matin, et je parvins à en donner jusqu'à quatre dans la journée.

Après huit jours de ce régime, qui agit comme aurait pu le faire une pareille dose de tisane ordinaire, je crus devoir m'arrêter. Je gardai ces malades pendant quinze jours, afin de pouvoir les observer, et, lorsqu'elles sortirent de mes salles, elles étaient dans le même état que lorsqu'elles y étaient entrées.

Je ne parlerai pas ici des autres expériences que j'ai faites avec l'infusion, la décoction et l'extrait du chanvre vert, et avec cette même substance en nature ; bien qu'elles confirment tous les résultats précédents, leur place se trouve plus naturellement dans le troisième paragraphe de ce chapitre.

Je passe à l'examen de la seconde question, relative aux inconvénients que peut avoir le rouissage sur la santé et la vie des poissons.

§ 2.

L'EAU DANS LAQUELLE ON A FAIT ROUIR LE CHANVRE NUIT-ELLE VÉRITABLEMENT AUX POISSONS ?

Rien, en apparence, n'est plus facile que la solution de cette question par la voie de l'expérience ; cependant les difficultés que j'ai éprouvées ont été telles, et les chances d'erreur se sont tant multipliées, qu'il m'a fallu répéter souvent les mêmes expériences et les varier de différentes manières avant d'arriver à la connaissance de ce que je crois être la vérité. Les difficultés que j'ai rencontrées proviennent de plusieurs sources :

1° De l'influence que la température de l'eau a sur la durée de la vie des poissons qui s'y trouvent plongés ;

2° De l'impossibilité de conserver dans des vases certaines espèces de petits poissons, et de la mort inévitable de la plupart après un temps plus ou moins long ;

3° De l'altération qu'éprouve la santé des poissons par le passage de l'eau dans l'air et par la manière dont on les pêche.

L'influence de la température de l'eau sur la vie des poissons n'est pas une chose nouvelle ; elle a été démontrée par M. Edwards, dans ses belles recherches sur la vie. Cette influence est si grande, que sur trente poissons, d'espèces différentes, sortis de la rivière, dont quinze furent mis à la cave et quinze laissés dans une pièce à la température de vingt degrés, douze des premiers vivaient encore après quinze jours, tandis que les seconds étaient tous morts avant qu'il se fût écoulé six heures. On verra plus tard cette influence de la température, et combien elle mérite d'être appréciée par ceux qui s'occupent de recherches.

Tout le monde connaît l'impossibilité de conserver dans des vases certains poissons : l'ablette et tous les poissons à écailles blanches sont dans ce cas ; les poissons à écailles grises résistent davantage, aussi les ai-je choisis de préférence. Mais de tous ces poissons, le goujon et l'épinocle à trois épines sont ceux qui m'ont paru avoir le plus de vitalité : cependant, je n'ai que rarement pu les conserver en hiver plus de trois mois, et en été plus de trois semaines, en les tenant à la cave, et quelques jours seulement dans une pièce à la température de l'atmosphère.

La manière dont ces poissons sont pris influe encore beaucoup sur leur vitalité. Lorsqu'ils sont mis en captivité, la moindre contusion, la moindre blessure, quelques écailles enlevées suffisent pour les rendre languissants et accélérer leur mort : aussi ne faut-il jamais les pêcher à l'épervier ; la meilleure manière est l'échiquier, qui les soulève sans les contondre. Je n'ai obtenu de résultats convenables qu'en les prenant de cette manière, en les introduisant dans le vase lorsqu'ils étaient encore dans l'eau, et leur épargnant par là le contact de l'air. Tout poisson qu'on a laissé se débattre à sec, même sur un filet, n'est plus bon à rien ; à plus forte raison lorsqu'il a fait des bonds et des chutes répétées sur un corps dur : dans ce dernier cas, il ne peut revivre que dans l'eau courante.

J'avais pensé à mettre sous forme de tableau la plupart des expériences que j'ai faites avec le chanvre et les poissons, et de placer en regard l'espèce de poisson, la température de l'eau, la proportion d'eau et de matières essayées, la durée de la vie de chacun des poissons ; mais cette méthode m'aurait entraîné dans des longueurs que ne comporte pas la nature de ce mémoire. Il m'a paru plus convenable de ne donner des détails que pour quelques expériences plus concluantes que les autres, et que j'ai crues nécessaires à l'intelligence de mon sujet.

QUATORZIÈME EXPÉRIENCE.

Au mois de septembre, j'ai pris un grand vase, je l'ai rempli à moitié de chanvre, et j'y ai mis plusieurs grenouilles : le chanvre s'est pourri, l'eau s'est infectée, et cependant trois mois plus tard les grenouilles étaient encore vivantes.

QUINZIÈME EXPÉRIENCE.

J'ai fait la même chose avec des sangsues ; six mois après elles se portaient bien.

Ainsi, le chanvre n'a pas d'action sur ces animaux, avec lesquels je devais commencer, à cause de leur séjour habituel dans les marais et les mares où l'on fait rouir le chanvre.

SEIZIÈME EXPÉRIENCE.

Dans des vases de la capacité de deux litres, j'ai ployé trois brins de chanvre d'un mètre et demi de longueur, et j'ai mis dans chacun d'eux sept ou huit têtards de crapauds. Les têtards étaient vivants au bout de deux mois, lorsque la décomposition du chanvre était terminée depuis longtemps; un seul mourut le second jour de l'expérience, mais sa mort ne saurait être attribuée au chanvre.

Cette expérience sur des animaux qui, par leur organisation, se rapprochent tant des poissons, est déjà significative.

DIX-SEPTIÈME EXPÉRIENCE.

Pour expérimenter directement sur les poissons, je m'y suis pris de la manière suivante :

Dans cinq vases contenant chacun un litre d'eau, j'ai ajouté :

Dans le premier, un décilitre de macération de chanvre;

Dans le deuxième, deux décilitres;

Dans le troisième, trois décilitres;

Dans le quatrième, quatre décilitres;

Dans le cinquième, cinq décilitres.

Cette macération était aussi concentrée que possible; car on n'avait employé que la quantité d'eau nécessaire pour couvrir le chanvre coupé en baguettes de même hauteur et pressé autant que possible dans un vase cylindrique.

Dans chacun de ces vases, j'ai mis cinq goujons (*cyprinus gobio*), pêchés depuis plusieurs jours et dans toutes les conditions de vitalité les plus favorables. Voici les résultats que j'ai obtenus en observant à la cave :

La plus longue vie a été,

Avec un décilitre, de....................	15 jours.
Avec deux, de.........................	17
Avec trois, de.........................	10
Avec quatre, de.......................	60 heures.
Avec cinq, moins de....................	20

La moyenne de la vie a été,

    Avec un décilitre, de........................ 11 jours.
    Avec deux, de.............................. 12
    Avec trois, de.............................. 7
    Avec quatre, de............................ 33 heures.
    Avec cinq, moins de........................ 24

Je dois dire que, dans toutes les recherches de cette nature que j'ai faites, j'ai toujours eu soin d'avoir à côté un terme de comparaison, c'est-à-dire un vase contenant la même quantité d'eau que les autres et autant de poissons de même espèce.

Dans l'expérience précédente, les cinq poissons réservés comme terme de comparaison, et sauf la macération du chanvre, placés dans les mêmes conditions, vivaient encore après trois mois.

J'ai obtenu des résultats à peu près semblables avec l'épinocle à trois épines (*gasterosteus aculeatus*) et avec quelques poissons à écailles blanches, tels que l'éperlan de rivière (*cypr. alburnus*), la bouvière (*cypr. amarus*), et autres semblables; mais la délicatesse de ces derniers poissons, l'impossibilité où l'on est de les garder longtemps en captivité, font que, dans les expériences qui doivent durer pendant plusieurs jours, on ne peut jamais savoir si la mort est due à l'action du milieu dans lequel on les a mis, ou simplement à la perte de la liberté. Dans les essais faits avec les poissons blancs, j'en ai toujours vu succomber plusieurs dans les vases qui servaient de terme de comparaison; je puis cependant assurer que le chanvre agit sur eux de la même manière que sur des espèces plus fortes : c'est le résultat d'une foule d'expériences partielles faites en différentes circonstances.

DIX-HUITIÈME EXPÉRIENCE.

Au lieu d'ajouter subitement une quantité variable de macération de chanvre dans un volume donné d'eau, j'ai pris des quantités variables de chanvre que j'ai assujetties au fond de différents vases contenant chacun la même quantité d'eau. Voici le résultat des vingt-cinq expériences partielles qui, par leur ensemble, forment l'expérience dix-huitième.

Avec un demi-gramme de chanvre dans quinze centilitres d'eau,

Un poisson vécut......................	30 jours.
Deux, de...........................	50 à 60.
Un.................................	3 mois.
Un vivait encore après...............	4

Avec un gramme, toujours dans la même quantité d'eau, les résultats furent à peu près les mêmes.

Avec un gramme et demi,

Trois vécurent de....................	12 à 15 jours.
Un.................................	20
Un.................................	30

Avec deux grammes,

Deux ont vécu.......................	4 jours.
Deux...............................	7 à 8.
Un.................................	10

Avec trois grammes,

Un a vécu..........................	2 jours.
Un.................................	2 1/2
Deux...............................	3
Un, près de........................	4

D'après ce qui précède, il est évident que les principes contenus dans le chanvre sont nuisibles aux poissons, mais que ces principes, pour amener la mort, doivent être en quantité assez considérable.

Ce qui rend quelquefois difficile l'appréciation de cette influence du chanvre sur les poissons, et ce qui oblige de multiplier les expériences, c'est la variété vraiment remarquable que présente la résistance vitale dont quelques-uns sont doués. Cette variété est telle, que quelques individus de la même espèce périssent en vingt-quatre heures, en deux jours, dans les doses les plus faibles, tandis que d'autres résistent aux doses les plus fortes. Entre autres faits à l'appui de ce que j'avance, je citerai le suivant.

DIX-NEUVIÈME EXPÉRIENCE.

Deux grammes de chanvre sont placés dans deux décilitres d'eau : une bouvière (*cypr. amarus*) qu'on y place ne meurt qu'après trois mois, lorsque, depuis plus de six semaines, la putréfaction terminée, l'eau avait repris ses qualités primitives.

Toutes ces expériences, comme je l'ai déjà dit, ont été faites à la cave, car les tâtonnements m'ont appris que c'était le seul moyen d'avoir des résultats identiques et sur lesquels on pût compter. La température a sur la vie des poissons une si grande influence, surtout à l'état de captivité, qu'il suffit d'une différence de quelques degrés pour prolonger la vie de plusieurs jours. A l'appui de ce que j'avance je citerai les faits suivants, que je pourrais multiplier à l'infini. Ils sont nécessaires pour ceux qui ne connaissent pas les travaux de M. Edwards, et jetteront un grand jour sur la question des routoirs.

VINGTIÈME EXPÉRIENCE.

Je prends le matin, dans la Seine, cinquante poissons d'espèces et de grosseurs variables, et les dispose dans deux vases de capacité semblable; l'un de ces vases est mis à la cave, l'autre laissé dans un laboratoire. Dans le dernier, aucun d'eux n'était vivant après le même espace de temps; mais la température du laboratoire, situé au midi, s'était élevée et maintenue pendant longtemps à plus de 20 degrés.

VINGT ET UNIÈME EXPÉRIENCE.

Pendant que je faisais à la cave l'expérience dix-septième, je la répétais dans mon laboratoire par une température qui, dans la nuit, s'abaissait à 7 ou 8 degrés, et montait, dans le jour, à 14 ou 15. Je vais mettre ces deux expériences en parallèle, c'est le meilleur moyen de reconnaître l'influence de la température.

PLUS LONGUE DURÉE DE LA VIE.

A la cave :

    Avec un décilitre.................................... 15 jours.
    —— deux.. 17
    —— trois... 10
    —— quatre.. 60 heures.
    —— cinq.. 20

Dans le laboratoire :

    Avec un décilitre.................................... 6 jours.
    —— deux.. 5
    —— trois... 12 heures.
    —— quatre.. 6
    —— cinq.. 6

MOYENNE DE LA VIE GÉNÉRALE.

A la cave :

    Avec un décilitre.................................... 11 jours.
    —— deux.. 12
    —— trois... 7
    —— quatre.. 33 heures.
    —— cinq.. 24

Dans le laboratoire :

    Avec un décilitre.................................... 3 jours.
    —— deux.. 3 1/2
    —— trois... 2 1/2
    —— quatre.. 4 heures.
    —— cinq.. 5

Dans toutes les expériences que je viens de citer, et dont, je le répète, les résultats sont confirmés par une multitude d'autres, on voit que le chanvre, en certaine quantité, tue véritablement les poissons, et que, sous ce rapport, les opinions généralement adoptées sont fondées sur l'observation. Mais ce chanvre agit-il ici par un principe vénéneux qui lui soit particulier? D'autres plantes vulgaires, et dont les détritus tombent en abondance dans les étangs et les rivières, n'auraient-elles pas la même propriété? Voici la question que je me suis faite et que j'ai cherché à résoudre par la voie de l'expérience.

VINGT-DEUXIÈME EXPÉRIENCE.

Pour ces expériences, j'ai fait macérer pendant dix jours, dans deux vases séparés, contenant chacun 1 litre d'eau, 1 hectogramme de feuilles de saule et 1 hectogramme de feuilles de peuplier; en mettant, sur 3 décilitres d'eau, 1 centilitre de ces macérations, la mort des poissons est arrivée :

Avec le saule, après 20 heures;
—— le peuplier, après 20 heures;

En triplant la dose de macération :

Avec le saule, après 2 heures;
—— le peuplier, après 5 heures.

Que l'on compare le résultat de ces deux expériences avec celui des précédentes, et l'on verra facilement quelle est la macération qui porte aux poissons le plus de préjudice.

VINGT-TROISIÈME EXPÉRIENCE.

J'ai modifié l'expérience précédente en substituant à des feuilles les écorces vertes des arbres que j'avais employés, et en les couvrant de 3 décilitres d'eau, après les avoir assujetties au fond des vases avec une lame de plomb; dans les quatre expériences, la mort des poissons a eu lieu :

Avec l'écorce de platane, après 5 jours;
————————— saule, après 2 jours;
————————— peuplier, après 30 heures;
————————— aune, après 12 heures.

Cette expérience et les deux précédentes se faisaient à la cave.

VINGT-QUATRIÈME EXPÉRIENCE.

Le saule, le peuplier et l'aune paraissant, d'après les expériences, être plus nuisibles aux poissons que le chanvre lui-même, j'ai voulu essayer l'action qu'aurait sur ces animaux le chou, dont la macération dans l'eau est pour le moins aussi infecte que le chanvre; j'ai voulu en faire autant avec le foin des prairies, entièrement composé de graminées auxquelles on ne peut supposer de principe malfaisant. J'ai fait dessécher avec soin toutes ces substances, et j'ai mis 2 grammes de chacune d'elles dans autant de vases, contenant chacun 5 décilitres d'eau. Les poissons, choisis dans le meilleur état de santé, par une température assez fraîche, pêchés depuis plusieurs jours, et par conséquent remis de leur fatigue, ont vécu :

A la cave :

Avec le chou......................................	26 heures.
—— le saule......................................	24
—— le foin.......................................	18
—— le chanvre...................................	24

Dans le laboratoire :

Avec le chou......................................	24 heures.
—— le saule......................................	6
—— le foin.......................................	12
—— le chanvre...................................	6

D'après ces expériences, et particulièrement celle qui a été faite à la cave, et sur laquelle il faut principalement compter, il semblerait que le chou est pour le moins aussi pernicieux aux poissons que le chanvre, et que, sous ce rapport, le foin l'emporte même sur cette dernière plante; plusieurs expériences partielles ont confirmé ce résultat.

VINGT-CINQUIÈME EXPÉRIENCE.

Les têtards présentent plus de résistance que les poissons à l'action des corps étrangers dont l'eau peut se charger, j'ai cru devoir répéter avec eux l'expérience précédente. Avec les mêmes doses d'eau et de matières, j'ai obtenu le résultat suivant :

Durée de la vie (une première fois) :

  Avec le chou.................................. 48 heures.
  —— le peuplier........................... 24
  —— le chanvre............................ 24

Une deuxième fois :

  Avec le chou.................................. 50 heures.
  —— le peuplier........................... 72
  —— le chanvre............................ 44

Une troisième fois :

  Avec le chou.................................. 24 heures.
  —— le saule................................. 36
  —— le foin.................................. 18
  —— le chanvre............................ 30

Cette dernière expérience partielle se faisait dans mon laboratoire, dont la température s'éleva un moment à 24 degrés; les deux autres, dans une pièce basse, dont la température n'alla pas à 15.

Ces résultats confirment les précédents; ils prouvent que le chou, le peuplier, le saule, et même le foin, portent en eux-mêmes des principes aussi nuisibles au poisson que ceux que renferme le chanvre, et que cette dernière plante ne jouit, à cet égard, d'aucun privilège.

VINGT-SIXIÈME EXPÉRIENCE.

Toutes mes recherches me prouvant de plus en plus que c'est à la matière verte renfermée dans le chanvre qu'il faut attribuer l'odeur infecte que répand cette plante lorsqu'on la fait rouir, il m'a paru important de pouvoir déterminer quelle était la masse d'eau dans laquelle il fallait l'étendre pour qu'elle cessât d'être nuisible.

Dans ce dessein, j'ai pris une macération surchargée de feuilles vertes de chanvre, et l'ajoutant à l'eau dans des proportions diverses, j'ai eu les résultats suivants :

Les poissons ont vécu dans le laboratoire :

Avec un cinquième....................	1 heure 1/2.
—— un dixième.....................	9
—— un quinzième....................	9
—— un vingtième....................	22
—— un trentième....................	23

A la cave :

Avec un cinquième....................	4 heures.
—— un dixième.....................	5
—— un quinzième....................	10
—— un vingtième..	} ils étaient vivants encore après huit jours.
—— un trentième..	

VINGT-SEPTIÈME EXPÉRIENCE.

Une immersion de peu de durée dans une macération de chanvre vert est-elle suffisante pour faire périr le poisson? ou bien ne périt-il que par l'action continuée, pendant un certain temps, de cette même macération? Pour répondre à cette question, qui n'est pas indifférente pour les pays où se trouve une grande quantité de routoirs, j'ai fait les essais suivants :

1° Dans une macération concentrée et infectée de feuilles de chanvre vert, j'ai placé quatre sangsues, deux têtards qui étaient chez moi depuis cinq mois, et quatre têtards pris dans un vivier depuis quatre ou cinq jours. Après un quart d'heure d'immersion, je les plaçai dans l'eau propre ; ils y reprirent leur agilité, et ont continué à vivre ;

2° Dans la même macération je plaçai cinq petits goujons; ils y furent étourdis ; après dix minutes, ils se renversèrent et semblèrent étouffer. Je les plongeai dans l'eau propre, à une température un peu fraîche, et les portai à la cave ; une heure après ils avaient repris leur position habituelle; huit jours plus tard ils étaient encore vivants.

VINGT-HUITIÈME EXPÉRIENCE.

En rapportant les opinions des auteurs sur l'influence des routoirs, j'ai cité Marcandier, qui prétend que, si le chanvre nuit aux poissons, c'est en leur fournissant une nourriture délicate dont l'excès seul est préjudiciable à ces animaux. Une opinion aussi singulière méritait d'être examinée. Voici le résultat des essais que j'ai tentés à ce sujet :

1° Je mis deux litres d'eau de Seine dans deux vases différents, et plaçai dans chacun deux têtards de crapauds que j'avais depuis plusieurs mois dans mon laboratoire. Dans un de ces vases, je déposai un brin de chanvre sec, du poids de 4 grammes, et ne mis rien dans l'autre. Tous ces têtards continuèrent à vivre; mais ceux qui étaient dans l'eau pure la laissèrent à peu près intacte, tandis que ceux qui se trouvaient avec le chanvre y déposèrent une masse très-considérable d'excréments. Malgré cette circonstance, ces derniers, au bout de quatre mois, n'étaient pas plus avancés que les autres dans leur métamorphose.

2° J'ai fait la même chose avec des goujons: tous périrent au bout de trois mois; mais ceux qui étaient avec le chanvre me parurent moins étiques que les autres.

VINGT-NEUVIÈME EXPÉRIENCE.

Je terminerai ce paragraphe par l'examen de cette question : Une fois l'eau chargée des principes nuisibles du chanvre et des autres plantes, est-il un moyen de l'en priver et de la rendre propre à entretenir la vie des animaux qu'on y plonge?

J'ai déjà dit qu'il suffisait d'attendre que tous les phénomènes de la putréfaction fussent terminés pour que l'eau reprît la plupart de ses qualités primitives; mais il faut pour cela que la saturation ne soit pas complète.

Lorsqu'on ne veut pas attendre, on peut, par l'ébullition, la priver d'une matière d'aspect albumineux qui se concrète en écume et laisse la liqueur moins chargée en couleur qu'auparavant; par cette ébullition, on la prive d'une partie de ses propriétés malfaisantes, comme le prouve l'expérience suivante :

J'ai mis, comparativement, des poissons dans la macération de chanvre et de foin bouillie et non bouillie, et la mort est arrivée,

Une première fois :

Avec le chanvre bouilli....................	après 6 heures.
—— le chanvre non bouilli...............	1 1/4
—— le foin bouilli........................	6
—— le foin non bouilli...................	1 1/4

Une deuxième fois :

Avec le chanvre bouilli....................	1
—— le chanvre non bouilli...............	1
—— le foin bouilli........................	6 1/2
—— le foin non bouilli...................	1

Une troisième fois :

Avec le chanvre bouilli....................	8
—— le chanvre non bouilli...............	2
—— le foin bouilli........................	9 1/2
—— le foin non bouilli...................	2 1/2

Cette dernière fois, la macération avait été étendue d'eau, ce qui explique la grande longévité des animaux.

Dans toutes ces expériences, l'eau bouillie avait été laissée à elle-même pendant 24 heures, pour lui permettre de reprendre l'air que l'ébullition lui avait fait perdre.

TRENTIÈME EXPÉRIENCE.

Il n'est qu'un moyen d'enlever à l'eau chargée de chanvre l'odeur, la saveur et la couleur que lui donnent les principes particuliers à cette plante, c'est le charbon animal. Je n'ai réussi ni par l'ébullition longtemps continuée, ni par les filtrations répétées, ni par l'exposition et l'agitation à l'air, soit en employant les verges, soit en faisant tomber un grand nombre de fois, en forme de pluie, l'eau élevée pour cela à une hauteur de plus d'un mètre. Le charbon végétal n'est pas sans une action utile, mais cette action est loin de valoir celle que possède l'autre charbon.

Les expériences successives dont je viens de donner les détails me semblent suffisantes pour faire voir quelle est la manière dont le chanvre agit sur les poissons. Je vais examiner si cette même plante renferme des principes qui agissent à la manière des purgatifs et des narcotiques.

§ 3.

LE CHANVRE ET SES PRÉPARATIONS DIVERSES AGISSENT-ILS À LA MANIÈRE DES NARCOTIQUES ET DES PURGATIFS?

C'est encore par la voie de l'expérience que je tâcherai de jeter quelque jour sur cette question déjà mise en doute par quelques bons esprits, et entre autres par M. Biett, dans son excellent article *Chanvre* du Dictionnaire des sciences médicales. Mais, avant d'entrer en matière, je crois utile de donner quelques détails sur le chanvre de la Perse et de l'Égypte, auquel tant de vertus particulières ont été attribuées; le savant Silvestre de Sacy ayant réuni dans son mémoire sur les Assassins ou sectaires du Vieux de la Montagne tout ce que les anciens et les modernes ont écrit sur cette plante, je me contenterai d'extraire de ce mémoire ce qui a trait à mon sujet.

Prosper Alpin dit que l'assis ou herbe par excellence est la première substance dans laquelle on a reconnu la propriété d'exciter des visions fantastiques. L'assis des Égyptiens n'est autre chose qu'une poudre préparée avec les feuilles de chanvre que l'on mêle avec de l'eau tiède et dont on forme une pâte; on en avale cinq bols de la grosseur d'une fève : au bout d'une heure ils font leur effet, et ceux qui en ont pris tombent dans une sorte d'ivresse. Prosper Alpin cite à ce sujet le livre Ier de Galien, où cet auteur dit que le chanvre fait monter des vapeurs au cerveau et frappe violemment cet organe.

Kæmpfer, dans ses *Amœnitates exoticæ*, en parlant des plantes qui procurent aux Persans une espèce d'ivresse, comme l'opium, le tabac, y ajoute le chanvre. Voici ce qu'il dit à ce sujet :

« Ceux qui aiment à boire des drogues enivrantes se servent de
« chanvre pour se procurer cette ivresse... le chanvre employé
« pour cela lui a paru, comme deux gouttes d'eau, semblable à
« notre chanvre commun, tant mâle que femelle, ce qui porte à
« croire que celui de Perse doit sa vertu particulière au sol et au
« climat... Les parties de la plante qui produisent l'ivresse sont la
« graine, la poussière des fleurs et la poussière des feuilles : on fait
« infuser les feuilles dans l'eau froide, et on pétrit leur poudre avec
« du sirop pour en faire des bols. »

Chardin dit qu'en Perse les gens qui aiment à s'enivrer de tabac y mêlent de la graine de chanvre, qui étourdit en peu de temps.

Le chanvre, suivant plusieurs autres auteurs cités par M. de Sacy, est en usage comme substance enivrante à Alep, dans la Barbarie et au Maroc.

D'après Niebuhr, en Afrique, les Arabes du commun qui veulent se procurer de la joie, mais qui ne peuvent avoir recours aux liqueurs fortes, fument le chanvre.

Forskal, en parlant du chanvre cultivé en Égypte, dit : *Colitur passim; floret fine aprilis; folia ad usus medicos; semina inebriantia.*

M. Olivier dit, en parlant de l'Égypte : « Le peuple a substitué à
« l'usage de l'opium celui des feuilles de chanvre, comme beaucoup
« moins cher. Mises en poudre et mélangées avec du miel, et quel-
« quefois avec des substances aromatiques, on en fait des bols dont
« l'effet est de produire le délire... » Le même voyageur, après avoir parlé de l'usage que l'on fait de l'opium dans les cafés, en Perse,

ajoute : « On a souvent distribué, dans ces mêmes cafés, un breu-
« vage beaucoup plus fort, beaucoup plus enivrant : il était fait
« avec les feuilles et les sommités du chanvre ordinaire, auquel on
« ajoutait un peu de noix vomique. La loi, qui permet ou tolère
« les autres breuvages, a toujours défendu celui-ci, en punissant du
« dernier supplice ceux qui le distribuaient et ceux qui le pre-
« naient. »

M. Sonnini semble mettre quelque distinction entre le chanvre
d'Europe et le chanvre cueilli en Égypte... « On n'en tire pas de
« fil comme en Europe, mais il n'en est pas moins une plante d'un
« grand usage : à défaut de liqueurs enivrantes, les Arabes et les
« Égyptiens en emploient diverses préparations avec lesquelles ils se
« procurent une sorte d'ivresse douce... La préparation du chanvre
« la plus usitée se fait en pilant les fruits avec leurs capsules ou en-
« veloppes membraneuses; on met cuire la pâte qui en résulte avec
« du miel, du poivre et de la muscade, et l'on avale de cette con
« fiture gros comme une noix. Les pauvres, qui charment leur mi-
« sère par l'étourdissement que le chanvre leur procure, se con-
« tentent de broyer avec de l'eau les capsules des graines et d'en
« manger la pâte... Les Égyptiens mangent aussi ces capsules sans
« préparations; ils les mêlent encore avec le tabac à fumer; d'autres
« fois, seulement en rejetant les graines, ils mêlent cette poudre
« avec partie égale de tabac à fumer, et ils fument ce mélange dans
« une espèce de pipe... »

Quoique le chanvre d'Égypte, dit le même auteur, ressemble
beaucoup au nôtre, il en diffère néanmoins par quelques caractères qui paraissent constituer une espèce particulière; c'était aussi
l'opinion de M. Mongez (*Recherches sur l'emploi du chanvre chez
les anciens*).

Lamarck appelle cette espèce de chanvre *cannabis indica,* et la
distingue de celle qui est cultivée en Europe.

Le médecin Ebn-Beitar fait aussi du chanvre d'Égypte une espèce particulière qu'il appelle *chanvre indien,* que l'on cultive dans

les jardins, et qui enivre fortement, pourvu qu'on en prenne une ou deux drachmes.

D'après tous ces passages, et surtout d'après Kæmpfer, il paraît à M. de Sacy que les préparations faites avec le chanvre étaient très-variables; qu'on y mêlait souvent un extrait de la plante narcotique nommée *datura*, de l'opium et autres substances connues sous le nom générique de *teriak*; qu'on y faisait encore entrer des substances sèches, comme la racine de mandragore et autres drogues du même genre.

Je terminerai ces citations par l'extrait de l'ordre du jour donné par le général de l'armée française en Égypte, le 17 vendémiaire an IX. Voici ce qu'on y lit : « L'usage de la liqueur faite par les « Musulmans avec une certaine herbe nommée *heschish*, ainsi que « celui de fumer la graine de chanvre, sont prohibés pour toute « l'armée. Ceux qui sont accoutumés à boire cette liqueur et à « fumer cette graine perdent la raison et tombent dans un violent « délire, qui souvent les porte à commettre des excès de tout « genre. »

N'est-il pas probable que ceux qui ont donné au chanvre tant de propriétés nuisibles, et qui lui ont, en particulier, attribué la vertu narcotique, se sont appuyés sur les auteurs cités précédemment, sans prendre la peine de vérifier le degré de confiance qui leur était dû? J'ai tenté cette vérification : je vais, en peu de mots, dire ce qu'elle m'a appris.

J'ai essayé, 1° l'infusion et la décoction de feuilles de chanvre;

2° La poussière de ses étamines;

3° La mastication et l'usage, en guise de tabac à fumer, des mêmes parties de cette plante;

4° Les feuilles elles-mêmes réduites en poudre;

5° L'extrait de ces feuilles.

TRENTE ET UNIÈME EXPÉRIENCE.

J'ai préparé moi-même des infusions et des décoctions concentrées des feuilles vertes et sèches de chanvre : huit individus les ont prises pendant six jours de suite et à des doses assez fortes. J'ai fait observer ces individus avec soin : chez tous l'action du moyen que j'employais a été parfaitement nulle.

Comme les narcotiques donnés en lavement ont souvent plus d'action que lorsqu'ils sont administrés par les voies supérieures, j'ai fait donner de cette manière les mêmes infusions et décoctions à la dose de deux à quatre décilitres, soit aux personnes qui en avaient déjà avalé, soit à d'autres qui n'en avaient pas encore pris; mais cette méthode a fourni les mêmes résultats que l'autre.

TRENTE-DEUXIÈME EXPÉRIENCE.

On accuse la poussière des étamines de chanvre d'occasionner des vertiges, des maux de tête, etc. à ceux qui se trouvent sous leur influence. Pour apprécier cette accusation, j'ai pris un livre et me suis mis pendant plusieurs heures de suite, dans le temps de la floraison du chanvre, à l'angle d'une chènevière, au-dessous du vent régnant; j'avouerai que l'odeur qui s'en dégage n'est pas sans influence sur le système nerveux, mais cette influence ne m'a pas paru différente de celle que procure un de ces champs de roses qu'on trouve dans quelques villages des environs de Paris ou d'un bouquet de lis qu'on laisse dans une chambre à coucher : un trouble de tête assez léger pour ne point être obligé d'interrompre ma lecture est tout ce que j'ai pu constater dans cet innocent essai.

TRENTE-TROISIÈME EXPÉRIENCE.

Muni d'une feuille de papier blanc, j'ai été secouer un grand nombre de tiges de chanvre mâle, et j'ai pu recueillir de cette manière plus de deux grammes de pollen. A l'aide d'un peu de miel, j'ai converti en bols cette quantité de pollen et l'ai avalée le matin en buvant par-dessus une petite quantité d'eau.

Pendant trois heures que je me suis observé attentivement,

je n'ai eu que quelques rapports désagréables ; j'ai déjeûné ensuite, et ma journée s'est passée comme si je n'avais rien pris d'extraordinaire.

TRENTE-QUATRIÈME EXPÉRIENCE.

Je ne suis pas habitué à la pipe et encore moins à la mastication du tabac ; cependant, j'ai fumé plusieurs pipes de feuilles de chanvre, ce qui ne m'a pas étourdi : des fumeurs habituels ont, à ma sollicitation, fait la même chose, et ils n'en ont rien éprouvé.

TRENTE-CINQUIÈME EXPÉRIENCE.

Pendant deux heures de suite, j'ai mâché des feuilles de chanvre, en les renouvelant souvent ; leur arome et leur piquant ont provoqué chez moi une abondante salivation, mais rien autre chose.

Comme terme de comparaison, j'ai voulu essayer ce que feraient deux grammes de tabac employé par le chiqueur ; mais à peine quatre minutes s'étaient-elles écoulées que je fus pris de vertiges, d'étourdissements, de maux de cœur ; les jambes me manquèrent, des vomissements abondants eurent lieu, et, pendant trois heures, je fus obligé de rester au lit. Quelle immense différence dans la manière d'agir !

TRENTE-SIXIÈME EXPÉRIENCE.

Enfin, je réduisis en poudre fine plusieurs poignées de feuilles de chanvre parfaitement sèches, et je les donnai au pharmacien de l'hôpital de la Pitié, M. Soubeiran, qui, à l'aide d'un sirop, en forma un nombre considérable de bols de la grosseur d'une aveline. Voici les essais que j'ai tentés avec ces bols :

1° J'en ai donné à quatre femmes en proie aux douleurs qui sont la suite des cancers de la matrice ; j'en portai la dose à dix bols par jour ; mais aucune n'éprouva de soulagement à ses maux : il fallut recourir aux narcotiques ordinaires.

2° Sur dix malades attaqués d'affections diverses et se plaignant d'insomnie, j'essayai les bols en leur annonçant que ce moyen leur procurerait du sommeil. Plusieurs reposèrent en effet ; mais ce sommeil était-il bien occasionné par le chanvre ?

3° Pour m'en assurer, je fis la même prescription à dix autres malades gisant dans une salle séparée, en leur annonçant, cette fois, que les bols qu'elles prendraient jouissaient à un haut degré de la propriété purgative. Toutes se plaignirent de n'avoir pas été purgées ; mais aucune ne me dit que son sommeil avait été interrompu par des visions fantastiques et prolongé au delà de la durée ordinaire.

Cette dernière manière d'opérer est indispensable pour reconnaître la véritable action d'un corps sur l'économie. La puissance de l'imagination est si grande ; elle produit tant d'effets singuliers !

J'ai préparé moi-même, avec tout le soin possible, un extrait des tiges et des feuilles vertes du chanvre, et j'en ai donné sous forme de pilules, à la dose de 15 à 20 grains, à plus de vingt individus affectés de maladies diverses, ou même n'ayant rien, mais je n'en ai obtenu aucun effet.

J'aurais dû essayer l'eau distillée de feuilles et de fleurs de chanvre ; mais j'avoue que ce mode d'expérimentation ne m'est pas venu à l'esprit dans le cours de mes recherches : je doute fort qu'il m'ait donné d'autres résultats que ceux que j'ai obtenus avec la plante elle-même.

Je passe au dernier paragraphe de ce chapitre, relatif à l'action des émanations que le chanvre, en rouissant, dégage dans l'atmosphère.

§ 4.

L'AIR CHARGÉ DES ÉMANATIONS DU CHANVRE PEUT-IL NUIRE À LA SANTÉ DE CEUX QUI LE RESPIRENT ?

La solution d'une pareille question appartient plutôt à l'observation en grand qu'aux expériences directes que l'on peut faire dans les laboratoires. Cependant, comme ces expériences ne sont pas à dédaigner, et qu'elles peuvent servir à apprécier le véritable mérite des recherches faites dans les pays à chanvre, et indiquer à ceux qui se trouvent placés dans des circonstances favorables les moyens de faire utilement ces recherches, je vais rendre compte de celles auxquelles je me suis livré.

TRENTE-SEPTIÈME EXPÉRIENCE.

Dans un baquet de la capacité de 30 litres, j'ai mis autant de chanvre qu'il en pouvait contenir ; j'ai placé au-dessus un autre baquet dont le fond était percé d'une foule de trous, par lesquels devaient nécessairement passer toutes les émanations fournies par le premier baquet.

J'ai pris deux cochons d'Inde adultes, l'un mâle et l'autre femelle, le premier pesant 665 grammes, l'autre 725. J'ai placé le mâle dans le baquet percé de trous et l'y ai laissé pendant un mois.

Au bout de ce temps, le mâle n'avait ni gagné ni perdu, mais la femelle pesait deux grammes de plus.

Ces deux animaux ayant été soumis au même régime, peut-on croire que, si le mâle n'avait pas été soumis aux émanations du chanvre, il aurait profité autant que la femelle? Je ne le crois pas, cette légère différence pouvant être due à l'urine de ces animaux que l'un aura gardée et que l'autre aura rendue avant d'avoir été placé dans la balance. J'ai eu le tort de ne pas peser de nouveau l'animal après une demi-heure ; j'aurais par là levé tous les doutes.

TRENTE-HUITIÈME EXPÉRIENCE.

L'air extérieur pouvant se trouver en trop forte proportion dans ce baquet supérieur, et annihiler, en quelque sorte, l'action des émanations fournies par le baquet inférieur, j'ai modifié l'expérience de la manière suivante :

Au-dessus d'un baquet plus petit, recouvert également d'un disque troué, j'ai placé le cochon d'Inde femelle, qui, dans l'expérience précédente, était resté comme terme de comparaison, et qui pesait 2 grammes de plus que celui qui avait été soumis aux émanations du chanvre; ce cochon d'Inde était maintenu en place par une cloche dont l'ouverture supérieure n'avait pas 5 centimètres de large. Dans le dessein de m'opposer au renouvellement de l'air que le vent aurait pu occasionner dans le vase, je mis sur la petite ouverture une toile métallique; cette fois, le mâle resta en dehors comme terme de comparaison, et tous deux demeurèrent assujettis au même régime.

Un mois après, le mâle pesait encore 665 grammes; la femelle, soumise aux émanations du chanvre, ne pesait plus que 696 grammes : elle avait donc perdu 27 grammes. Le pelage et l'extérieur de cet animal indiquaient qu'il avait réellement souffert.

TRENTE-NEUVIÈME EXPÉRIENCE.

Cette altération notable dans la santé tenait-elle aux émanations du chanvre ? Était-elle due au non-renouvellement de l'air, à la chaleur que l'animal éprouvait dans son étroit réduit, à l'humidité au milieu de laquelle il avait vécu; car les parois intérieures du vase étaient toujours couvertes d'eau condensée en gouttelettes ?

Toutes ces questions ne pouvant être éclaircies que par l'expérience, voici celle que je fis :

QUARANTIÈME EXPÉRIENCE.

Je disposai un baquet de la même manière que dans l'expérience précédente, avec cette seule différence que je renversai le vase destiné à contenir l'animal. De cette manière, la grande ouverture se trouvait en haut, et les émanations du baquet y étaient amenées par un cône de carton. Je mis dans ce vase, ainsi placé, le cochon d'Inde qui, dans l'expérience précédente, avait perdu 27 grammes. Cet animal, pesé au bout d'un mois, avait repris son poids primitif, à l'exception de 2 à 3 grammes ; le poids de l'autre était resté le même.

Si cette expérience ne décide pas quelle a été la véritable cause de l'amaigrissement du cochon d'Inde, elle prouve, au moins, que l'amaigrissement n'était pas dû aux émanations du chanvre, car ces émanations, dans les deux expériences, devaient passer par la cloche pour se répandre en dehors.

Je dois dire que, pour forcer le gaz à sortir du baquet, j'en agitais l'eau deux ou trois fois dans la journée par les oscillations que je lui imprimais, et qu'une terrine était disposée au-dessous de la planche pour les excrétions des animaux soumis aux expériences ; de cette manière, ces excrétions n'allaient pas se mêler à la macération du chanvre, dont elles auraient, sans cela, augmenté l'infection.

J'avais encore eu soin de fixer, avec des bandes de papier collées sur les bords du vase, la planche qui les couvrait.

QUARANTE ET UNIÈME EXPÉRIENCE.

J'ai parlé dans les deux paragraphes précédents de l'infection véritablement repoussante des feuilles et des tiges herbacées du chanvre que l'on soumet à la macération, et l'on se rappelle les expériences que j'ai faites sur les hommes et sur les animaux avec cette macération. On pense bien que je n'ai pas oublié les expériences capables de faire connaître l'action des émanations fournies par le chanvre dans cet état ; car, si l'insalubrité est en raison de la force, de l'intensité et du désagrément des corps en putréfaction, il ne peut pas en exister de plus dangereux pour la santé. Avant d'entrer dans les détails de ces expériences, je dois dire quelques mots sur la manière dont je les ai faites et sur la disposition des appareils dont je me suis servi.

J'ai pris un gazomètre de 150 litres de capacité ; il était destiné à faire passer un courant d'air au travers de la macération putride, et à saturer cet air, autant que possible, des principes transmis par la macération.

Un flacon à trois tubulures, de la capacité de deux litres, contenait la macération, qui ne remplissait que les deux tiers de ce flacon ; par une des tubulures pénétrait un tube, amenant l'air du gazomètre : ce tube plongeait jusqu'à 2 centimètres au fond du flacon ; par l'autre sortait le tube destiné à emporter l'air chargé des émanations dont il s'était pénétré par son passage au travers de plus de 1 décimètre de macération. La tubulure du milieu servait à introduire, tous les deux ou trois jours, une nouvelle quantité de feuilles, afin que la macération fût toujours dans le même état de concentration.

A l'aide de cet appareil, je pouvais faire passer au travers du liquide autant d'air que je voulais. Il me suffisait pour cela de proportionner la charge du gazomètre à l'ouverture de décharge ; mais, dans toutes mes expériences, je n'ai pas dépassé 200 litres en vingt-quatre heures.

J'ai eu besoin de quelques tâtonnements pour trouver le calibre du tube effilé à la lampe par lequel l'air devait sortir. Je fis d'abord plonger ce tube dans la macération ; mais, comme sa capacité intérieure était presque capillaire, le liquide qui y pénétrait adhérait tellement à ses parois que son propre poids ne pouvait surmonter la résistance opposée par une colonne d'eau de 1/2 centimètre. Pour remédier à cet inconvénient, je fis arriver mon tube capillaire dans un petit ballon, à l'intérieur duquel il se déchargeait ; de ce second tube en partait un autre de 3 à 4 millimètres de diamètre : c'est ce dernier qui plongeait dans la macération ; il y amenait des bulles qui, de dix en dix secondes, venaient crever à la surface.

Je suis entré dans ces détails pour éviter à ceux qui voudraient répéter mes expériences des essais dont le moindre inconvénient est de faire perdre du temps et d'exercer la patience.

QUARANTE-DEUXIÈME EXPÉRIENCE.

J'ai placé deux passereaux dans le vase que les émanations du chanvre traversaient sans cesse; ils y restèrent quatorze jours et ne parurent pas en être affectés.

QUARANTE-TROISIÈME EXPÉRIENCE.

Je remplaçai ces deux passereaux par un cochon d'Inde femelle pesant 710 grammes, n'ayant servi à aucune expérience; mis dans la balance au bout de quinze jours, il avait, à deux grammes près, conservé le même poids.

On a vu, dans une des expériences précédentes, que les jeunes animaux qui n'ont pas acquis toute leur croissance, et qui, par l'augmentation du poids qu'ils gagnent en peu de jours, donnent par cela même des résultats plus tranchés, étaient singulièrement favorables aux recherches dont je m'occupe. C'est aussi pour cela que je m'en suis servi, de préférence aux adultes, dans les deux expériences suivantes.

QUARANTE-QUATRIÈME EXPÉRIENCE.

J'ai pris cinq cochons d'Inde de la même portée et n'ayant encore servi à aucune expérience; ils pesaient :

Pris isolément :

N° 1 .... 332 grammes.
N° 2 197
N° 3 202
N° 4 227
N° 5 228

Le 18 juillet, je soumis aux émanations les n°ˢ 1 et 2, et mis les trois autres à une telle distance des premiers, qu'ils ne pouvaient être atteints par les gaz qui entouraient les autres : tous furent soumis à la même température et au même régime.

Le 18 août, je pesai tous ces animaux; mais les marques que

j'avais faites sur leur corps ayant disparu par l'accroissement de leur pelage, il me fut impossible de reconnaître ce qu'ils avaient gagné isolément; mais, examinés en masse, je trouvai que les n°ˢ 1 et 2, qui, avant l'expérience, pesaient :

Ensemble................................	529 grammes.
Pesaient au bout d'un mois................	865
Ils avaient donc gagné dans cet espace de temps.	336
Et que les trois autres, qui, avant l'expérience, pesaient ensemble.........................	657 grammes.
Pesaient au bout d'un mois................	1,000
Gain total pendant un mois................	343

Si les dispositions individuelles et natives ne faisaient pas varier, chez les animaux, la rapidité avec laquelle s'acquièrent la taille et la force, on serait presque tenté d'attribuer ici aux émanations putrides une influence avantageuse. Gardons-nous, cependant, de voir autre chose que le fait du hasard dans cette proportion plus grande d'accroissement chez les deux premiers numéros; mais avouons aussi que ces émanations n'ont pas sur la santé une action bien fâcheuse.

QUARANTE-CINQUIÈME EXPÉRIENCE.

Deux jeunes poulets, l'un mâle et l'autre femelle, de la même couvée que ceux dont je me suis servi dans la onzième expérience, furent mis dans l'appareil précédent et nourris de la manière que j'ai indiquée en décrivant cette expérience. Le tableau suivant fera comprendre le résultat auquel je suis arrivé.

Poids primitifs :

N° 1...	53 grammes.
N° 2...	59

Douze jours plus tard :

N° 1... 75 grammes.
N° 2... 81

Neuf jours plus tard :

N° 1... 116 grammes.
N° 2... 132

Six jours plus tard :

N° 1... 145 grammes.
N° 2... 184

On voit que la progression dans le poids de ces deux individus a été à peu près la même, et qu'elle se rapproche beaucoup de celle qu'a présentée le n° 1 de la deuxième expérience. Si le n° 2 de cette même expérience s'est accru dans des proportions si considérables, on doit en accuser encore la disposition individuelle, dont, je le répète, il faut toujours tenir compte dans les expériences faites sur les jeunes animaux.

Faute de sujets, je n'ai pas pu avoir ici de terme de comparaison, ceux que je destinais à cet usage m'ayant servi dans ma onzième expérience.

Si les expériences dont je viens d'exposer les résultats semblaient me démontrer que les émanations putrides formées par le chanvre mûr et sec, et les émanations plus putrides encore provenant du chanvre vert, n'ont pas d'action bien fâcheuse sur la santé des animaux, elles ne m'apprenaient pas l'influence de ces émanations sur l'homme, seul but de mes investigations : il fallait expérimenter sur l'homme lui-même ; mais comment faire ces expériences ?

J'eus d'abord la pensée de prendre une masse considérable de chanvre, de le faire rouir dans un tonneau, et d'en joncher le sol d'une chambre qu'on aurait pu me donner dans l'hôpital ; de faire dresser quatre ou cinq lits dans cette chambre, un pour moi, et les autres pour des infirmes de bonne volonté que mes collègues m'auraient envoyés de leurs salles, et qui, pour une modique rétribution, se seraient prêtés à tout ce que j'aurais voulu.

Cette idée reçut l'approbation de mon collègue, M. Andral; mais, après quelques jours de réflexion, nous pensâmes que ces expériences ne pouvaient pas être tentées dans un hôpital; que le déplacement des individus et l'appareil qu'il était impossible d'éviter effrayeraient les malades, et qu'il importait, surtout pour les hôpitaux, et pour le nôtre en particulier, de ne pas faire croire au peuple qu'on faisait sur lui des expériences, ce que la malveillance n'aurait pas manqué de publier, et ce qui, dans les circonstances où nous nous trouvions, pouvait avoir les conséquences les plus graves.

Forcé de renoncer aux facilités que pouvait m'offrir un grand hôpital, M. Andral, qui remplissait par intérim, pendant les vacances, les fonctions de doyen de la faculté de médecine, m'offrit, dans les bâtiments de cette faculté, un local tout à fait convenable. Mais une série d'obstacles qu'il serait trop long de raconter m'empêcha de profiter de cette offre bienveillante. La saison s'avançant, je pris le parti de faire chez moi ces dernières expériences, pour lesquelles toutes les précédentes n'étaient, en réalité, qu'une préparation.

Je choisis une pièce exactement fermée, de 5 mètres de long sur 3 mètres 50 centimètres de large, 3 mètres 50 centimètres de haut, et dans laquelle se trouvait un poêle.

Je pris deux énormes bottes de chanvre (autant que mes bras pouvaient en embrasser), l'une de chanvre mâle et l'autre de chanvre femelle (porte-graines); le premier parfaitement mûr, le second contenant encore un grand nombre de brins d'une maturité bien imparfaite.

Après avoir mélangé ces deux masses et les avoir divisées en petits paquets de la grosseur du bras, j'en emplis un tonneau que je laissai à la cave. Six jours plus tard, je mis la moitié qui me restait dans une baignoire, que je fis monter dans la pièce où devait se faire l'expérience. En même temps que je déposais dans le tonneau la moitié de ma masse de chanvre, je plaçais dans un vase, de la capacité de six litres, six énormes poignées de feuilles de chanvre desséchées; et, comme j'eus soin d'y ajouter tous les jours une certaine quantité d'eau chaude, la putréfaction ne tarda pas à s'y développer et à fournir des émanations aussi désagréables que dans le cœur de l'été.

Douze jours après l'immersion du chanvre déposé dans le tonneau, la filasse se séparant du ligneux avec la plus grande facilité me prouva que le rouissage était achevé; il n'en était pas de même du chanvre déposé dans la baignoire, la filasse y adhérait encore. Le moment étant venu de faire les expériences que je préparais, je m'y livrai de la manière qui va suivre.

QUARANTE-SIXIÈME EXPÉRIENCE

Je retirai du tonneau et de la baignoire le chanvre qui y était, et le mis égoutter; le soir j'en jonchai la pièce dont j'ai parlé plus haut; j'en disposai tout autour des murailles, et j'en mis sur les meubles qui s'y trouvaient. J'y plaçai un lit de sangle, et, pour faciliter l'évaporation, au moyen du poêle, j'en maintins la température à douze ou quinze degrés centigrades.

Je passai la nuit dans cette chambre, et, le lendemain, j'étais aussi bien portant que la veille.

J'avoue qu'il me fallut du courage pour me coucher dans une pièce garnie de cette manière et remplie d'une odeur dont je ne parle pas. J'étais rassuré par les expériences que j'avais faites et par mes observations précédentes; mais les peintures sinistres des auteurs se présentaient malgré moi à mon esprit. Quelquefois, en me réveillant dans la nuit, je croyais éprouver quelque gêne dans la respiration; mais un examen plus attentif me prouvait bientôt que j'étais sous l'empire de l'imagination. En somme, je passai une mauvaise nuit, malgré les flacons de vinaigre et d'éther dont je m'étais pourvu par prudence, et malgré la proximité de la fenêtre que j'aurais pu ouvrir de mon lit avec facilité, en cas de besoin.

QUARANTE-SEPTIÈME EXPÉRIENCE.

Ayant ramassé toutes les bottes de chanvre, je les trempai dans l'eau de macération dont j'avais rempli la baignoire, je les mis de nouveau égoutter, et le soir je les disposai comme dans l'expérience précédente.

Cette fois j'y couchai avec mon fils aîné, âgé de cinq ans ; nous dormîmes l'un et l'autre très-bien et n'éprouvâmes dans notre état de santé aucune altération.

QUARANTE-HUITIÈME EXPÉRIENCE.

Le chanvre préparé comme il l'avait été la veille, je fis dresser un second lit à côté du mien, et y mis, avec celui de mes fils dont il est question dans l'expérience précédente, un de ses frères, âgé de trois ans.

Lorsque ces enfants furent endormis, j'arrosai largement le chanvre et toute la pièce avec la macération du chanvre vert, et j'en jetai plus d'un litre au-dessous de nos lits.

Cette odeur infecte n'interrompit pas le sommeil des enfants ; elle ne m'empêcha pas de m'endormir, et tous trois nous nous réveillâmes aussi gais et dispos que si nous avions passé la nuit dans notre chambre à coucher ordinaire.

QUARANTE-NEUVIÈME EXPÉRIENCE.

Enhardi par des résultats aussi satisfaisants, je pris le parti de prendre et de faire coucher avec moi et ses deux frères le dernier de mes fils, âgé de quinze mois ; mais sa mère, effrayée pour son nourrisson qu'elle venait de sevrer, ne voulut pas le quitter : elle vint coucher sur un troisième lit, qu'elle fit dresser à côté du mien. J'avais ce jour-là préparé le chanvre comme dans les expériences précédentes ; je l'aspergeai, comme la veille, avec la macération de feuilles vertes, et j'ajoutai à l'infection et à l'évaporation par un nouveau moyen ; il consistait à arroser largement, et à plusieurs reprises, avec la macération précédente, des briques fortement chauffées.

Habitué que je suis aux émanations du chanvre, que depuis deux ans je manipule de toutes les manières, j'avoue n'avoir rien senti de plus fort, de plus infect et de plus pénétrant que la vapeur répandue dans une chambre par la projection de ces macérations sur des briques chaudes ; il n'est pas de routoirs et de masse de chanvre mise à sécher qui lui soient comparables.

Malgré cette accumulation, si on peut se servir de cette expression, de causes en apparence nuisibles, ni moi, ni ma femme, ni nos trois enfants n'avons éprouvé la moindre altération dans notre santé.

CINQUANTIÈME EXPÉRIENCE.

Ma famille, par un privilége inexplicable, se serait-elle trouvée à l'abri des atteintes d'émanations qui auraient sur le commun des hommes une action puissante ? Comme on pouvait me faire cette objection, j'ai voulu y répondre par l'expérience suivante :

Une ouvrière de quarante ans consentit à coucher avec sa fille, âgée de huit ans, dans la pièce qui m'avait servi, et dans laquelle se trouvaient réunies toutes les causes d'infection décrites dans l'expérience précédente ; une de mes domestiques, âgée de vingt-quatre ans, rassurée par mon exemple, voulut bien accompagner cette ouvrière, dont la santé, épuisée par les privations, était des plus mauvaises, et dont la petite fille avait eu, tout l'été, des fièvres intermittentes de différents types.

Le résultat de cette expérience ne démentit pas celui des précédentes ; aucun accident ne s'ensuivit, et la petite fille ne fut pas reprise de la fièvre intermittente dont elle était guérie depuis deux mois.

Voilà donc huit personnes : un homme de quarante ans, trois femmes de vingt-quatre à quarante, une petite fille de huit ans, deux garçons de trois à quatre ans et un autre de quinze mois, qui peuvent s'exposer impunément aux émanations du rouissage. Plusieurs d'entre eux s'y exposent pendant trois, quatre et cinq nuits de suite ; je pourrais même ajouter pendant autant de jours, car, comme la pièce destinée à ces expériences était mon laboratoire, je m'y étais installé pour y travailler dans la journée. Je dois ajouter que l'air de cette pièce ne se renouvelait pas, car j'avais eu soin de fermer les trappes qui se trouvent dans les cheminées ; il n'y avait de communication avec l'air extérieur que par le tuyau du poêle.

Tous ces individus soumis à l'épreuve des émanations sont de Paris ; la plupart ne l'ont pas quitté depuis vingt ans et ne sont pas accoutumés aux émanations du chanvre.

Ma femme et moi nous avons souvent eu, dans notre jeunesse, des fièvres intermittentes ; nous ne sommes donc pas à l'abri de ces maladies. Cependant les émanations du chanvre ne les ont pas rappelées chez nous ; bien plus, elles ne les ont pas rappelées chez un enfant frêle et débile qui n'en était délivré que depuis deux mois, après en avoir été tourmenté pendant toute une saison.

Enfin elles n'aggravèrent pas l'état de l'ouvrière, dont la santé était des plus mauvaises ; elles ne nuisirent pas à sa petite fille, remarquable par sa délicatesse et sa frêle santé ; elles ne firent pas plus de mal à mon dernier fils, qui, lorsque je l'emmenai avec moi, était sous l'influence d'un catarrhe aigu des plus intenses, avec fièvre et toux continuelles. Me croira-t-on quand je dirai que les vapeurs humides et chaudes qu'il respira arrêtèrent cette toux et diminuèrent chez lui l'intensité des accidents qui sont particuliers au catarrhe pulmonaire ? Les observations que j'ai faites dans un grand nombre de fabriques m'avaient appris d'avance le résultat que ces vapeurs devaient avoir.

CHAPITRE III.

RÉSUMÉ GÉNÉRAL. — CONSÉQUENCES ET CONCLUSION.

RÉSUMÉ GÉNÉRAL DES FAITS.

J'ai fait voir dans l'introduction de ce travail que le vague le plus complet règne aujourd'hui sur la question de l'insalubrité des routoirs, et que l'Académie royale de médecine elle-même, qui, à l'époque actuelle, représente l'état de la science, n'a pu donner à ce sujet que des aperçus et des préceptes qui laissent beaucoup à désirer. On remarque cependant dans le mémoire à consulter, rédigé par la commission nommée par ce corps savant, une tendance à secouer les anciennes opinions et à se rapprocher des résultats fournis par l'observation et l'expérience. Cette tendance est plus marquée dans la consultation de M. Marc, qui tranche nettement la question sous le rapport des eaux chargées des principes que peut leur fournir le chanvre, mais qui reste plus timide quand il s'agit des émanations fournies par ces mêmes eaux.

Ce qui s'est passé dans le département du Nord a prouvé que je ne m'étais pas trompé en pensant que la question était loin d'être résolue par les deux mémoires précédents, et qu'après eux le champ restait plus large et plus ouvert que jamais aux discussions sans fin des théories médicales. J'ai rapporté au long tout ce qui regarde cette affaire, qui, comme je l'ai fait remarquer, m'a semblé très-importante pour le sujet que j'avais entrepris de traiter.

En rapportant l'opinion des principaux auteurs qui ont écrit sur le chanvre, j'ai fait voir combien ils diffèrent d'opinion sur l'altération que l'eau, considérée comme boisson, éprouvait de la part de cette plante.

J'ai montré que la même dissidence existait entre eux, relativement à l'influence du chanvre sur la vitalité des poissons, dissidence telle, que les uns regardent comme aliment succulent ce qui est réputé par les autres poison des plus actifs.

Je n'ai pas omis l'opinion des auteurs qui attribuent au chanvre des propriétés purgatives et narcotiques, et qui, se fiant aux relations des voyageurs qui ont parlé du chanvre qui croît dans l'Inde, l'Égypte et l'Arabie, ont attribué au chanvre de notre pays des propriétés analogues à celui de ces régions lointaines.

J'ai fait voir également que, pour ce qui regarde l'altération que l'air éprouve par son mélange avec les émanations du chanvre, les auteurs ne sont pas plus d'accord, et que jamais question médicale n'a présenté plus de prise aux disputes et aux contestations.

Ces questions ne pouvant être décidées que par la voie de l'expérience, j'ai fait ces expériences, qui m'ont montré :

1° Que les petits oiseaux et les gallinacés pouvaient prendre impunément, et pendant un temps fort long, des macérations très-chargées de chanvre (première, deuxième et troisième expérience);

2° Qu'il en était de même pour les cochons d'Inde (quatrième expérience);

3° Que l'usage de cette macération ne nuisait pas à l'accroissement des jeunes animaux (cinquième expérience);

4° Que cette macération n'avait pas plus d'action sur l'homme que sur les animaux (sixième, septième et huitième expérience).

Faisant les mêmes essais avec des feuilles et des tiges de chanvre vert, dont la macération répand une odeur tout autrement putride que celle qui est due au chanvre parvenu à sa maturité, j'ai trouvé :

1° Que certains herbivores ne peuvent supporter cette macération concentrée (neuvième expérience);

2° Que des coqs, parvenus à leur croissance, peuvent très-bien engraisser en ne buvant que cette macération et ne mangeant que du grain qu'on y fait gonfler (dixième expérience);

3° Que la même boisson et la même nourriture ne contrarient pas l'accroissement des jeunes poules (onzième expérience);

4° Enfin qu'elle n'est pas plus nuisible à l'espèce humaine qu'aux animaux et aux oiseaux (treizième et quatorzième expérience).

Passant à l'examen de l'action que peut avoir sur la vie des poissons l'eau chargée des principes du chanvre, j'ai commencé par indiquer les difficultés que présentait la solution expérimentale de cette question, et les précautions qu'il fallait prendre pour ne pas confondre l'action de la chaleur et l'état de santé des poissons avec ce qui appartient aux substances dont on cherchait à reconnaître les propriétés; j'ai prouvé de cette manière :

1° Que le rouissage ne nuit pas aux batraciens (quatorzième expérience);

2° Qu'il ne nuit pas davantage aux sangsues (quinzième expérience);

3° Qu'il n'a pas plus d'action sur les têtards, pourvu toutefois que la macération ne soit pas trop concentrée (seizième expérience).

J'ai fait voir, dans la dix-septième et la dix-huitième expérience, le maximum et la moyenne de la durée de la vie des poissons dans les proportions variables de macération du chanvre;

Dans la dix-neuvième expérience, la force de résistance particulière à quelques individus;

Dans la vingtième et la vingt et unième expérience, l'influence de la température sur cette durée de la vie, soit dans l'eau ordinaire, soit dans l'eau chargée des principes du chanvre.

La vingt-deuxième expérience a montré que les macérations de feuilles de saule et de peuplier étaient plus nuisibles aux poissons que celles de chanvre;

La vingt-troisième expérience, que les écorces vertes des

mêmes arbres étaient dans le même cas, mais à des degrés différents;

Les vingt-quatrième et vingt-cinquième expériences, que les choux des jardins, et, ce qu'on n'aurait pas cru, le foin ordinaire, étaient aussi nuisibles aux poissons que le chanvre;

Et la vingt-huitième expérience, que l'opinion de ceux qui prétendent que le poisson trouve dans le chanvre des moyens de nutrition n'était pas tout à fait dénuée de fondement.

J'ai terminé ce paragraphe par indiquer que l'ébullition et le charbon animal étaient les meilleurs moyens à employer pour diminuer l'action fâcheuse de la macération du chanvre lorsqu'on y plongeait les poissons (vingt-neuvième expérience), ou pour décolorer l'eau de cette macération et lui enlever tous les principes odorants lorsqu'on la destinait à servir de boisson (trentième expérience).

J'ai commencé le paragraphe destiné à rechercher les principes narcotiques et purgatifs du chanvre par exposer tout ce que les voyageurs et les savants ont écrit sur le chanvre de l'Égypte, de l'Inde et de l'Arabie, et j'ai fait voir en expérimentant sur celui de notre pays :

1° Que les décoctions et les infusions concentrées de chanvre indigène introduites dans l'estomac, ou données en lavement, n'agissent en aucune manière sur l'économie (trente et unième expérience);

2° Que la matière odorante des chènevières n'agit pas autrement que toutes les matières odorantes fortes auxquelles on n'est pas tenté d'attribuer des principes malfaisants (trente-deuxième expérience);

3° Que le pollen du chanvre, pris à la dose de deux grammes, n'a pas d'action sensible, et qu'il faut reléguer dans le pays des chimères les propriétés narcotiques et aphrodisiaques dont on l'a gratifié (trente-troisième expérience);

4° Qu'il en est de même lorsque l'on fume ou que l'on en mâche les feuilles en guise de tabac (trente-quatrième et trente-cinquième expérience);

5° Enfin qu'on peut réduire en poudre les feuilles du chanvre et en donner des doses considérables sans qu'il en résulte d'action purgative ou de phénomènes narcotiques (trente-sixième expérience).

J'ai apporté un soin tout particulier à l'examen des altérations que les émanations du chanvre peuvent procurer à l'air, et j'ai montré :

1° Que les émanations provenant du chanvre sec, mis à rouir, n'avaient pas d'action sur les cochons d'Inde (trente-septième, trente-huitième, trente-neuvième et quarantième expérience);

2° Qu'un courant permanent d'émanations putrides provenant du chanvre vert, et déterminé par l'action du gazomètre, n'agit pas d'une manière nuisible sur les passereaux, sur les cochons d'Inde et sur les poules (quarante et unième, quarante-deuxième, quarante-troisième, quarante-quatrième et quarante-cinquième expérience);

3° Que des hommes faits peuvent rester des nuits entières au milieu de ces émanations sans en être incommodés (quarante-sixième expérience);

4° Que des femmes d'un âge mûr peuvent rester également exposées à ces émanations sans risque pour leur santé (quarante neuvième et cinquantième expérience);

5° Que les enfants de trois à quatre ans, et même les enfants à la mamelle, ne donnent pas plus de prise que les adultes aux émanations du rouissage (quarante-septième, quarante-huitième et quarante-neuvième expérience);

6° Enfin que les adultes valétudinaires, qui s'exposent à ces émanations, n'aggravent pas pour cela leur état de santé, et que ces émanations ne rappellent pas les fièvres intermittentes chez ceux qui en avaient été affectés quelque temps auparavant (cinquantième expérience).

CONSÉQUENCES DE CES FAITS.

Si de petits oiseaux et des poules peuvent boire impunément une macération saturée de chanvre, et se nourrir, pendant un temps assez long, de pain et de grain trempés dans cette macération (première, deuxième et troisième expérience);

Si, sous l'influence de l'usage de cette macération continuée pendant cinq mois, des cochons d'Inde, animaux délicats, peuvent vivre et procréer (quatrième expérience);

Si des animaux de cette espèce, quittant le sein de la mère, peuvent prendre impunément, pour première nourriture, du son détrempé dans cette macération (quatrième expérience);

Enfin si ce régime ne contrarie pas et n'arrête pas la croissance de ces mêmes animaux (cinquième expérience), ne serons-nous pas tentés de croire que les principes fournis à l'eau par le rouissage du chanvre ne sont pas tout à fait aussi nuisibles qu'on l'a prétendu?

Mais si, en expérimentant sur l'homme lui-même, nous apprenons qu'il peut prendre impunément des doses énormes de cette macération (sixième, septième et huitième expérience), nous en conclurons :

1° Que tout ce qu'on a débité à ce sujet, sur de prétendus accidents et de prétendues épizooties, n'étaient probablement qu'un jeu de l'imagination et nullement le fruit de l'observation;

2° Qu'on peut sans danger conduire les bestiaux dans les lieux où l'on fait rouir le chanvre, et que, quelle que soit la masse de chanvre accumulée dans un endroit quelconque, l'eau qui le baigne ne nuira pas à ces bestiaux, si toutefois ils ne répugnent pas à la boire : depuis longtemps l'expérience des agriculteurs leur avait appris cette vérité;

3° Qu'on peut, sans inconvénient, recevoir et introduire dans les bassins destinés à l'approvisionnement des villes, dans les tuyaux répartiteurs, l'eau des ruisseaux dans lesquels on aura fait macérer du chanvre; que la présence des produits du rouissage peut tout au plus nuire à la sapidité de l'eau, et qu'à cet égard les sens du goût et de l'odorat sont les meilleures règles à suivre pour savoir ce qu'il convient de faire.

Ces conclusions acquièrent beaucoup plus de force par le résultat des neuvième, dixième et treizième expériences, qui nous ont montré l'impunité avec laquelle les animaux et l'homme peuvent prendre intérieurement des doses considérables de matières parvenues à une putridité qui n'existe pas dans la nature, et qu'il faut faire naître artificiellement.

Ces faits importants ne pourront-ils pas nous montrer que les eaux chargées de détritus végétaux et animaux, et par conséquent peu agréables à boire, n'ont pas sur l'organe gastrique toute l'action qu'on s'est plu à leur attribuer jusqu'ici? A Dieu ne plaise que je veuille par là détourner les administrateurs des soins qu'ils doivent apporter aux bonnes et aux agréables qualités des eaux qu'ils ont sous leur direction; mais je parle aux médecins, et je leur fais remarquer combien il est important d'être bien instruit sur l'action véritable des agents extérieurs, pour ne pas se tromper sur la cause réelle de certaines épidémies et de certaines endémies. Ne vaut-il pas mieux ignorer la cause d'une maladie régnante, et avouer cette ignorance, que de l'attribuer légèrement et sans preuve à l'action de corps qui n'ont en rien contribué à sa production? Dans ce dernier cas, on agit toujours en aveugle, et on ne donne que des conseils inutiles, si toutefois ils ne sont pas dangereux; dans le premier, on reste sur la défensive, on ne conseille rien, on cherche et on trouve quelquefois la vérité, et, si on ne peut être utile, au moins a-t-on la satisfaction de n'avoir pas été pernicieux. Ces idées, que je développe pour la première fois, ne m'ont pas été fournies par mes expériences sur le rouissage; elles m'occupent depuis longtemps, elles ont été pour moi le sujet de graves et sérieuses réflexions, elles me sont venues à la suite d'observations faites, pendant un grand nombre d'années, sur une population de mille à douze cents individus. Ce n'est pas ici le lieu de parler d'un sujet dont la gravité et l'importance se font aisément sentir.

On a accusé le chanvre de tuer le poisson : ce fait est confirmé par mes expériences; mais cette mort du poisson est-elle occasionnée par un principe délétère et toxique particulier et inhérent au chanvre? C'est ce que ces mêmes expériences sont loin de démontrer.

Il résulte en effet de ces expériences qu'un grand nombre de corps ont la propriété de transmettre à l'eau des principes qui, s'ils sont assez concentrés, peuvent tuer les poissons et les autres animaux d'une conformation analogue à la leur; mais a-t-on fait aux feuilles de saule, d'aune et de peuplier, des reproches semblables à ceux qu'on adresse au chanvre? a-t-on jamais dit que les écorces de ces arbres fussent encore plus nuisibles aux poissons que leurs feuilles? a-t-on songé à accuser le chou? est-il enfin venu dans la pensée de personne de regarder comme pernicieux aux habitants des eaux l'humble foin de nos prairies? Cependant il paraît certain que ces végétaux et plusieurs autres avec lesquels j'ai expérimenté sont, à doses égales et dans les mêmes conditions, plus nuisibles aux poissons que le chanvre lui-même.

Que l'on compare maintenant la masse de chanvre que l'on fait rouir dans les étangs et les rivières à la quantité de feuilles d'aune, de saule et de peuplier, qui y tombent en été et en automne, et l'on verra s'il est juste d'attribuer au chanvre la mort de quelques poissons que l'on voit flotter, dans les temps chauds, sur nos étangs et sur nos rivières; les poissons qui se trouvent dans les routoirs construits pour cet usage, et que l'on remplit entièrement de chanvre, meurent après quelques jours; mais à l'action du chanvre qui se trouve ici en masse immense, comparativement à celle de l'eau, il faut joindre celle de la chaleur considérable que contracte cette eau par l'effet des rayons solaires; ces rayons, en effet, ne sont plus réfléchis à la surface de l'eau comme ils l'étaient auparavant, mais, échauffant les corps étrangers dont on charge le chanvre, ils pénètrent ces corps, et de cette manière propagent leur action jusqu'au fond du routoir. Si l'on s'était avisé de substituer au chanvre des fagots de saule ou de peuplier, même de simples bottes de foin, les poissons seraient morts de même; ils seraient même morts beaucoup plus tôt, et, comme alors l'eau n'aurait pas contracté d'odeur désagréable, comment cette mort aurait-elle pu être expliquée?

Puisqu'il est démontré par la dix-huitième expérience, et jusqu'à un certain point par les expériences qui précèdent et qui suivent, qu'une quantité peu considérable de chanvre n'est pas suffisante pour déterminer la mort du poisson dans une eau non renouvelée, je demande quel est l'étang, quelle est la mare dont la masse d'eau ne se trouve pas dans des proportions infiniment supérieures?

Nous avons ici un nouvel exemple du danger que peut avoir la manie de tout expliquer, et l'habitude de répéter avec le vulgaire, *post hoc, ergo propter hoc*, sans se donner la peine de rechercher l'origine véritable des choses. Depuis des siècles on a dit: Le chanvre répand une mauvaise odeur, le poisson meurt dans les routoirs; donc tous les poissons qui périssent dans les rivières et les étangs où l'on aura mis du chanvre, la quantité en fût-elle infiniment minime par rapport à la masse d'eau, auront été tués par le chanvre. De là ces lois, ces coutumes et ces règlements qui ont fait tant de tort à l'agriculture et qui lui en auraient fait davantage si l'expérience, en démontrant leur inutilité, ne les avait pas fait tomber en désuétude.

Nous sommes dans une ignorance complète sur la pathologie des poissons; les causes des épizooties qui les attaquent quelquefois nous sont entièrement inconnues; ils meurent sans que nous sachions pourquoi. J'ai vu souvent dans ma jeunesse des poissons flotter dans certains biez des canaux de Briare et d'Orléans, lorsqu'on n'en voyait pas un seul dans les biez supérieurs et inférieurs; pourquoi cette différence? J'ai vu aussi, dans les petites rivières voisines de ces canaux, des myriades de poissons circuler au milieu des masses énormes de chanvre qu'on y accumulait, sans qu'un seul en mourût, pendant toute la saison que durait le rouissage. Ne sait-on pas avec quelle facilité le poisson peut être pris, lorsqu'on l'a enivré ou tué par des substances vénéneuses? Cette pêche destructive est des plus communes dans certains pays. Cependant il est digne de remarque qu'on ne lui attribue jamais la mort des poissons, pourvu qu'il se trouve dans la rivière une poignée de chanvre.

Le rouissage ne se fait ordinairement qu'à la fin de l'été et lorsque les eaux sont fort basses; cette dernière raison favorise la destruction du poisson par la facilité qu'elle procure aux braconniers; elle permet à l'eau de s'échauffer; elle fait dégager de la vase des gaz et des principes inconnus qui peuvent être une des causes de la mort des poissons : pourquoi donc en accuser toujours une seule et même substance? Les masses souvent considérables de foin que le vent, les inondations et les orages projettent quelquefois dans les étangs et les canaux ont-elles jamais déterminé la mort des poissons? A-t-on songé à en accuser les feuilles des arbres qui croissent sur leurs rives? Si de pareilles causes de destruction du poisson n'ont pas été signalées, je le répète, celles que l'on a attribuées au chanvre n'existent pas. Qu'on revoie à ce sujet le passage que j'ai cité de Marcandier et ma vingt-huitième expérience : ils me semblent avoir quelque poids.

Dans certains pays adonnés à la culture du chanvre, la crainte de nuire au poisson fait que l'on défend de faire couler dans les rivières l'eau infecte des routoirs : on ne le permet que lorsque les eaux de ces rivières sont élevées; et encore recommande-t-on de ne le faire que successivement et par parties. Cette précaution est sage, mais est-elle nécessaire? Quelle que soit la masse d'eau infecte renfermée dans un routoir, elle sera toujours très-minime à côté des ruisseaux d'eau courante : en un instant elle sera étendue en suffisante quantité pour ne plus être nuisible aux poissons; c'est du moins la conclusion que je crois pouvoir tirer de ma vingt-neuvième expérience et de celles qui la précèdent.

Je n'aurai que de courtes réflexions à faire sur les prétendues propriétés narcotiques et purgatives que l'on a attribuées au chanvre. Il est évident, par les expériences que j'ai faites, que celui de notre pays diffère entièrement, sous ce rapport, de celui de l'Inde et de l'Égypte, soit que cette différence résulte du climat, soit qu'elle reconnaisse pour cause une variété de l'espèce elle-même. Au reste, les passages des auteurs que j'ai cités ne me paraissent guère concluants en faveur du chanvre de l'Orient; car je ne le vois employé qu'avec des substances dont les propriétés énergiques sont connues : il reste donc encore beaucoup d'obscurité sur cette partie de l'histoire naturelle.

Je n'ai plus que quelques mots à dire sur les émanations que l'eau des routoirs et le chanvre, en séchant, peuvent répandre dans l'air. Ce sont ces émanations qui, par leur fétidité, ont fait planer sur le chanvre tant de reproches, et lui ont attribué une influence si fâcheuse sur la santé; ces reproches sont-ils mérités? C'est ce que mes expériences sont loin de prouver.

Nous les voyons, en effet, ne point altérer la santé des animaux placés immédiatement au-dessus d'un routoir artificiel (trente-septième, trente-neuvième et quarantième expérience).

Nous voyons encore les mêmes émanations provenant du chanvre vert, et portées par un courant perpétuel dans un très-petit espace, ne nuire en aucune manière à la santé des oiseaux (quarante-deuxième et quarante-troisième expérience), et ne point arrêter la croissance des jeunes cochons d'Inde et des jeunes poulets (quarante-quatrième et quarante-cinquième expérience).

On m'objectera peut-être que l'air extérieur se mêlant, dans le vase où j'avais placé mes animaux, avec l'air fourni par le gazomètre, je n'ai pu avoir rien de précis et de positif; qu'il aurait fallu renfermer ces animaux dans un vase parfaitement clos et ne leur donner à respirer que l'air envoyé par le gazomètre. J'avoue que l'expérience faite de cette manière aurait été plus concluante; mais, à moins de relever le gazomètre vingt fois dans les vingt-quatre heures, ce qui m'était impossible, je courais risque de laisser mes animaux dans un air vicié par leur respiration, et d'attribuer par là aux émanations ce qui ne leur appartenait pas : la trente-huitième expérience était là pour me montrer ce que pouvait sur leur santé le non-renouvellement de l'air. Malgré ces reproches mérités, je crois cependant avoir mis mes sujets d'expériences dans les conditions en apparence les plus favorables, et que, dans aucune circonstance, les hommes occupés aux préparations que nécessite le rouissage du chanvre ne respirent un air plus chargé de ces émanations. Je persiste donc à attacher une grande importance au résultat de mes expériences, tout incomplètes qu'elles paraissent au premier aspect.

Mais que répondre à celles que j'ai faites sur moi, sur ma femme et sur mes enfants? quelle objection fera-t-on à celles plus concluantes que j'ai tentées sur une femme valétudinaire et sur son enfant convalescent de fièvres intermittentes?

Je dirai ici ma pensée tout entière : Quoique l'on m'ait accusé de ne faire des recherches et des expériences qu'avec des idées et des opinions préconçues; quoique l'on ait été jusqu'à dire que moi et mon ami Villermé inventions les faits que nous rapportions, je sais cependant me défier de moi-même et surtout du résultat des expériences; je sais que les expériences, ou, pour mieux dire, la manière d'expérimenter, peuvent être quelquefois trompeuses. Mais, quand on répète des expériences pendant deux années, quand on les modifie de toutes les manières, quand elles présentent, dans les mains des autres, des résultats analogues à ceux qu'elles ont donnés, quand surtout on n'a aucun intérêt à faire prévaloir une opinion sur une autre, il est permis, je pense, de croire à ce que nous offrent nos sens, et de dire que ceux qui nous ont devancé ont été dans l'erreur.

Il reste démontré pour moi que l'on a attribué aux routoirs et au chanvre des influences fâcheuses qui sont dues aux localités dans lesquelles on fait rouir le plus communément le chanvre. Où se fait ordinairement ce rouissage? N'est-ce pas dans les marais, dans les fossés, dans les petites rivières qui coulent au milieu des prairies? On ne peut révoquer en doute l'action de ces localités; elles sont à peu près les mêmes dans tous les pays et sous toutes les latitudes; elles agissent partout dans l'arrière-saison, et justement au moment où s'opère le rouissage. Si les émanations des marais avaient été odorantes et désagréables par leur fétidité, nul doute qu'on ne leur eût attribué les maladies qu'elles produisent dans l'arrière-saison; mais elles n'ont ni couleur, ni odeur, rien n'indique leur présence, elles sont insaisissables : celles du chanvre, au contraire, sont d'une fétidité repoussante; est-il surprenant qu'on se soit trompé sur leur action respective et qu'on ait attribué aux unes ce qui était dû aux autres? Les émanations du chanvre ajoutent peut-être à celles des marais, mais jusqu'ici rien n'appuie cette opinion.

Si l'on avait fait des recherches spéciales dans des localités diverses pour connaître la vérité, je ne doute pas qu'on ne fût parvenu aisément à sa découverte; le peu que j'ai vu dans ma jeunesse et dans mon enfance, et les renseignements que j'ai pris, m'en donnent la certitude. Mais ces recherches n'ont pas été faites d'une manière suivie; je me trompe, elles l'ont été; mais ceux qui s'y sont livrés n'ont pas jugé à propos de les publier.

Si, dans le cours de mes recherches, je n'ai pas été induit en erreur, si je n'ai vu que la vérité, si le chanvre, par son rouissage, ne nuit pas à la santé, que penser de tant d'autres opinions sur les émanations fétides et odorantes? Sous ce rapport, mes expériences ont une portée plus grande que celle qu'elles paraissent avoir.

CONCLUSION.

J'ai fait, pour la solution de la question difficile que j'avais à traiter, tout ce que ma position me permettait d'entreprendre et d'exécuter; je laisse à ceux qui habitent les pays à chanvre le soin de compléter mon travail. Je les engage, pour cela, à suivre les conseils des auteurs de l'Encyclopédie; ils les trouveront dans le premier chapitre de ce mémoire, où je les ai rapportés textuellement.

Malgré les travaux des naturalistes anciens et des chimistes modernes, je crois que l'analyse chimique du chanvre est encore à faire. J'engage les chimistes, et surtout ceux qui s'occupent d'analyse végétale, à s'en occuper, en ne choisissant pas seulement le chanvre dans l'état de maturité complète et tel qu'il se trouve lorsqu'on le fait rouir, mais en le prenant aux différentes périodes de la végétation, depuis l'état herbacé jusqu'à l'état de maturité complète et même de dessiccation, soit que cette dessiccation s'opère après l'arrachement du chanvre, soit qu'elle ait lieu par la mort même de la plante restée sur pied. Je crois qu'ils feront bien de recueillir avec soin les gaz qui s'échappent pendant le rouissage, et même longtemps après qu'il s'est opéré; car, dans mes petites expériences, il s'en dégageait encore six semaines après l'immersion du chanvre dans les vases où je l'avais placé. Je leur signalerai un principe extractif en apparence cristallisable qu'on obtient par la macération du chanvre sec, et surtout une matière mucilagineuse, extrêmement épaisse, que j'ai trouvée quelquefois au fond de mes bocaux, et que j'ai cherchée inutilement dans d'autres circonstances.

Pourquoi l'administration ne ferait-elle pas faire à ce sujet quelques recherches? L'objet est assez important pour fixer son attention.

ANNEXE N° 3.

L'odeur du chanvre, loin d'être funeste aux poissons, leur plaît, au contraire, et les attire.

Dans l'Aveyron, on emploie des tourteaux faits avec de la graine de cette plante et dans lesquels on a le soin de laisser des graines entières pour allécher les poissons. On suspend dans des nasses en fil ou en osier des morceaux de ces tourteaux, et, par ce moyen, on fait de bonnes pêches.

Lorsque l'eau est limpide, on voit les poissons se presser autour de ces tourteaux et les ronger.

Quand on ne peut pas s'en procurer, on emploie, pendant l'été, au même usage les sommités des tiges du chanvre vert.

Ceci se pratique dans l'arrondissement de Saint-Affrique, dans les rivières du Tarn et de Dourdon.

DALBIS DU SALZE,
Représentant du Peuple pour l'Aveyron.

ANNEXE N° 4.

EXTRAIT DU RAPPORT DE M. LOISET AU CONSEIL CENTRAL
DE SALUBRITÉ DU DÉPARTEMENT DU NORD.

(Séance du 26 janvier 1852.)

L'industrie linière, qui a pris un développement si considérable dans nos localités, ne pouvait rester indifférente à ces grandes innovations (le rouissage manufacturier), et l'une de nos plus habiles maisons manufacturières, celle de MM. Scrive, s'est empressée d'importer le rouissage américain dans son établissement de Marcq.

Dans l'intention de déterminer ce qu'on devait attendre de l'introduction en grand de la nouvelle méthode de préparation du lin brut, relativement à la future suppression totale ou partielle de l'incommode et insalubre rouissage à l'eau et en plein air, nous avons visité, notre collègue M. Brigaudat et moi, l'usine de ces honorables industriels, où l'accueil le plus bienveillant et le plus empressé nous a été fait par l'associé particulièrement chargé de sa direction.

Là, nous avons pu constater que les opérations décrites par M. Payen y étaient pratiquées avec succès, mais non sans quelques modifications plus ou moins importantes; c'est ainsi que *les cylindres égreneurs, ne remplissant pas avantageusement leur destination, y sont presque abandonnés*, et qu'on est à la recherche d'autres moyens plus fructueux pour atteindre le but qu'on s'était proposé en les adoptant.

Les cuves-routoirs sont plus grandes qu'à Belfast, et de la contenance de 800 kilog. de lin brut; nous les avons vues fonctionner à divers degrés de fermentation, dès le début, la température n'y est que d'environ 15 degrés; de rares bulles gazeuses crèvent à la surface; successivement et par des courants de vapeur, la température du liquide est élevée et maintenue à 32 degrés (90° Fahreinheit). Alors l'action chimique est dans toute son activité, et se manifeste par une sorte d'ébullition tumultueuse résultant du dégagement des produits gazeux de la décomposition : ces émanations sont très-abondantes, et ont une *odeur putride analogue à celle des matières animales pourrissantes;* aussi croyons-nous dès à présent que, pour le cas probable où la nouvelle industrie se naturaliserait parmi nous, il y aurait lieu de la soumettre à un classement, et de pourvoir ensuite, par des précautions sanitaires, aux dangers que ces émanations pourraient faire naître pour le voisinage et surtout pour les ouvriers travaillant dans le local des cuves.

L'opération a une durée variable; certaines qualités de lin n'exigent que 60 heures de rouissage, d'autres en réclament 72, sans que toutefois on puisse jusqu'ici reconnaître à l'avance celles qui doivent se montrer hâtives ou retardataires; lorsque le travail est arrivé à un certain degré, la surface du liquide se couvre d'une écume composée en grande partie de flocons fauves en tout semblables à la levure de bière, et que l'on enlève périodiquement avec un instrument qui figure et fonctionne comme une écumoire : on s'assure que le rouissage est achevé lorsque les fibres corticales se détachent complétement du ligneux et qu'elles s'isolent aisément les unes des autres; c'est le moment de faire écouler l'eau de macération dans le réservoir-citerne disposé pour cet usage, et de faire sécher la plante textile, l'été, sous des hangars, en plein vent, et l'hiver, dans des étuves, afin de remplacer l'étendage sur les prairies du rouissage ordinaire. Dans cette période de la préparation linière, il s'exhale une odeur désagréable de fermentation alcoolique et de fermentation acide, qui devra aussi fixer l'attention des corps consultatifs, chargés d'émettre des avis sur les demandes ultérieures en autorisation de semblables établissements.

Parvenu à cette période du traitement de la matière textile, le dépôt du lin au grenier, pendant un laps de temps de plusieurs semaines, paraît indispensable pour arrêter, semble-t-il, les restes latents des réactions chimiques qu'il vient de subir.

Suffisamment sec et reposé, le lin ainsi roui est soumis à une série d'opérations mécaniques. On a renoncé, dans l'établissement de Marcq, à l'emploi de l'appareil de broyage de MM. Adam frères et compagnie, composé, comme celui de M. Christian, de cylindres cannelés, et, en attendant l'essai du système de battes mécaniques adopté pour le lissage du fil, système actuellement en construction, le maillage se pratique à la main, avec l'antique instrument que tous les pays liniers connaissent. Cette modification projetée, heureuse peut-être au point de vue industriel, augmente déjà, et augmentera encore davantage plus tard, les incommodités qui résultent pour les ouvriers d'une poussière abondante et très-irritante qui s'élève des tiges linières battues.

MM. Scrive ont aussi simplifié le teillage mécanique anglais, en le réduisant à faire manœuvrer l'épée du teilleur par la force de la vapeur et en restituant à l'ouvrier la direction du travail, sans dépenser d'efforts musculaires. Cette innovation rationnelle, et qui semble définitivement acquise, n'atténue pourtant pas les inconvénients semblables à ceux du battage, concernant les débris corpusculaires tenus en suspension et qui chargent l'atmosphère de l'atelier de teillage, lesquels débris se rencontrent aussi, mais à un moindre degré, dans l'atelier du peignage. Pour obvier à ce que pouvait avoir de fâcheux, relativement à la santé des travailleurs, l'absorption de ces émanations solides, le chef de l'usine de Marcq leur prescrit hebdomadairement, à l'exemple de ce qui se pratique à Belfast, l'usage du sel de Glauber. Nous espérons que, quand le temps sera venu, pour le conseil central de salubrité, de méditer les prescriptions sanitaires qu'il conviendrait d'appliquer à la nouvelle préparation linière, il trouvera des moyens plus efficaces, et qu'il aimera mieux surtout prévenir le mal que de le combattre.

ANNEXE N° 5.

PROCÉDÉS CLAUSSEN.

LE LIN EMPLOYÉ EN REMPLACEMENT DU COTON ET COMME MÉLANGE AVEC LA LAINE, LA SOIE ET LE COTON.

L'Indépendance, dans un article publié au mois de novembre dernier, est le premier journal qui ait attiré l'attention du public belge sur l'importance de la découverte de M. le chevalier Claussen, au double point de vue de l'agriculture et de l'industrie.

Cette importance, qui ne peut être contestée par personne, exigeait quelques détails plus circonstanciés sur la nature et la marche des procédés inventés. C'est le motif qui a fait décider la présente publication.

Les statistiques dressées par le Gouvernement constatent un fait malheureusement trop significatif, c'est que si, depuis plusieurs années, nos exportations de toiles ont diminué, nos exportations de lin brut (ou lin vert) ont par contre augmenté dans une effrayante proportion.

Nos exportations en *lin brut* se sont élevées, pendant l'année 1849 à 10,653,863 kilogrammes, représentant, d'après les tableaux du Gouvernement, une valeur de 13,280,756 francs. Or, exporter le lin brut, qui est une matière première, c'est abandonner à l'étranger les bénéfices d'une mise en œuvre qui donnerait chez nous du travail, et par conséquent du pain, à des milliers d'ouvriers sans ressources et sans possibilité de s'en créer.

Tandis que nous exportons une quantité considérable de lin

vert, nous sommes obligés aussi de prendre et de payer à l'étranger la matière première qui alimente notre industrie cotonnière et toutes celles qui en dépendent.

Pendant cette même année 1849, les importations de coton en laine se sont élevées à 17,349,633 kilogrammes, représentant, d'après les tableaux du Gouvernement, une valeur de 21,687,043 francs.

Ce simple rapprochement de chiffres suffit pour faire comprendre les avantages que la Belgique retirerait de l'application des procédés de M. Claussen, puisqu'elle pourrait, à l'aide du lin brut qu'elle exporte aujourd'hui, remplacer une partie du moins du coton qu'elle est obligée d'importer.

Les Anglais, qui sont bons juges en pareille matière, ont compris toute l'importance que présentait la découverte de M. Claussen, et la Société royale d'agriculture a consacré deux de ses séances à l'examen du procédé nouveau : nous croyons faire chose utile en portant à la connaissance de nos concitoyens ce qui s'est passé dans ces deux séances, que nous rapportons d'après le *Morning Chronicle*.

Ce journal est en Angleterre l'organe officiel de l'agriculture et de l'industrie.

INTRODUCTION.

Depuis plusieurs mois, les journaux et le monde industriel se préoccupaient vivement, en Angleterre, d'une nouvelle qui semblait presque inventée à plaisir pour répondre aux besoins d'une grande industrie, sérieusement menacée dans ses sources d'approvisionnement : on venait de découvrir, disait-on, le moyen de convertir une substance indigène au sol de presque toute l'Europe en une matière parfaitement identique au coton par sa facilité d'emploi sur les métiers actuels, bien supérieure quant à la qualité des produits fabriqués, et offrant enfin une économie de plus d'un tiers sur le prix actuel des cotons étrangers.

Non-seulement tout cela était rigoureusement exact et incontestable, mais encore l'invention dont on parlait a une bien autre portée que celle qu'on lui prêtait, puisqu'elle doit avoir immanquablement une influence inappréciable dans ses résultats, non pas sur la seule industrie cotonnière, mais en général sur la fabrication de tous les fils et tissus de lin, de coton, de laine ou de soie, et, en outre, sur l'agriculture européenne.

On sait que les immenses développements de l'industrie cotonnière en Angleterre, en Belgique et en France, l'ont placée à l'un des premiers rangs parmi celles de notre époque. Au moment où on la regardait comme inexpugnable, elle se trouve menacée, et très-sérieusement, en Europe, par la difficulté des approvisionnements en matière première.

Les États-Unis, qui, jusqu'en ces dernières années, s'étaient bornés à produire le coton et à l'expédier en Europe pour y être fabriqué, ont voulu à leur tour s'assurer une partie des bénéfices de cette fabrication. Ils ont monté sur une échelle colossale des filatures et des tissages, de sorte que, maîtres de la plus grande partie de la production, ils peuvent, à leur gré, restreindre la répartition de celle-ci en Europe, et se réserver constamment des avantages contre lesquels l'industrie européenne ne pourrait lutter longtemps.

Si à cet obstacle déjà si périlleux on ajoute celui qui résulte chaque année de l'incertitude des récoltes de coton, et si on réfléchit à l'énorme consommation de matière première qui est nécessairement le résultat de l'extension toujours croissante de l'industrie cotonnière, on reconnaîtra évidemment que c'est avec fondement que, depuis deux ans surtout, on s'est inquiété en Angleterre des chances dangereuses qui menaçaient cette industrie.

D'un côté, le prix du coton a toujours été en augmentant, et, de l'autre, on a perdu toute sécurité quant à la possibilité des approvisionnements.

L'insuffisance du coton colonial et l'urgence absolue soit de trouver une autre source de production, soit de découvrir une nouvelle matière pour le remplacer, ont été si bien comprises en Angleterre, que la chambre de commerce de Manchester a fait faire à grands frais une exploration aux Indes orientales pour chercher à y introduire la culture du coton sur une très-grande échelle. Cette tentative, qui ne pouvait avoir de résultats immédiats, et qui rencontrait d'ailleurs de grands obstacles dans la nature du pays et les habitudes des régnicoles, est, dès aujourd'hui, considérée comme complétement avortée.

Dans une semblable position, la simple annonce de la possibilité d'y apporter un remède facile, puissant et avantageux, a dû être accueillie, là où elle a été produite, comme un véritable service national. Aussi, dès la révélation de son système, M. Claussen a trouvé dans le gouvernement anglais, dans l'industrie cotonnière, dans toutes les classes de la société, ce concours assidu, cette attention intelligente, cette bienveillance éclairée qui aplanissent les obstacles, font jaillir la vérité et triompher promptement les innovations qui répondent réellement à des besoins généraux.

Ce succès immédiat, complet, dans un pays aussi avancé en industrie que la Grande-Bretagne, est assurément un témoignage éclatant et de la réalité de l'amélioration produite et des avantages importants que doit amener son exploitation.

Voici en deux mots en quoi consiste cette invention, pour laquelle les brevets viennent d'être pris en Angleterre, en France, en Belgique et en Hollande :

M. Claussen, qui depuis longtemps s'occupe d'études relatives à la préparation et au blanchiment du lin, est parvenu enfin, avec le concours d'un homme pratique et éclairé, et après de longues recherches, à découvrir un système complet et entièrement nouveau dans tous ses degrés pour la préparation du lin. Cette plante, réservée jusqu'ici à la fabrication d'une seule espèce de tissus d'un prix relativement élevé, est rendue, par ses procédés, propre aux différents usages dont il vient d'être parlé plus haut ; c'est-à-dire que non-seulement M. Claussen prépare, pour la fabrication des toiles, le lin à un bien plus haut degré de perfection et à un prix bien inférieur à celui qu'il coûte aujourd'hui, mais encore qu'il le convertit à son gré en une matière parfaitement apte à être substituée au coton, à la laine ou à la soie, dans leurs divers emplois.

Pour la fabrication des toiles de lin, l'importante amélioration qui résulte des procédés de M. Claussen consiste surtout en ce que toutes les méthodes de rouissage de lin mises en pratique jusqu'ici sont totalement écartées. Une combinaison de moyens chimiques et mécaniques extraordinairement simples et peu coûteux remplace désormais les opérations onéreuses et difficiles de l'ancien rouissage. Tandis que celui-ci demandait de 10 à 20 jours tout au moins pour rendre un lin encore imparfaitement travaillé dans la plupart des cas, et sans que l'on pût jamais avoir d'avance aucune certitude sur le résultat d'une opération dont le succès dépendait de tant de causes différentes et délicates, le procédé actuel permet de convertir en quelques heures le lin en une fibre parfaitement nette et complétement dégagée de toutes les autres parties qui constituaient la plante ; l'opération par laquelle on arrive à ce résultat est si simple, qu'elle peut être comprise et appliquée par un enfant, sans que son succès soit jamais douteux. De plus, le lin préparé de cette manière est entièrement exempt de ces taches et de ces altérations partielles de force et de couleur qui sont aujourd'hui les résultats inévitables et si désavantageux du rouissage.

Quant à l'avantage économique que présentent les nouveaux procédés de M. Claussen, il est aussi notable que tous ceux qui viennent d'être mentionnés, puisqu'il est prouvé que les frais de préparation du lin, par sa méthode, ne s'élèveront pas à 10 centimes par livre.

En ce qui est relatif à la fabrication des tissus de coton, l'invention nouvelle est bien plus précieuse encore, en ce sens qu'elle offre aux fabricants le moyen de remplacer avantageusement, complétement et constamment la matière première qu'ils employaient jusqu'ici, au moment même où celle-ci, par suite des circonstances rappelées plus haut, menace de leur manquer bientôt tout à fait.

M. Claussen est parvenu à convertir le lin non roui en une substance si parfaitement analogue au coton, si complétement semblable à la vue et au toucher, qu'il est difficile, sinon impossible, d'y reconnaître la moindre différence. Et ce qui rend son invention précieuse surtout, c'est que ce lin ainsi préparé peut être immédiatement employé par les machines actuelles à filer et à tisser le coton, sans qu'il soit nécessaire d'apporter le plus léger changement à aucune de leurs parties.

Ce lin, ainsi préparé, peut être filé et tissé seul, comme remplaçant absolument le coton, ou mélangé à celui-ci dans diverses proportions.

L'économie qui résultera de cette substitution ou de ce mélange sera énorme, puisque, d'après les détails publiés par les journaux anglais, le prix de la nouvelle matière s'établirait comme suit pour la Grande-Bretagne :

Pour une tonne (plus de 2,000 livres) de lin prêt à être filé, puis tissé par les machines à coton, il faut quatre tonnes de lin vert, qui, estimées au prix le plus élevé, coûteront 4 livres sterling, soit 16 livres sterling pour le tout.

Les frais de la préparation ne s'élèvent pas à 4 livres sterling, ce qui fait une somme de 20 livres sterling pour plus de 2,000 livres de lin propre à remplacer le coton, soit environ 2 pence 1/7 par livre (environ 25 centimes).

Et c'est là un prix qui est de beaucoup inférieur à celui auquel le coton pourrait jamais être importé en Europe.

Quelques heures suffisent pour accomplir toutes les opérations de cette préparation du lin.

Les inventeurs estiment que l'introduction de leur nouvelle matière dans la fabrication du coton pourra, en moyenne, y procurer une économie de plus d'un tiers sur les prix de revient actuels, et avec la certitude, pour les fabricants, de n'être plus à l'avenir dans l'obligation de chômer faute de matière première à mettre en œuvre.

Il faut remarquer ici que tout ce qui vient d'être dit n'est pas répété uniquement sur la foi des assertions des inventeurs eux-mêmes. La découverte dont nous parlons, et tous les détails que nous venons de donner à son sujet, sont désormais des faits prouvés et acceptés comme tels en Angleterre. M. Claussen a répété, à diverses reprises, devant des commissions spéciales, devant des industriels, tout l'ensemble de ses expériences. Sous les yeux de ces juges compétents, le lin a été pris vert, tel qu'il venait d'être coupé, puis réduit immédiatement en matière analogue au coton ou à la laine, et ensuite filé et tissé séance tenante par les métiers ordinaires à filer et à tisser la laine et le coton ; et cela toujours avec le même succès, soit que l'expérience ait été tentée sur une petite échelle, soit qu'on l'ait faite dans les proportions d'une fabrication sérieuse et définitive.

Le lin peut aussi être préparé de manière à remplacer la laine ou à être mélangé à celle-ci dans les divers tissus qu'on en fabrique. L'économie que cette introduction du lin dans la fabrication des tissus de laine doit y apporter est d'au moins 25 p. 100, sans compter qu'on pourra ainsi employer en mélange les rebuts de laine courte, tout à fait sans usage aujourd'hui. Tout ce qui a été dit précédemment du prix de revient du lin préparé pour remplacer le coton s'applique également à sa préparation dans le cas où il est destiné à la fabrication des tissus de laine. Le temps nécessaire à ces deux opérations est absolument le même.

Il a été dit que M. Claussen veut aussi que le lin puisse remplacer la soie. En effet, le résultat des expériences dont il a été parlé plus haut a pleinement prouvé que l'emploi de ses procédés peut amener le lin à un degré de finesse et de brillant tel, qu'il peut être mélangé à la soie dans tous les produits qu'on fabrique avec cette dernière matière, et cela avec une telle perfection, qu'il est presque impossible de reconnaître la présence d'une forte proportion de ce lin, que l'inventeur appelle *flax-silk*, dans les tissus ainsi fabriqués.

L'avantage immense qui résultera de cette dernière application du lin sera facilement apprécié, quand on saura que, préparé pour être employé dans la fabrication de la soie, il ne coûtera absolument que le prix indiqué plus haut pour le lin à remplacer le coton (de 22 à 25 centimes la livre).

Enfin le lin, dans toutes ses préparations, est aussi parfaitement propre à recevoir la teinture qu'aucune des matières avec lesquelles il est destiné à être mélangé ou qu'il doit même remplacer complétement.

Le procédé de M. Claussen embrasse aussi une méthode entièrement nouvelle de blanchiment de toutes les matières textiles; car il ne se borne pas à appliquer son invention à la préparation du lin; il l'emploie aussi, et toujours avec le même succès, à préparer le chanvre, et en général toutes les plantes qui peuvent donner une matière susceptible d'être filée.

Telles sont, en résumé très-succinct, les diverses applications que peut recevoir l'invention pour laquelle M. Claussen vient d'être breveté. Il a paru inutile de répéter ici toutes les considérations qui font de cette découverte un objet de la plus haute importance pour toutes les industries qui vont en tirer parti. Chaque industriel appréciera sans doute facilement, et de lui-même, de quel prix sera pour la fabrication à laquelle il se livre l'introduction d'une nouvelle matière se présentant dans les conditions qui viennent d'être indiquées.

En Angleterre, l'invention de M. Claussen a été considérée

comme si importante dans tous ses résultats nécessaires, qu'une grande société s'est aussitôt constituée, sous le patronage du Gouvernement, pour cultiver en Irlande et sur une grande échelle le lin nécessaire à l'énorme consommation qui va en être faite par suite de la découverte qui le rend la matière première de tant d'industries diverses et importantes.

Tous les journaux et grand nombre de sociétés savantes et spéciales se sont longuement occupés de cette remarquable découverte, et pour ne pas entrer dans les redites ou des détails inutiles, tout en donnant une idée de la manière sérieuse dont on envisage en Angleterre l'invention de M. Claussen, nous allons donner un compte rendu complet de deux longues séances que la Société royale d'agriculture d'Angleterre a consacrées, dans le mois de février dernier, à l'examen des procédés dont il s'agit et à la discussion de l'influence qu'ils vont avoir sur l'industrie manufacturière et agricole de la Grande-Bretagne.

SOCIÉTÉ ROYALE D'AGRICULTURE D'ANGLETERRE.

CULTURE DU LIN.

La séance hebdomadaire a eu lieu mercredi dernier, au local de la Société, Hanover square.

Les membres présents étaient : M. Pusey, membre du parlement, qui occupait le fauteuil; lord Ashburton; l'honorable Dudley Pelham, M. P.; le très-honorable sir James R. G. Graham, baronnet, M. P.; le très-honorable Francis Kennedy; sir Thomas Tancred, baronnet; sir Robert Price, baronnet, M. P.; M. Alcok, M. P.; M. Raymond Barckes; M. Bramston, M. P.; M. Burcke; M. O. Burton junior; le docteur Calmert; M. Pale Carew; le colonel Challoner; M. Christopher, M. P.; M. Clavering; M. Commerell; M. Layton Cook; M. Dyer; M. C. B. Evans; M. Foley, M. P.; M. Fuller, M. P.; M. Brandreth Gibbs; M. Lewenson

Gower; M. Hamond; M. Fisher Hobbs; M. Saison; M. Langston, M. P.; M. W. Long; M. Maddisson; M. Magendie; M. Marshall, M. P.; M. Wykeham Martin; M. Miles, M. P.; M. H. Munday; M. Ralph Neville, M. P.; M. C. G. Overman; M. Payter; M. Pendarves, M. P.; M. Pocock; M. D. Pugh, M. P.; le capitaine Rushout, M. P.; le professeur Sewell; M. Villiers Shelley; le professeur Simons; M. Slaney, M. P.; M. Augustin Smith; M. Stansfield, M. P.; M. H. Strafford; M. Spencer Trower; le professeur Way; M. Wilson et M. Wrighston, M. P.

Parmi les visiteurs de distinction, étrangers à la Société, on remarquait sir George Grant Suttie, baronnet; M. Macarney, L. L. D., vice-président de la Société linière d'Irlande; le docteur Cooke, professeur de chimie et de minéralogie au collége d'Harward, en Amérique; le docteur Ryan et M. George Hoare.

On élut cinquante-trois nouveaux membres, et l'on présenta sept candidats pour l'élection de la séance prochaine.

FLAX-COTTON.

Le président informe l'assemblée qu'en considération de l'intérêt national que présentent les récentes découvertes de M. le chevalier Claussen pour la préparation du lin, et de l'importance agricole qu'ont tous les faits relatifs à la culture de cette plante, il a prié cet inventeur de vouloir bien se rendre à la séance pour y exposer ses idées relativement à l'accroissement de la consommation du lin qui doit, selon lui, résulter de l'emploi de ses procédés. L'assemblée sera à même ainsi de se décider sur l'encouragement qu'il convient que la Société royale d'agriculture donne à la culture du lin. Dans une prochaine réunion, M. Claussen exposera l'ensemble des procédés chimiques et mécaniques par lesquels il convertit le lin en une substance possédant toutes les propriétés du meilleur coton étranger. Si cette découverte répond à tout ce qu'on en attend, le président espère qu'elle pourra ouvrir un nouveau et vaste champ de transactions entre les cultivateurs et les fabricants du Royaume-Uni.

Il est inutile de rappeler ici que les règlements de la Société la mettent à l'abri de toute responsabilité pour les opinions qui pourront, en cette occasion, être développées devant elle.

M. le chevalier Claussen est alors introduit; il est accompagné de M. Edward Mac Dermott, M. S. S. Christopher de Gresham-Street, M. Thomas Grave, le docteur Ryan et C. S. Pownal.

M. Claussen expose que, comme sa connaissance imparfaite de la langue anglaise l'empêcherait peut-être de se faire bien comprendre, s'il prenait la parole lui-même, il a prié son ami M. M' Dermott de rédiger sur la question générale de la culture du lin une note que ce dernier va lire avec la permission de l'assemblée. Ensuite il restera à la disposition de la Société, et il sera heureux de lui donner sur ses procédés tous les détails que la prudence permet de publier avant que toutes les formalités relatives à l'obtention du brevet soient complétement terminées.

Ensuite M. M' Dermott donne lecture de la note suivante :

MOTIFS POUR LESQUELS IL CONVIENT DE FAVORISER LA CULTURE DU LIN ET DU CHANVRE DANS LE ROYAUME-UNI.

Messieurs,

Mon but, en venant, sur l'invitation de votre honorable président, vous donner lecture de la présente, est de vous faire connaître et de faire répandre par vous dans le monde agricole de la Grande-Bretagne un petit nombre de faits qui prouvent l'importance, au point de vue national, que présente la culture du lin, et les avantages particuliers qu'on doit en retirer. En soumettant ces faits et ces appréciations à une réunion d'hommes aussi importants et aussi éclairés que ceux devant lesquels j'ai l'honneur de parler, je sais toute l'attention que j'en obtiendrai; car un grand nombre des précieux rapports de la Société royale d'agriculture, et les prix qu'elle a en maintes occasions offerts pour des essais relatifs au sujet qui m'occupe, prouvent avec quel intérêt vous avez depuis longtemps accueilli tout ce qui est relatif à la culture du lin.

Cependant, des débouchés comparativement peu nombreux, une ignorance générale des caractères réels et de la structure de la plante, la préférence accordée jusqu'ici à des modes de culture et de préparation du lin à la fois nuisibles et coûteux, toutes ces raisons ont contribué à décider votre société à ne point accorder jusqu'aujourd'hui son important appui à la propagation de la culture du lin.

Les progrès de la science, ainsi que le développement des connaissances pratiques parmi les agriculteurs de l'Angleterre et de l'Irlande, viennent néanmoins de placer la question sur un tout autre terrain, et la font envisager d'une manière qui, j'ose le dire, pourra enfin décider la Société royale d'agriculture à joindre ses efforts à ceux qui ont déjà été tentés pour faire comprendre aux cultivateurs du Royaume-Uni tout l'avantage qu'il y aurait pour eux à consacrer une bonne partie de leurs terres à la culture du lin.

LE CLIMAT ET LE SOL DE L'ANGLETERRE CONVIENNENT PARFAITEMENT A CETTE PLANTE.

Je ne pense plus que l'on puisse encore mettre en doute aujourd'hui que le lin peut être produit dans notre propre pays. Aussi est-ce une vérité que je crois inutile de chercher à démontrer, surtout en m'adressant à une assemblée aussi éclairée que celle à laquelle j'ai l'honneur de parler. Il suffit de rappeler que, sous bien des rapports, notre climat est plus convenable à ce genre de culture que celui même de la Belgique, surtout parce que nous ne sommes pas exposés à ces fortes sécheresses du printemps qui, dans ce dernier pays, causent tant de dommages au lin encore jeune. Le lin croît dans presque toutes les parties du

Royaume-Uni : on l'a cultivé avec succès dans les marais de l'Irlande et dans les districts marécageux de l'Angleterre; sur les sommets des monts Wicklow et sur les penchants de Beacon-Hill, dans le Norfolk; dans les parties méridionales de l'Angleterre et sur les côtes occidentales du pays de Galles ; dans des terrains riches ou pauvres, argileux ou pierreux; dans des terrains d'alluvion ; enfin dans toutes les variétés du sol.

IMPORTANCE QUE LE GOUVERNEMENT A TOUJOURS ATTACHÉE À LA CULTURE DU LIN.

Cette convenance de notre climat et de notre sol pour la culture du lin, ainsi que l'importance que dès les temps les plus reculés on attachait à cette branche de l'industrie agricole, est clairement prouvée par les mesures législatives qui, à diverses époques, depuis le règne de Henri VIII jusqu'à celui de George III, ont été publiées dans le but de propager et d'encourager la culture dont il s'agit.

Les actes du bureau de l'agriculture de 1742 renferment une lettre écrite par Robert Somerville, esq. dans laquelle il exprime son regret de ce que, malgré les primes d'encouragement offertes par le Gouvernement, la culture du lin soit restée aussi limitée, et les procédés de préparation et de fabrication aussi défectueux. « Et cela, dit-il, est d'autant plus regrettable qu'il est hors de « doute qu'on pourrait tirer une quantité considérable de lin de « la Grande-Bretagne; qu'on pourrait l'y cultiver presque sans « travail, et, qui plus est, dans des terrains qui ne sont propres à « aucune autre culture. L'accomplissement d'un fait aussi désirable que celui de l'extension de la culture de lin serait suivi « des effets les plus salutaires, en ce qu'elle procurerait du travail à notre population ouvrière toujours croissante, et mettrait « un terme à notre dépendance matérielle des pays étrangers. »

Or, si, il y a un siècle et plus, on attachait une grande importance à cette question de la culture du lin, par rapport à l'accroissement de la population et à notre dépendance des pays étrangers, de quelle importance bien plus grande n'est-elle pas devenue aujourd'hui que notre population a plus que doublé, que nos importations en tourteaux et en matières premières pour les manufactures ont atteint un chiffre qui, il y a un siècle, eût été considéré comme impossible, et que nos chemins de fer et nos nouveaux moyens de transport enfin donnent une si grande facilité à nos cultivateurs pour le placement de leurs produits?

DÉBOUCHÉS.

En démontrant aux agriculteurs de la Grande-Bretagne tout l'avantage qu'ils pourront retirer de la culture du lin, je veux commencer par leur faire voir les énormes débouchés qu'ils trouveront pour leurs produits, et qui sont presque exclusivement alimentés aujourd'hui par la production étrangère. Ces débouchés vont se multiplier d'une manière incalculable encore par suite de la découverte récente d'après laquelle le lin pourra être employé dans nos manufactures de soie, de laine ou de coton, et, si nos producteurs indigènes ne s'empressent de pourvoir eux-mêmes à cette immense consommation, les producteurs étrangers s'empresseront, eux, d'y suffire.

Les débouchés actuels pour le lin sont de deux natures : manufacturiers et agricoles. Ces derniers comprennent ces grandes quantités de tourteaux et de graine de lin pour l'ensemencement et la fabrication de l'huile, qui se consomment annuellement dans notre pays.

TOURTEAUX.

Plus de 70,000 tonnes de tourteaux sont importées tous les ans, pour une valeur qui dépasse 500,000 livres sterling. La totalité de ce chiffre de 70,000 tonnes pourrait être très-facilement fournie par nos cultivateurs avec un grand bénéfice pour eux. A propos de l'importation des tourteaux, il convient de remarquer que nous en tirons la plus grande partie des mêmes pays qui nous envoient la plus grande quantité de bestiaux, de manière que, par suite de l'oubli presque complet de la culture du lin, nos fermiers sont placés dans cette position anormale qu'ils dépendent, pour la nourriture de leurs bestiaux, de ces pays mêmes qui leur font concurrence sur nos marchés de bétail.

De plus, nous sommes forcés, dans la plupart des cas, de payer, outre le prix d'achat des tourteaux étrangers, les droits considérables imposés à la sortie par les gouvernements des pays exportateurs.

GRAINES DE LIN POUR LA FABRICATION DE L'HUILE.

Nous importons tous les ans de la Russie plus de 500,000 quarters de graine de lin, pour une valeur de plus de 1,000,000 sterling. Notre importation totale de graine de lin pour l'ensemencement et pour la fabrication de l'huile prise dans tous les pays est d'environ 650,000 quarters, dont la valeur, au prix le plus bas de 7 schellings par boisseau, est 1,820,000 liv. Or, il n'y a aucune raison qui puisse empêcher que cette somme importante ne passe annuellement entre les mains de nos agriculteurs, comme il n'y a point de motif pour que nos fabricants d'huile ne puissent s'approvisionner exclusivement de graine de lin indigène pour les besoins de leur fabrication.

En ne considérant que ce qui est relatif à la graine, la culture du lin indigène aurait déjà ce résultat important, qu'elle rendrait nos fabricants d'huile indépendants des pays étrangers pour leur approvisionnement, en même temps qu'elle assurerait à nos cultivateurs une rentrée annuelle de plus de 2,000,000 sterling. La graine de lin indigène sera aussi un fourrage beaucoup plus avantageux pour l'élève des bestiaux que les tourteaux achetés à l'étranger, et qui ne contiennent que les rebuts les plus grossiers de ce qui reste après que toutes les parties oléagineuses de la graine en ont été extraites. Et si quelques cultivateurs préféraient décidément les tourteaux, ils pourraient engraisser à meilleur marché leurs bestiaux avec les tourteaux produits de graine indigène qu'avec ceux qu'ils doivent aujourd'hui tirer de l'étranger.

GRAINES POUR L'ENSEMENCEMENT.

En étendant chez nous la culture du lin, nous nous rendrons aussi inépendants de l'étranger pour notre approvisionnement de graines pour l'ensemencement. Nous en importons annuellement pour une valeur de 200,000 livres sterling. Il est absurde, en effet, d'admettre que nous ne pourrions produire de lin indigène qu'avec de la graine étrangère ; une opinion aussi contraire au bon sens ne peut avoir d'autre origine que l'habitude où l'on est de couper chez nous le lin avant sa complète maturité.

MANUFACTURES.

Après avoir parlé des débouchés agricoles qui s'offrent pour la graine de lin, j'appellerai maintenant votre attention sur les débouchés que les manufactures offrent à la fibre de lin proprement dite. Il est impossible que quiconque s'intéresse au bien-être de la patrie ne remarque avec un profond regret que les deux principales branches de notre industrie manufacturière dépendent des pays étrangers pour leur approvisionnement de matière première. Nos manufactures de coton consomment tous les jours une tonne de coton produit uniquement par les pays étrangers. Nous devons sans aucun doute continuer à dépendre de l'étranger pour notre approvisionnement de coton, puisque cette matière ne peut absolument pas être produite chez nous; mais il y a beaucoup de raison d'espérer que, par suite de l'invention qui permet d'employer le lin sur les métiers à coton, cette dépendance sera à l'avenir considérablement diminuée ; ceci, bien entendu, à la condition que nos cultivateurs consentiront à se mettre sérieusement à l'œuvre, et s'efforceront de produire le lin nécessaire au nouveau débouché que l'on crée pour eux. Nos manufactures de toiles et d'autres produits dans lesquels on emploie aujourd'hui le lin sont aussi presque entièrement dans la dépendance de l'étranger, puisque sur 100,000 tonnes de lin que l'on consomme annuellement chez nous, la production indigène n'en fournit pas 25,000. La valeur totale du lin importé pour la fabrication des toiles de toute espèce dépasse annuellement 5,000,000 sterling, et il n'est pas douteux, si on en juge d'après le rapide développement qu'ont pris nos manufactures de toiles, que, si la matière première pouvait être plus facilement obtenue chez nous, la consommation augmenterait encore considérablement. Par suite des perfectionnements apportés aux machines, les progrès du commerce des toiles ont été vraiment incroyables pendant ces dernières années. Le chiffre des exportations s'est accru, dans le même espace de temps, de 50 à 105 millions de yards, et leur valeur déclarée de 1,700,000 livres à plus de 3,000,000 sterling. Et cependant nos cultivateurs n'ont pas fait une seule tentative pour suffire à cette consommation toujours croissante, et ils ont ainsi assuré aux producteurs étrangers un monopole réel dont ceux-ci ont retiré d'immenses bénéfices. Les importations de lin se sont élevées de 936,000 c^{wts} en 1831, à 1,000,000 c^{wts} en 1842, et la valeur de cette augmentation d'importation n'est pas de moins de 2,000,000 1/2 sterling, lesquels sont presque exclusivement payés en argent qui sort du pays.

CHANVRE.

Nous importons aussi une grande quantité de chanvre, tandis que, de même que du lin, nous pourrions retirer de grands avantages de sa production indigène. La valeur du chanvre que nous importons annuellement est d'environ 1,500,000 livres.

Ainsi notre dépendance des pays étrangers pour notre consommation de lin et de chanvre nous coûte annuellement :

Fibres de lin.	5,000,000 liv.
Graine pour l'huile.	1,800,000
—— pour l'ensemencement.	200,000
Tourteaux.	600,000
Chanvre.	1,500,000
Total.	9,100,000 liv.

NOUVEAUX DÉBOUCHÉS.

Jusqu'ici je n'ai parlé que des débouchés tels qu'ils existent aujourd'hui. Il me reste à vous entretenir maintenant de l'énorme et nouveau débouché que va ouvrir au lin une découverte par suite de laquelle il pourra à l'avenir être employé par les machines à coton. La solution de ce problème ne fait plus désormais l'objet d'un doute, et les expériences si heureusement accomplies à Rochdale l'ont pleinement prouvé.

Quelque importantes que soient les considérations qui résultent de l'état actuel des manufactures de toiles, quelque pressants que soient les arguments qu'on peut en tirer pour engager nos agriculteurs à pourvoir à une consommation alimentée par les producteurs étrangers, ceux qui résultent du débouché qui va s'ouvrir pour le lin dans nos manufactures à coton sont infiniment plus importants et plus décisifs encore. La consommation d'une matière première est nécessairement limitée par le nombre de machines qui peuvent la mettre en œuvre, et les filatures de lin de Belfast, de Dundee et de Leeds, sont complétement alimentées déjà avec la production étrangère; mais il n'en est pas de même pour ce qui est relatif à l'emploi du lin par les métiers à coton. Des millions de broches à coton sans ouvrage aujourd'hui sont prêtes à mettre immédiatement en œuvre la nouvelle matière que je leur offre. Plus de 770,000,000 de livres de coton sont employées tous les ans dans nos manufactures, et mes dernières expériences ont prouvé que le lin peut être substitué au coton pour la moitié au moins de ce chiffre. Pour suffire à la consommation qui va être ainsi faite de cette matière première, il faudra chaque jour le produit de 2,000 acres, et la totalité du lin qu'on récolte annuellement aujourd'hui dans tout le Royaume-Uni ne représente pas le septième de ce que Manchester consommera à lui seul. Je considère donc comme un devoir impérieux pour nos agriculteurs de s'efforcer de suffire à une telle consommation, et de ne pas permettre encore une fois que tout le bénéfice en revienne aux producteurs étrangers, comme cela arrivera immanquablement s'ils ne se hâtent de se mettre à l'œuvre.

LE LIN REMPLAÇANT LA LAINE.

Ce n'est pas seulement Manchester qui consommera une grande quantité de lin pour ses manufactures de coton, mais encore tous les fabricants de tissus de laine, pour lesquels on convertira le lin en une matière propre à être filée ou tissée en mélange avec la laine et sur les métiers actuels à travailler celle-ci. Il est inutile, je pense, que j'entre ici dans des détails statistiques sur cette dernière branche de notre industrie manufacturière. Il suffira de vous annoncer que l'introduction du lin dans la fabrication des tissus de laine y apportera une diminution de plus de 25 p. 100 sur les prix de revient actuels, et que cette innovation va rendre du travail à tout un district qui s'occupait exclusivement de cette industrie : une maison de Bradford s'est déjà préparée pour commencer cette nouvelle fabrication, et elle consommera à elle seule, l'année prochaine, le lin produit par 5,000 acres de terres.

INSUFFISANCE DE LA PRODUCTION DU COTON.

En outre de la question des débouchés dont je viens de vous parler, il est une considération qui milite fortement en faveur de mon invention : c'est la diminution sensible que l'on remarque dans la production du coton étranger.

M. Poorter disait, l'année dernière, dans un mémoire qu'il lisait à l'Association britannique :

« Il existe une opinion qui prend tous les jours plus de con-
« sistance, et d'après laquelle nous avons, depuis quelques années,
« retiré annuellement des États-Unis tout le coton qu'ils peuvent
« produire. Si c'était là un fait exact, et tout porte à le croire tel,
« il est évident qu'il y aurait une urgence absolue soit de trouver
« une nouvelle source de production, soit de découvrir quelque autre
« matière qui pût remplacer le coton et suffire à la consommation
« toujours croissante que nous en faisons. La pénurie de coton
« a été si grande l'année dernière aux États-Unis, que les prix
« ont doublé comparativement à ceux de 1849. La chambre de
« commerce de Manchester, appréciant toute l'importance de
« cette question, vient de faire faire, à grands frais, une explo-
« ration qui a pour objet de s'assurer de la possibilité de cultiver
« le coton aux Indes orientales. Mais, pour en arriver là, il fau-
« drait introduire aux Indes tout un nouveau système de culture,
« et y établir de nouveaux moyens de transport pour faire arriver
« jusqu'aux lieux d'embarquement les produits de l'intérieur du
« pays. Ces difficultés et celles qu'on rencontrerait dans les habi-
« tudes et les préjugés des régnicoles permettent d'apprécier avec
« quelles peines on pourrait créer ce nouveau commerce aux
« Indes orientales; et en tout cas combien d'années ne s'écou-
« lerait-il pas encore avant l'achèvement des chemins de fer ou
« des routes sans lesquels les produits de la nouvelle culture,
« en la supposant adoptée, ne pourraient arriver aux ports d'em-
« barquement !

« Donc, et en outre des arguments qui résultent de la position
« actuelle de nos manufactures de toiles, nos cultivateurs ont, pour
« se décider à se livrer à la culture du lin, les diverses raisons qui
« résultent : 1° de la production insuffisante et du prix toujours
« croissant du coton; 2° de la grande difficulté qu'il y aura à en
« tirer d'autres sources que de celles qui existent aujourd'hui;

« 3° enfin, et par-dessus tout, de ce fait prouvé que le lin peut
« être employé avec avantage dans les manufactures qui travail-
« lent actuellement le coton. »

INSUFFISANCE DU LIN.

Si nous tournons nos regards vers la situation de nos fabriques de toiles, nous voyons qu'elles souffrent aussi d'une extrême pénurie de matière première. En comparant l'année 1845 à l'année dernière, on voit que dans cet intervalle la culture du lin a diminué, en Irlande, de 60,000 acres. En Russie, d'où nous tirons la plus grande partie de notre approvisionnement, le chiffre des exportations a diminué, dans la même période, de 150,000 *pouds* ou d'environ 20 p. 100; et je lis dans le *Morning Chronicle*, qui s'est beaucoup occupé du développement de la culture indigène du lin, une lettre d'une des plus grandes maisons de commerce de Saint-Pétersbourg, où se trouve le passage suivant :

« Nous aurons la saison prochaine un très-faible approvision-
« nement de lin. Il ne sera pas de moitié égal à celui que nous
« avions il y a deux ans, et les prix que l'on paye dans l'intérieur
« du pays sont si élevés, qu'il ne sera pas possible aux marchands
« de le livrer ici à un prix inférieur à celui auquel vous le payez
« aujourd'hui rendu chez vous. Je pense donc que nous n'aurons
« pas de marché à conclure en cette matière d'ici à longtemps, à
« moins que la situation relative des deux marchés n'éprouve un
« changement par suite d'une grande amélioration dans les prix
« chez vous. »

En Belgique, d'où nous tirons les plus fines qualités de lin, la culture en est beaucoup moins considérable aussi aujourd'hui que pendant les années précédentes.

C'est dans de telles circonstances, en présence d'une augmentation constante dans le chiffre de notre consommation, et d'une diminution continuelle dans la production étrangère, que je viens proposer aux cultivateurs de la Grande-Bretagne de changer un tel état de choses, de diminuer notre dépendance des pays étrangers, et leur offrir les moyens de s'assurer, en agissant ainsi, des bénéfices immenses, et d'en procurer ensuite à tout notre pays. Il y a une heureuse coïncidence entre cette nécessité de modifier le genre de la culture et le moment où elle se fait sentir : jadis, quand nos lois mettaient des restrictions à l'importation des céréales alimentaires, nos agriculteurs pouvaient avoir conçu l'idée qu'il y avait en quelque sorte un empêchement moral au développement de toute culture indigène autre que celle des objets de première nécessité. Cette opinion, juste ou erronée, ce que je n'examine pas ici, a, en tout cas, cessé de recevoir son application, et il n'y a plus désormais aucune espèce de raison qui puisse éloigner le cultivateur de s'adonner à n'importe quelle culture qui lui rapportera des bénéfices satisfaisants.

M. Poorter, que nous avons déjà cité, disait : « Il est nécessaire, avant tout, d'employer la force productrice du sol à la culture de plantes aussi indispensables à la vie de plusieurs millions de nos concitoyens que le grain lui-même. » Or, cultiver le lin de manière à le produire ici dans des conditions égales à celles dans lesquelles les pays étrangers nous l'envoient, n'est-ce pas donner en une fois du travail, et par conséquent du pain, à cette grande quantité d'ouvriers sans travail qui affligent partout nos regards?

OBJECTIONS CONTRE LA CULTURE DU LIN.

Bien qu'il soit prouvé que le lin trouvera des débouchés assurés, et que le soi-disant obstacle moral à sa culture n'existe plus, il est encore possible que l'agriculteur fasse, avant de s'y livrer, quelques objections relatives à la qualité épuisante de cette plante, ainsi qu'aux embarras, risques et dépenses inséparables de sa préparation pour la vente, et qu'il soit même, par suite, éloigné de l'adopter.

Relativement à la première de ces objections, il n'y a aucune raison pour admettre qu'avec un mode de culture propre et judicieux le lin soit une plante plus épuisante que toute autre qui donne de la graine. L'analyse de la tige du lin démontre que les parties qui en sont employées par la fabrication sont presque exclusivement empruntées à l'atmosphère. En effet, les éléments inorganiques du sol entrent pour une si petite proportion dans la composition de la fibre, qu'une expérience a prouvé que 100 livres de fibres ne contenaient pas plus de 2 livres de matière minérale, composée de chaux, magnésie, oxyde de fer, acide carbonique, acide phosphorique, acide sulfurique et silice. C'est la partie ligneuse de la plante, la matière résineuse de la graine avec ses cosses et ses capsules, qui empruntent au sol son acide phosphorique et autres agents fertilisants. Si le lin ne devait pas, comme les autres plantes, rendre au sol quelque chose de ce qu'il lui emprunte; si la graine était jetée dans la fosse à rouir avec la tige pour s'y corrompre; si, au lieu d'être employée comme fourrage, la paille ou les parties ligneuses étaient enfin rendues tout à fait impropres à la nourriture du bétail et par suite à l'engrais des terres, alors, sans aucun doute, le lin, comme beaucoup d'autres, serait une plante épuisante. Une expérience pratique a prouvé que, loin d'épuiser le sol, une culture prudente et judicieuse du lin le renouvelait plutôt. Un grand nombre d'exemples peuvent être cités à l'appui de cette assertion.

M. Edmund de Stonehouse, près de Plymouth, disait en 1843 : « C'est une idée erronée que de croire que le chanvre et le lin « appauvrissent le sol; par une suite de longues expériences, j'ai « éprouvé le contraire : ce sont des récoltes qui rendent en engrais « plus que toute autre. »

Sir Richard O'Donnell, l'un des plus grands cultivateurs de lin de l'Irlande, écrivait au *Morning Chronicle* « que le résultat de « l'expérience de plusieurs années lui avait prouvé que le lin, loin « d'appauvrir le sol, tend au contraire à l'améliorer, ainsi que la

« nature des récoltes qui lui succèdent. Il est surtout précieux pour
« faire reposer la terre après le froment ou les avoines. »

M. Warnes, dont les efforts comme agriculteur pratique pour propager la culture du lin sont si connus, et dont les systèmes pour la culture de cette plante ainsi que pour l'engrais des bestiaux à l'aide de sa graine méritent toute attention, a introduit le lin dans toutes les cultures de ses fermes, et, jugeant d'après les résultats de sa propre expérience, il déclare que désormais on ne peut plus élever d'objection motivée contre la culture du lin. Il en donne pour preuve que la clause ordinaire des anciens baux, qui interdisait de semer du lin dans les terres louées, est aujourd'hui complétement tombée en désuétude, et que ce préjugé, qu'on ne pourrait faire venir à bien en même temps la graine et la tige, a entièrement disparu.

PRÉPARATION POUR LA VENTE.

Une objection, qui jusqu'ici a été opposée avec succès à la culture du lin, est tirée de la nature des procédés qu'il fallait employer pour le préparer avant de l'envoyer au marché. Aussi longtemps qu'on n'évitera pas au cultivateur les embarras et les difficultés du rouissage tel qu'il se pratique, c'est en vain qu'on espérera voir la culture du lin s'étendre et devenir générale. Bien que l'on ait fait depuis quelques années de notables progrès dans la préparation du lin, il est incontestable néanmoins que les procédés actuels sont loin d'être à la portée de la plus grande partie des fermiers du Royaume-Uni.

ROUISSAGE À LA ROSÉE.

Parmi tous les systèmes de préparation du lin, il en est quatre seulement qui sont restés en usage. Le premier consiste dans la méthode de *rouissage à la rosée*. On laisse le lin étendu sur l'herbe et exposé pendant un grand nombre de jours à la pluie, à la rosée et à toutes les variations de l'atmosphère. Cette méthode, à cause de ses inconvénients nombreux et évidents, ne doit pas être considérée comme pouvant être généralement adoptée dans l'état avancé de la science agricole. En effet, on l'emploie rarement.

ROUISSAGE DANS L'EAU COURANTE.

Selon toutes les apparences, le meilleur système pour rouir le lin est celui qui consiste à le déposer dans des cours d'eau, d'après la méthode en usage à Courtray, le principal canton linier de la Belgique. Le lin, ainsi préparé, atteint en général un bien plus haut degré de perfection que celui auquel on arrive par les autres procédés. Mais il y a dans l'eau de la Lys certaines propriétés particulières qui la rendent admirablement propre au rouissage, et qu'aucune autre rivière ne possède; en outre, le rouissage dans l'eau courante ne pourrait en aucun cas être généralement mis en usage dans notre pays, où les rivières sont beaucoup trop rapides de leur nature.

ROUISSAGE DANSDES FOSSES.

En l'absence de cours d'eau convenables, on a recours au rouissage dans des puits ou fosses creusés dans le sol; mais il faut réunir tant de conditions favorables dans le choix de l'endroit où l'on creuse la fosse, il y en a tant de nuisibles à éviter, que l'on peut dire qu'il serait presque impossible de creuser une fosse à rouir parfaite dans aucune partie de notre pays. Que le sol où est creusé la fosse soit crayeux, de gravier, d'alluvion, de tourbière, etc. le lin en sera affecté d'une manière particulière dans sa force et sa couleur, et par conséquent dans sa qualité et dans son prix. L'eau que l'on emploie pour rouir ne doit pas, pour bien faire, venir directement de la source, et elle ne doit pas non plus avoir coulé sur un terrain qui contiendrait quelque dépôt métallique. L'eau de pluie cependant ne convient pas non plus.

Indépendamment de ces difficultés, qui se rattachent au choix des moyens à employer, le cultivateur a encore à lutter contre le risque où il se trouve toujours de trop ou de ne pas assez rouir son lin. « Une seule nuit de grande chaleur, dit l'un des « rapports de la Société royale linière, suffit, lorsque le lin est « près d'être roui, pour porter la fermentation à un point qui dé- « passe le degré voulu. C'est un accident que les fermiers craignent « tellement, que presque toujours leur lin n'est pas assez roui, « et, bien que souvent on l'achève ensuite à la rosée, la plus « grande partie du lin arrive au marché sans que la fibre soit « complétement détachée. »

Il faut ajouter que, si le rouissage dans les fosses est difficile et dangereux en été, il est complétement impossible pendant les froids de l'hiver.

SYSTÈME DE SCHENCK.

Pendant ces dernières années, la Société royale linière a fortement patroné une quatrième méthode, qui consiste à rouir le lin dans l'eau chaude. Ce moyen, quoique constituant sans contredit une immense amélioration en comparaison des procédés ordinaires, ne donne néanmoins pas cette complète séparation de la fibre que l'on doit chercher à obtenir. La Société de Belfast admet que ce mode de préparation ne peut pas être employé par la généralité des cultivateurs. Aussi propose-t-elle de leur en retirer les soins, en même temps que les bénéfices, pour confier les uns et les autres à des spéculateurs ou à des capitalistes qui construiront les appareils et bâtiments nécessaires dans chaque district qui donnera une certaine quantité déterminée de lin. C'est ce que la Société appelle *la division du travail*. Or, d'après les rapports de cette société, il paraît que les bénéfices à réaliser sur la préparation du lin seraient tout au moins deux fois plus importants que le prix payé au cultivateur pour sa récolte, le fermier recevant pour son lin en paille un prix qui varie de 5 à 8 livres sterling par acre, et le rouisseur réalisant un bénéfice net (je prends les chiffres dans les notes des défenseurs du projet eux-mêmes) de plus de 20 livres sterling. Je doute fort que, dans des conditions pareilles, les agriculteurs soient très-disposés à adopter la culture du lin dans les proportions exigées par les circonstances; il est au contraire évident qu'un pareil système ne peut qu'embarrasser et rebuter à la fois le producteur et le consommateur.

Je pense que toutes ces difficultés peuvent facilement être évitées par l'adoption d'un système plus en rapport avec la connaissance générale des sciences pratiques qui distingue notre époque, et que ce système, pour réussir, devrait comprendre l'abolition complète de tous les procédés de rouissage actuels.

EFFETS NUISIBLES DU ROUISSAGE ACTUEL.

Non-seulement les procédés du rouissage, tel qu'il se pratique aujourd'hui, sont difficiles et hasardeux, mais ils ont en outre une influence toujours nuisible sur la qualité de la fibre. C'est à eux qu'il faut attribuer cette inégalité de force qui, dans les divers degrés de la fabrication du lin, forme un obstacle si difficile à surmonter. Le rouissage actuel a surtout pour effet de rendre impossible l'application du lin aux machines à travailler le coton ou la laine, ce qui forme l'objet de ma découverte.

ACHAT DU LIN EN PAILLE.

Ainsi, la forme dans laquelle je préférerais acheter le lin serait *en paille*, absolument comme il se trouve après qu'on en a enlevé la graine. En cet état, on peut s'assurer de sa qualité avec beaucoup plus de certitude qu'en aucun autre, et, vingt-quatre heures après avoir été récolté, il peut être entièrement préparé et prêt à être filé sur n'importe quelle machine à filer le lin, le coton, la laine ou la soie.

FACILITÉ POUR LE TRANSPORT.

Comme il y aurait évidemment de grands inconvénients à transporter à de fortes distances une matière aussi volumineuse que le lin en paille, le cultivateur pourra, quand il le jugera à propos, réduire considérablement ce volume au moyen de fléaux ordinaires ou cylindres dentelés, et envoyer ainsi sa fibre au marché en partie nettoyée déjà.

Le résidu obtenu par cette séparation partielle de la paille contiendra une forte proportion des matières inorganiques les plus fertilisantes, et, comme les qualités n'en auront pas été altérées par le rouissage, il formera, soit seul, soit mélangé aux tourteaux, à la graine écrasée, au mucilage qu'on en extrait, ou à toute autre substance nutritive, un excellent fourrage pour la nourriture et l'engrais du bétail.

NOUVEAUX PROCÉDÉS.

Mon désir le plus vif est de voir nos agriculteurs recueillir la totalité des bénéfices qui résulteront de la transformation de leur récolte de lin en une substance d'un emploi aussi général que celle que produiront mes procédés. Mais je sais que, pour un certain nombre d'entre eux, ma méthode, quelque simple qu'elle soit, ne peut pas être considérée comme étant à leur portée, parce qu'elle exige une certaine connaissance des hautes branches de la chimie, un peu plus approfondie que celle que l'on trouve universellement répandue dans la classe agricole. Néanmoins, je pense que les opérations de la préparation du lin peuvent être divisées de manière à laisser au cultivateur une bonne part des bénéfices qu'elles donnent, et que la Société linière voulait attribuer exclusivement aux spéculateurs et aux capitalistes.

J'ai reçu, de divers côtés, des propositions pour la concession du droit exclusif d'exploiter mon brevet pour la préparation du lin dans un rayon de plusieurs milles et dans différentes parties du royaume; mais je les ai refusées, parce que je crois que cette manière de procéder aurait inévitablement pour effet de ravir au cultivateur ses bénéfices légitimes, et de retarder, par suite, le développement de la culture du lin, que je considère comme indispensable au bien-être du pays.

Il y a peu de jours que j'ai encore été confirmé dans cette opinion, par ce que me rapportait un propriétaire fermier d'Irlande, qui, depuis nombre d'années, cultive le lin dans un district pour lequel un *rouisseur* d'après le système breveté de Schenck a obtenu un droit d'exploitation exclusif. Possesseur d'un pareil monopole pour une grande étendue de pays, cet industriel tient la totalité des cultivateurs sous sa dépendance, et il peut leur offrir le prix qui lui convient pour leurs produits, parce qu'il sait qu'ils ne pourront pas en trouver un autre placement à plusieurs milles à la ronde. Aussi ce système d'extorsion a-t-il été mis en pratique dans une si grande proportion, que beaucoup de cultivateurs, après avoir dû conserver leur lin en meules pendant deux et trois ans, ont été contraints de le vendre enfin à 30 schellings la tonne, alors que, sans le monopole du rouisseur, ils en auraient facilement obtenu de 2 à 3 livres sterling. Le fermier de qui je tiens ces détails a en ce moment environ 700 tonnes de lin en meules qu'il refuse de vendre au prix ruineux que lui en offre le rouisseur, et il a positivement déclaré qu'il ne cultiverait plus un seul acre de lin cette année, à moins qu'on ne crée un nouveau débouché pour ses produits.

ASSOCIATIONS PAR ACTIONS.

La marche que je proposerais pour éviter les inconvénients dont je viens de parler, et pour réserver aux cultivateurs les bénéfices de la préparation du lin, serait de créer en différentes localités du royaume, et au moyen de souscriptions recueillies entre les cultivateurs de lin de chaque district, un établissement où l'on accomplirait les différentes opérations de la préparation de leur récolte. Les bénéfices qui en résulteraient seraient ensuite distribués aux actionnaires en proportion des intérêts qu'ils posséderaient dans l'entreprise.

Ce système a été adopté et trouvé avantageux par les cultivateurs de la canne à sucre aux Indes orientales, et il n'est point douteux qu'il réussirait également chez nous aux cultivateurs de lin.

Un second moyen d'arriver au même résultat serait que chacune des associations agricoles locales établît les usines nécessaires à la manutention du lin. Les bâtiments et le matériel resteraient la propriété de l'association, et l'usage en serait concédé aux membres ou souscripteurs, moyennant le payement d'une somme à convenir par tonne ou par acre de lin.

Il y a encore une troisième marche qui pourrait être adoptée avec avantage, à défaut des deux premières. Elle consisterait à ce que le propriétaire établît les usines nécessaires pour l'usage de ses fermiers, moyennant le payement d'une redevance calculée pour couvrir les intérêts du capital employé et les frais d'entretien du local et du matériel.

BÉNÉFICES.

Il nous reste à examiner un côté de la question auquel je n'ai jusqu'ici fait allusion qu'accidentellement : je veux parler du bénéfice qui résultera pour le fermier de la culture du lin. Si j'ai réussi à vous convaincre de la certitude et de l'étendue des débouchés qui existent pour ce produit; si je suis parvenu à vous faire apprécier combien il est nécessaire que vous vous efforciez d'y suffire vous-mêmes, je n'aurai pas de peine, j'en suis certain, à vous prouver, de la manière la plus complète, que vous en retirerez d'immenses bénéfices.

GRAINE ET FIBRE.

Il est évident d'abord que les bénéfices qui résulteront du

nouveau mode de préparation du lin, d'après lequel on pourra en retirer à la fois de la fibre et de la graine, rendront la culture de cette plante beaucoup plus avantageuse que celle du froment, aux prix actuels. M. Warnes établit que le bénéfice réalisé par lui, sur 14 acres de lin qu'il a cultivés et préparés l'année dernière, dépasse de 6 livres sterling par acre celui qu'il aurait pu faire sur la culture du froment. Voici ses calculs :

	l. st.	
Lin préparé, vendu à Leeds.	238	16
Valeur de la graine.	126	00
A déduire :		
Frais de préparation du lin.	140	00
Bénéfice brut.	224	16
Valeur du produit de 14 acres de froment, à raison de 38 boisseaux à l'acre, vendus 40 schellings le quarter.	133	00
Balance en faveur du lin, non compris 6 tonnes 6 c^{wts} de cosses équivalentes au foin, 26 c^{wts} d'étoupes et beaucoup de débris qui ont servi de litière au bétail. l. st.	91	16

LA GRAINE SEULE.

Ce qui vient d'être dit est relatif au cas où l'on conserve la graine en même temps que l'on prépare la fibre; mais il y en a où l'on cultive exclusivement le lin pour sa graine, et d'autres encore où c'est au contraire la graine qui est négligée, le seul but du cultivateur étant alors de récolter la fibre. De l'une ou de l'autre manière, le lin donne des avantages bien supérieurs à ceux de toute autre culture.

M. Beare, sans contredit l'un des meilleurs cultivateurs du Norfolk, sème tous les ans un ou deux acres de lin dans les terrains où il vient de récolter du froment et sans leur donner aucune fumure. Son seul but est d'avoir de la graine.

L'année dernière, sa récolte s'élevait à 26 boisseaux, ce qui, à raison de 10 schellings par boisseau, fait 13 livres sterling, tandis que le produit des mêmes terres, en froment, n'excédait pas 5 quarters qui, vendus à 40 schellings, n'ont donné que 10 livres sterling. Reste donc en faveur de la graine de lin seulement (la tige étant employée comme litière pour le bétail) une différence de 3 livres sterling par acre.

LA FIBRE SEULE ET LA GRAINE DÉTRUITE.

On pourrait citer encore beaucoup d'exemples à la suite de ceux mentionnés dans les rapports de la Société royale linière, pour prouver que, même dans les cas où la graine avait été jetée dans la fosse à rouir avec toute la plante, et avait ainsi été perdue, le bénéfice réalisé sur la fibre de lin seule était encore beaucoup plus élevé que celui qu'on aurait pu retirer de tout autre genre de culture. Mais, comme les exemples en question ne sont pas de nature à être suivis par des cultivateurs tant soit peu éclairés, il est inutile que je vous en parle ici.

NOUVEAU PROCÉDÉ.

Voici maintenant quelques détails sur ce que rapportera l'emploi du nouveau procédé, qui sera bien plus avantageux encore pour le cultivateur. Vous allez en juger.

LIN VENDU EN PAILLE.

Quand il pourra vendre son lin en paille, le cultivateur pourra aussi recueillir toute la graine, et la tige lui vaudra 4 livres sterling la tonne, le produit d'un acre étant d'environ deux tonnes. Il ne sera plus forcé, comme il l'est aujourd'hui, de couper son lin avant sa complète maturité et avant que la graine soit tout à fait formée. En effet, plus la tige sera forte et développée, plus la fibre qu'on en retirera sera propre à être employée par les métiers à laine et à coton, et, en la laissant complétement mûrir, on pourra la filer en fils très-fins avec plus de précision et de solidité que quand elle a été abattue à une époque moins avancée de sa croissance. Le cultivateur n'aura donc plus à se préoccuper, sous ce rapport, de la finesse de sa récolte, et il pourra lui laisser porter toute la graine qu'elle est susceptible de produire.

NETTOYAGE PARTIEL.

Lorsque la difficulté qu'il y aurait à transporter le lin en paille à une assez grande distance obligera le cultivateur à en réduire le volume, en enlevant une partie des portions ligneuses de la plante, il se procurera ainsi, outre la graine, un excellent fourrage pour les bestiaux, il augmentera la valeur de son lin de beaucoup plus qu'il ne lui en aura coûté pour le faire ainsi préparer.

PRÉPARATION COMPLÈTE.

Si le cultivateur veut se charger lui-même de la complète préparation du lin jusqu'au moment où il est propre à être mis en œuvre par les fabricants de toile, de coton, de laine ou de soie, il réalisera un bénéfice à la fois plus certain et plus important qu'aucun de ceux qu'il peut espérer en employant les procédés actuels; sans compter que les résidus imprégnés des sels employés à la préparation du lin par ma méthode lui fourniront un engrais doué des qualités les plus riches et les plus fertilisantes.

AVANTAGES SOCIAUX.

Un mot maintenant sur les avantages sociaux qui résulteront de l'extension de la culture du lin, et cette note déjà trop longue, je le crains, sera terminée. Sous ce rapport, je ne puis faire mieux que de citer quelques passages du rapport de l'un des correspondants du *Morning Chronicle* qui a visité le petit village de Trimingham, où M. Warnes s'est depuis plusieurs années adonné avec beaucoup de soin et de succès à la culture et à la préparation du lin :

« La condition des habitants de ce village, dit-il, était des
« plus déplorables il y a quelques années, et le nombre de pauvres

« y était de beaucoup plus considérable que dans aucun autre
« village des environs. Depuis l'introduction de la culture du lin,
« l'état des choses a complétement changé : il n'y a plus un men-
« diant dans la commune, et la taxe des pauvres y est purement
« nominale. Il n'y a pas un laboureur valide, pas un membre de
« sa famille qui ne soit assuré d'un travail constant pendant toute
« l'année, et la situation morale de ce village ne peut aujourd'hui
« être comparée avec celle d'aucun autre de notre pays. Si la cul-
« ture du lin peut donner partout les résultats qu'elle a produits
« à Trimingham, il est incontestable que plus tôt on en favorisera
« l'extension, plus tôt nous verrons décroître le nombre effrayant
« de nos pauvres, et le bonheur être le partage plus général de
« notre population agricole. »

La lecture de cette note est vivement applaudie.

Le chevalier Claussen remet alors au bureau les divers échantillons suivants :

1° Un échantillon de lin brut;

2° Un échantillon de lin préparé pour la fabrication des toiles, d'après son nouveau procédé;

3° Un échantillon de fibre longue, préparée de la même manière;

4° Un échantillon de *coton anglais,* ou fibre de lin pur, préparé pour être employé par les métiers à coton;

5° Un échantillon de fils filés par les métiers à coton, les uns avec de la fibre de lin pure, d'autres où elle est mélangée en différentes proportions au coton d'Amérique : ces mélanges sont désignés par l'inventeur sous le nom de *flax-cotton;*

6° Un échantillon de lin préparé pour être mélangé à la laine;

7° Des échantillons de fils produits par les machines actuelles à filer la laine, et composés de lin et de laine en diverses proportions : l'inventeur nomme ce produit *flax-wool;*

8° Un échantillon de flanelle tissée avec le fil ci-dessus;

9° Des échantillons d'étoffes fines tissées avec du fil composé en partie de lin et en partie de laine, et teintes;

10° Du lin préparé pour être mélangé avec la soie et teint de diverses couleurs;

11° Du lin mélangé avec de la soie : ce mélange est nommé par l'inventeur *flax-silk*;

12° Un échantillon de fil produit avec la matière ci-dessus;

13° Un échantillon de *flax-cotton* filé et teint de diverses couleurs;

14° Des échantillons d'étoffes tissées avec le *flax-cotton* ou le *flax-wool*, et teintes.

M. le chevalier Claussen et ses amis expliquent que les avantages qui résulteront du nouveau procédé sont les suivants :

1° Que, par ce procédé, on termine en moins d'un jour la préparation de la fibre longue, et que celle-ci est toujours uniforme en force et en couleur, ce qui est un immense avantage pour le blanchiment, soit des fils, soit des étoffes tissées;

2° Que le lin peut être blanchi brut, avec une très-faible augmentation dans la dépense et dans le temps nécessaire à sa préparation;

3° Que les procédés difficiles et hasardeux de l'ancien rouissage sont écartés et remplacés par une manutention tout à fait certaine dans ses résultats, et qui ne demande que des soins ordinaires;

4° Que, par suite d'une séparation plus complète des fibres entre elles ou de celles-ci d'avec les autres éléments de la plante, le travail du sérançage est de moitié moindre.

(Ces avantages se rapportent à cette partie de l'invention qui concerne la préparation du lin pour les métiers actuels à travailler cette matière et pour les débouchés existant aujourd'hui. Les avantages suivants se rapportent à la création de nouveaux débouchés pour les produits de la Grande-Bretagne.)

5° Que, par le nouveau procédé, le lin est rendu propre à être filé seul ou en mélange sur toute machine à filer n'importe quelle matière et telle qu'elle existe aujourd'hui;

6° Que le lin destiné à être mélangé au coton ou à être filé seul sur les métiers à coton est rendu si complétement l'équivalent de celui-ci dans toutes ses qualités, qu'il peut recevoir ces teintures riches et épaisses qui caractérisent les cotons teints : par conséquent, toute étoffe de *flax-cotton* peut être teinte, imprimée ou blanchie par les mêmes procédés que ceux employés pour les étoffes de coton pur;

7° Que le lin préparé pourra toujours être produit avec bénéfice par les cultivateurs de la grande-Bretagne à un prix inférieur à celui auquel les producteurs étrangers pourront importer le coton;

8° Que les fabricants indigènes ne dépendront plus, pour l'approvisionnement de matière première, des vicissitudes des récoltes de coton; que notre population manufacturière sera assurée d'un travail régulier, et qu'en conséquence le chiffre des taxes locales sera considérablement réduit;

9° Que les cultivateurs anglais retireront de toute nécessité de grands avantages des vastes débouchés qui vont leur être offerts;

10° Que le lin préparé par l'un des procédés dont il s'agit peut, seul ou mélangé à la laine, recevoir toutes les applications de celle-ci même, et que, bien différent du coton, qui ne pourra jamais être employé à cette fabrication, ce lin pourra servir à faire un feutre tout à fait analogue à celui qui est fabriqué avec de la laine;

11° Que le lin préparé pour être filé avec la laine ne coûtant pas plus de 6 à 8 deniers la livre, tandis que la laine elle-même coûte de 2 à 4 schellings la livre, les étoffes tissées avec ce mélange seront de 25 à 30 p. 100 meilleur marché que celles qui sont fabriquées de laine pure, tout en étant d'une solidité égale, sinon même supérieure;

12° Que les rebuts de laine courte, qui ne peuvent être filés aujourd'hui, seront d'un emploi utile et facile dans le mélange de laine et de lin;

13° Que le commerce des flanelles et des tissus de laine va ainsi ouvrir un nouveau débouché aux cultivateurs de lin;

14° Que le lin pourra aussi être préparé de manière à être filé avec la soie sur les métiers actuels à travailler cette dernière matière, et à un prix uniforme de 6 à 8 deniers la livre; que, préparé de cette manière, il est susceptible de recevoir, comme la soie, une teinture du plus grand éclat, et qu'enfin il résultera de cette nouvelle application du lin une économie facile à apprécier dans la fabrication de tous les tissus de soie;

15° Que, par le nouveau procédé de blanchiment de M. Claussen, tout lin hors d'usage peut être converti en une matière de toute première qualité pour les manufactures de papier, et d'un prix bien inférieur à celui qui est payé aujourd'hui pour les chiffons blancs : cette matière sera propre à la fabrication des papiers de toute première finesse.

Enfin M. Claussen et ses amis ont la persuasion, comme cela a été dit dans la note qui vient d'être lue, qu'il est possible de prendre des arrangements tels, que ce soient les cultivateurs eux-mêmes qui profitent les premiers de tous les bénéfices à résulter des nouveaux procédés de la préparation du lin.

Sir James Graham demande si le fermier n'est pas exposé à endommager la fibre du lin dans les opérations nécessaires pour séparer la graine de la tige, et quels seraient, en cas d'affirmative, les moyens de prévenir ce danger?

M. Claussen répond que le cultivateur ne courra pas ce risque s'il continue à employer les moyens actuels. En tout cas, on peut avoir recours pour cette opération à une machine fort simple qui rend la lésion de la fibre impossible.

Le président croit qu'il serait utile de faire connaître le plus tôt possible aux agriculteurs toutes les nouvelles considérations en faveur de la culture du lin, attendu que le moment où l'on doit semer cette plante est presque arrivé.

M. Alcok, membre du parlement, demande comment on s'arrangerait pour les prix de transport. Les charbons de Yorkshire sont transportés à raison de 7 schellings 6 deniers la tonne; mais les charbons sont une matière lourde et compacte, tandis que le lin serait léger, mais très-volumineux.

M. M' Dermott répond en rappelant que, d'après la note qui vient d'être lue, le volume du lin pourra être diminué par l'enlèvement partiel de la paille, au moyen d'une machine qui ne coûtera pas plus de 20 livres sterling, ou même par la pression hydraulique, comme cela se fait pour le foin destiné à l'exportation. Il est probable aussi que les chemins de fer consentiront à faire des marchés à prix réduits pour le transport de la nouvelle matière dont il s'agit.

M. Magendie pense que, si la machine était portative, on pourrait la louer successivement aux cultivateurs qui voudraient réduire le volume de leur lin. Si le nouveau procédé ne produit aucun effet nuisible sur le lin, et s'il ne le rend pas impropre à l'une ou à l'autre des applications qu'il reçoit aujourd'hui dans la fabrication, l'invention de M. Claussen aura des résultats très-avantageux pour le pays.

M. Christopher, membre du parlement, et le colonel Challoner croient qu'il serait utile de bien établir d'avance quel sera le prix des diverses machines que les cultivateurs devront employer pour l'exploitation de cette nouvelle industrie, qui leur est totalement inconnue.

M. Miles, membre du parlement, vient précisément de prendre des informations à ce sujet, en s'adressant à l'un des amis de M. Claussen qui se trouve à côté de lui. Il paraît, d'après ce qu'il en a appris, qu'une seule machine sera indispensable aux cultivateurs, mais qu'ils devront en employer deux s'ils veulent se charger eux-mêmes de tous les degrés de la préparation du lin. La première de ces machines coûtera 10 livres sterling; elle est destinée à séparer la fibre et à la dégager de la paille et des matières les plus grossières qui forment les deux tiers du lin brut, et que l'agriculteur restitue ensuite à la terre. La seconde machine coûtera 50 livres sterling; elle est destinée à nettoyer la fibre des rebuts restant après l'emploi des premiers procédés chimiques.

L'honorable Dudley Pelham, membre du parlement, demande quel est le prix du nouveau *coton anglais*, comparé à celui du coton étranger ordinaire, et il lui est répondu que ce prix est de 4 à 6 deniers par livre, tandis que le coton étranger coûte 8 deniers et au-dessus, suivant les qualités.

M. Fisher Hobbs fait part à l'assemblée des résultats de la culture du lin dans les comtés de l'est où les producteurs ont été dans l'impossibilité de trouver le placement de leur récolte. Les ressources des fermiers sont, pense-t-il, trop faibles actuellement pour qu'il leur soit prudent de s'engager dans une nouvelle voie de culture, sans être bien assurés d'avance que, après avoir surmonté toutes les difficultés qui précèdent la récolte et celles qui sont inhérentes à la préparation de celle-ci pour la vente, ils en trouveront sans peine le placement sûr et avantageux. Apercevant parmi les assistants un membre d'une famille de filateurs de lin de Leeds, il le prie de vouloir bien faire connaître à l'assemblée comment son expérience pratique lui fait envisager cette question.

M. Marshall, membre du parlement, répond que ce sont ses frères qui ont des filatures, et qu'il se borne, quant à lui, à cultiver une partie du lin qu'ils emploient. Il croit qu'ils payent de 7 à 8 livres sterling par acre pour pouvoir employer la terre à la culture du lin, tous les frais de culture restant à leur charge, et le fermier peut disposer de la terre pour son propre usage pendant le temps où la récolte de lin ne l'occupe pas. Il pense qu'il y a en ce moment des débouchés considérables pour le lin. En Belgique, le fabricant dégage le cultivateur de toute inquiétude et de tous risques en achetant d'avance la récolte en bloc et sur pied. Si M. Claussen atteint le but de ses louables efforts, ce sera un grand bien pour les fermiers de la Grande-Bretagne.

M. Hamond a cultivé le lin dans le Norfolk, mais, ne trouvant pas de placement pour ses produits, il les a envoyés à la fabrique, et en a fait faire de la toile pour son propre usage. Il a aussi fait couvrir plusieurs de ses bâtiments de ce pays avec de la paille de lin, ce qui forme la plus belle toiture de chaume qu'il ait jamais vue.

M. Fuller, membre du parlement, a également cultivé du lin dans le Sussex, mais n'a pas réussi davantage à s'en défaire. Quand il l'a offert à une grande manufacture, il lui a été répondu qu'on ne pouvait l'accepter qu'à la condition de le payer en toiles.

M. Shelley fait observer que la grande difficulté pour les fermiers n'est pas dans la culture du lin, mais dans la possibilité de placer leurs produits. Dans le Sussex, il est devenu impossible de vendre le lin récolté. Si M. Claussen peut parvenir à faire du lin une matière dont on trouve constamment le placement, il ne manquera pas de cultivateurs qui la lui fourniront. Il est donc de peu d'importance, à son avis, de détailler si longuement aux fermiers tout ce que peut rapporter la culture du lin.

M. Claussen répond que la préparation du lin pour les broches à coton est aussi simple que facile, et qu'il se chargera volontiers de procurer aux fermiers des hommes capables de leur indiquer la marche à suivre pour cette préparation. MM. Quitzow, Schlesinger et compagnie, filateurs, teinturiers et négociants à Bradford, n'ont que la crainte de ne pouvoir se procurer assez de lin pour la consommation qu'ils vont en faire par suite des nouveaux procédés; ils offrent 4 livres sterling par tonne de lin de bonne qualité.

Le professeur Way remarque que les procédés actuels pour la

préparation du lin n'ont pour but que l'emploi qu'on fait aujourd'hui de cette substance, tandis que ceux inventés par M. Claussen vont lui ouvrir de nouveaux et vastes débouchés. Il y a dans son système un point qui est d'une grande importance, à savoir qu'on ne fera plus de différence entre le lin de fine et de grosse qualité. Ainsi, le cultivateur pourra laisser sa récolte atteindre sa pleine maturité, et son produit en graine sera, par suite, aussi complet que possible. A son avis, les produits fabriqués avec la nouvelle matière tiendront le milieu entre les étoffes de lin et celles de coton : inférieurs aux premières, ils seront de beaucoup supérieurs aux dernières.

M. Shelley propose un vote de remercîment à M. Claussen pour la complaisance qu'il vient de montrer et pour la satisfaction que ses explications ont procurée à l'assemblée : il lui souhaite sincèrement la complète réussite de ses projets, et espère voir bientôt son système généralement appliqué.

M. Miles, membre du parlement, appuie cette proposition. Il est convaincu que les résultats de l'invention de M. Claussen seront aussi avantageux pour celui-ci même que pour les cultivateurs, dont il a si bien compris et défendu les intérêts.

Le président met la proposition aux voix, et elle est votée à l'unanimité.

M. Claussen promet de revenir, dans quinze jours, expliquer à l'assemblée la totalité de ses procédés.

PROCÉDÉS DE M. LE CHEVALIER CLAUSSEN POUR LA PRÉPARATION DU FLAX-COTTON, ETC.

(Séance du 26 février 1851.)

En exécution des engagements qu'il a pris à la dernière séance, M. le chevalier Claussen se présente devant l'assemblée pour lui expliquer ses procédés pour convertir le lin en une substance ayant toutes les qualités et toute l'apparence du coton, ainsi que sa méthode pour le blanchiment de toutes les matières textiles végétales ou des tissus fabriqués avec celles-ci.

M. Claussen dépose sur le bureau une copie de l'exposé de ces diverses opérations, et prie le docteur Ryan de vouloir bien donner, pour lui, toutes les explications que les membres de l'assemblée pourront désirer à ce sujet.

Le docteur Ryan annonce à l'assemblée que, depuis la première communication qu'elle a eue des procédés de M. Claussen, il s'est rendu à Bradford pour assister à une expérience complète et définitive qu'on y a faite sur une grande échelle, et que le résultat de cette expérience a été tel, que c'est avec une complète conviction qu'il peut entretenir aujourd'hui la Société royale d'agriculture de l'invention de M. le chevalier Claussen. Il ajoute qu'il prie les membres de la réunion de bien comprendre qu'il ne vient pas attaquer les systèmes actuels de préparation du lin, mais qu'il n'a que le but unique de développer, pour M. Claussen, tous les détails de ce qu'on peut nommer bien réellement une admirable découverte. Avant d'entrer en matière, il désire encore répondre à une objection qui a été soulevée par M. Beale Browne, lequel a prétendu que le mélange du lin au coton ne serait pas avantageux en définitive, à cause de la différence de poids spécifique des deux matières. « Le lin, a-t-il dit, rendra les étoffes de « coton beaucoup plus pesantes. » Telle est la difficulté que M. Beale Browne prétend avoir découverte ; mais M. le docteur Ryan lui apprend que, quoique le lin, dans son état ordinaire, soit plus pesant que le coton, il devient, lorsqu'il est préparé par M. Claussen, d'une pesanteur tout à fait identique à celle du coton d'Amérique.

Ensuite il entre dans les détails des expériences qui ont été faites dans les usines de MM. Quitzow et compagnie, à Apperley-House, près de Bradford, dans le Yorkshire. Il décrit les procédés employés pour préparer le lin au sérançage comme ne demandant que quatre heures, au lieu de cinq jours, temps exigé en moyenne par les procédés brevetés de Schenck et appuyés par la Société linière d'Irlande. Les substances chimiques employées par M. Claussen ne sont que de la soude et de l'acide sulfurique, et il les applique de telle manière et sous une forme telle, que la fibre la plus délicate ne peut en recevoir aucune altération. Ainsi, la quantité de soude n'est que d'une partie sur deux cents parties d'eau. L'acide y est ajouté lorsque le lin a bouilli dans la dissolution de soude, et les objections qu'on pourrait soulever contre l'emploi d'un pareil agent sont renversées par cette seule remarque, que la quantité d'acide n'est jamais que d'une partie sur cinq cents parties d'eau, et que la présence de la soude neutralise complétement l'action que l'acide sulfurique pourrait avoir sur la fibre, en se combinant avec lui de manière à former un sel neutre de sulfate de soude.

Le docteur Ryan rapporte ensuite que des expériences ont été faites dans le but de comparer la force de la fibre préparée par les nouveaux procédés et celle rouie par la méthode de Schenck. Le résultat de ces expériences a été complétement en faveur du premier système.

Puis il entre dans des détails sur la manière dont on convertit le lin en une substance cotonneuse, ou plutôt dont on fait éclater sa fibre pour la convertir en une matière qui peut fort difficilement être distinguée du plus fin coton d'Amérique. Le docteur Ryan considère cette partie de la découverte comme le point vraiment important de l'affaire, parce qu'elle ouvre un nouveau et vaste débouché aux producteurs de lin, et que la matière qu'elle produit peut être filée par les fabricants sur n'importe quelle machine à filer actuellement le coton, la laine ou la soie.

Entrant alors dans les détails du procédé même, il explique l'effet que produit l'élasticité du gaz acide carbonique qui se dégage dans l'intérieur de la fibre par l'action d'un acide sur le carbonate de soude ou de potasse. Il annonce qu'il va démontrer à l'assemblée tout ce qui est relatif à cette partie de l'invention, ainsi qu'aux procédés de blanchiment, en faisant sous ses yeux les expériences mêmes qui les rendront compréhensibles pour tous les assistants.

En ce moment le docteur Ryan remet au professeur Way, le chimiste consultant de la Société, une copie de l'exposé des procédés de M. le chevalier Claussen, et au bout de quelques instants le professeur annonce à l'assemblée qu'il a lui-même essayé déjà d'accomplir les procédés indiqués par l'inventeur, et qu'il a complétement réussi à blanchir la fibre de lin et à la convertir en une matière analogue au coton. Sur cette déclaration, le docteur Ryan propose au président de prier le professeur Way d'accomplir devant l'assemblée les expériences qu'il allait tenter, et dans lesquelles celui-ci était une partie tout à fait désintéressée. Le professeur Way se rend à cette demande, et réussit complétement et en moins de deux minutes à blanchir une certaine quantité de lin et à la convertir en une matière semblable au coton : le tout sous les yeux des membres de l'assemblée.

Il y a certainement longtemps que nous connaissons les effets de l'expansion subite des fluides aériformes, soit qu'ils s'échappent par une action chimique d'une substance solide et en apparence inerte, comme la poudre à canon dans les armes à feu ou dans les mines, soit lorsqu'ils reprennent subitement leur élasticité en échappant à la pression ou à la condensation, comme dans les fusils à vent, ou dans l'emploi des gaz liquides du docteur Faraday; mais nous n'avions aucune idée d'une aussi magnifique application des principes qui régissent ces phénomènes que celle que nous a montrée le chevalier Claussen, en faisant éclater la fibre du lin par l'introduction entre les éléments qui la composent du gaz acide carbonique uni par condensation et par des moyens chimiques à la soude, puis dégagée de celle-ci par l'addition d'un acide qui rompt cette union à cause de son affinité plus grande pour l'alcali.

L'action d'agents aussi puissants dans leur effet, et si simples et si rapides dans leur application, donnait à l'expérience faite par le professeur Way, en présence de l'assemblée, l'apparence d'un acte nouveau de magie plutôt que celle d'une opération régie par des lois toutes naturelles, mais dont l'application seule est nouvelle. Aussi l'assemblée entière fut-elle frappée de surprise d'abord, puis d'une admiration complète pour les résultats obtenus. La fibre de lin saturée de la solution de sous-carbonate de soude ne fut pas plutôt plongée dans le vase contenant l'eau acidulée, que son caractère fut complétement changé; ce qui était une masse dure et serrée de lin devint subitement un amas léger de matière cotonneuse, se développant comme une pâte qui lève ou une éponge qui s'enfle. La modification subie ne fut pas moins prompte lorsque cette masse ainsi convertie fut placée ensuite dans un vase contenant l'hypochlorite de magnésie. Elle fut instantanément blanchie, recevant ainsi la couleur du coton avec la même rapidité qu'elle venait d'en prendre la forme.

Après l'accomplissement de cette expérience, une longue et intéressante conversation s'engage entre le président, les membres de l'assemblée et M. Claussen, sur plusieurs points importants de la découverte de celui-ci. On examine successivement : la marche que les cultivateurs de lin devront suivre pour rendre leurs produits propres à être employés par M. Claussen, ou ses agents; les avantages qui résulteront de la machine de M. Davy pour réduire le volume du lin, et ceux que présenteront les machines destinées à le couper à la longueur voulue pour sa transformation en coton; enfin la différence qui existe entre la fibre plate du coton et la fibre cylindrique du lin, ainsi que la force relative de ces deux matières.

M. Davy entre dans quelques détails sur la construction et sur l'utilité de sa machine, qui coûtera environ 10 livres sterling, et qui permettra au cultivateur de réduire considérablement le volume de sa récolte quand il devra l'envoyer à une certaine distance. Il pense aussi qu'il pourrait, par l'emploi des seuls moyens mécaniques, rendre le lin propre à être travaillé par les machines à coton.

Le chevalier Claussen répond qu'à moins que M. Davy ne soit en état de construire une machine telle qu'elle puisse fendre un cheveu avec une précision parfaite, il n'est pas possible par les seuls moyens mécaniques de partager les fibres délicates du lin, et de détruire ainsi leur caractère cylindrique.

M. Christopher, membre du parlement, annonce qu'il a eu occasion de montrer à M. Bright un morceau de la fibre de lin qui a été remise à la Société dans sa dernière séance, et qu'il lui a demandé son opinion sur la valeur de la découverte de M. le chevalier Claussen. M. Bright, après avoir soigneusement examiné l'échantillon, a déclaré qu'à son avis, aussitôt qu'on aurait surmonté la difficulté qui résulte de l'inégalité de longueur de la fibre du lin, la nouvelle matière serait employée par nos manufactures sur une très-grande échelle, surtout si le coton reste au prix élevé auquel il est aujourd'hui.

M. Donlan présente quelques échantillons de lin provenant de graines choisies et préparées d'une certaine manière, et il décrit un nouveau mode de préparation du lin sans rouissage pour la fabrication des toiles fortes, telles que toiles à voiles, agrès et manœuvres courantes, cordages de toute espèce, fil de cordonnier, canevas, sacs, filets à poissons, etc. etc. Si l'on veut préparer ce lin pour la fabrication des toiles fines, on peut y arriver très-facilement par l'emploi d'un procédé fort simple et fort peu coûteux. L'objet de son invention est uniquement, dit-il, de mettre le cultivateur à même de pouvoir suffire à tous les débouchés, quels qu'ils soient, qui s'offrent pour le lin, tout en préparant celui-ci sans employer le rouissage ordinaire, et sans altérer en rien, par conséquent, aucune des qualités requises pour son emploi dans les diverses manufactures. La fibre préparée par le moyen mécanique qu'il propose sera convenable, soit pour être convertie en coton par les procédés de M. Claussen, soit pour être employée, au lieu de lin roui, dans les manufactures actuelles de toile et de batiste.

Le chevalier Claussen répond qu'il désire épargner aux cultivateurs tous les embarras de la préparation, soit par les anciens procédés du rouissage, soit même par ceux de sa propre invention. Ils devraient se borner à employer une machine fort simple et peu coûteuse, à l'aide de laquelle ils convertiraient leur lin en une matière parfaitement préparée, pour subir ensuite les manipulations nécessaires à sa transformation en coton ou à son emploi dans les manufactures de toiles. Il pense néanmoins que, en s'associant entre eux dans les termes qu'il a expliqués à la dernière séance, les cultivateurs pourront profiter eux-mêmes de tous les bénéfices qui résulteront de la préparation complète du lin pour n'importe quel emploi. Il est évident que les fermiers ne pourront se décider à adopter la culture du lin sur une grande échelle aussi longtemps qu'ils ne seront en état de vendre leur récolte qu'après lui avoir fait subir tous les inconvénients qui résultent du rouissage actuel.

Pour l'emploi par les nouveaux procédés, il est indifférent que le lin soit encore complétement en paille ou qu'il soit nettoyé en partie comme l'échantillon qui se trouve sur le bureau. Pour rouir le lin d'après l'ancienne méthode, il serait fort avantageux de ne l'employer qu'en ce dernier état, attendu qu'ainsi nettoyé il occuperait un bien moins grand espace dans la fosse à rouir, et qu'il devrait y rester beaucoup moins longtemps que lorsqu'il y est jeté avec toute sa paille.

M. M'Adam, secrétaire de la Société de Belfast, déclare qu'on ne peut avoir le moindre doute sur les avantages considérables qui doivent résulter des procédés de préparation du lin inventés par le chevalier Claussen. Il ne saurait exprimer avec quel étonnement et quelle admiration il vient d'être témoin de l'opération qui consiste à convertir si subitement et si facilement le lin en une substance parfaitement analogue au coton. Il avoue qu'il était venu de Belfast expressément pour assister à cette séance, et fortement prévenu contre l'invention dont on devait s'y occuper; mais il a complétement changé d'opinion à ce sujet, et il s'en retournera entièrement convaincu de l'immense importance de la découverte faite par M. Claussen. Il souhaite ardemment que celui-ci réussisse de toutes manières, et il lui promet en son nom personnel, ainsi qu'au nom de la commission dont il fait partie et qui a assisté à la séance avec lui, et au nom de toute la Société royale linière, de s'associer de tout leur pouvoir à lui pour publier sa découverte et la faire appliquer de la manière la plus générale et la plus complète [1].

[1] Voyez vol. II, chap. v, § 6.

ANNEXE N° 6.

RAPPORT À MONSIEUR LE MINISTRE DE L'AGRICULTURE, DU COMMERCE ET DES TRAVAUX PUBLICS.

Monsieur le Ministre,

J'ai l'honneur de vous rendre compte des expériences auxquelles je me suis livré, cette année, sur la culture du lin.

Elles ont été dirigées principalement en vue de constater l'effet produit par l'emploi d'engrais de diverse nature. Ce genre d'expériences, que vous avez bien voulu autoriser, m'a été inspiré par votre ancien prédécesseur au ministère de l'agriculture et du commerce, l'honorable M. Dumas, de qui je tiens la note suivante :

« Il serait extrêmement intéressant de cultiver, sur des por-
« tions de terres données, le lin avec persévérance chaque
« année, en faisant intervenir toujours les mêmes engrais, les
« résultats étant contrôlés par une portion du sol prise pour
« type, qui ne recevrait aucun engrais.

« On aurait donc :

« 1° Un sol sans engrais ;

« 2° Des portions de sol qui recevraient des engrais azotés,
« tels que le guano, les sels ammoniacaux, le nitrate de soude, la
« laine, le sang, la poudrette, etc. ;

« 3° Des portions qui recevraient des engrais alcalins, tels que
« le carbonate de soude et le carbonate de potasse ;

« 4° Des portions où l'on emploierait des engrais siliceux, tels
« que le verre soluble, des frittes obtenues avec le sable et les
« alcalis, etc. ;

« 5° Des portions qui recevraient des engrais calcaires, tels « que la chaux, la marne, le plâtre, le sulfure de calcium;

« 6° Des portions qui recevraient des engrais ferrugineux, « tels que le sulfate de fer, le minerai de fer hydraté, etc.;

« 7° Des portions qui recevraient des engrais phosphatés, tels « que les os en poudre, le biphosphate, le noir animal, le noir « des raffineries, le phosphate de soude;

« 8° Des portions qui recevraient des engrais mixtes, tels que « les cendres de bois en nature, des cendres lessivées. »

Les résultats obtenus la première année ne peuvent offrir, à beaucoup près, le degré de certitude que donneront nécessairement des expériences régulièrement faites pendant plusieurs années successives. En effet, les engrais antérieurs, et même la nature de la récolte qui a précédé immédiatement, doivent avoir une grande influence sur les produits de la première année d'essai. Au contraire, quand les mêmes engrais auront été appliqués avec persévérance à plusieurs récoltes sur le même terrain, les effets produits par chacun d'eux ressortiront de la manière la plus évidente; c'est ce que je me propose de faire.

En attendant, il ne sera pas sans intérêt de faire connaître les résultats qui ont été obtenus cette première année.

Le sous-sol du terrain employé aux expériences est granitique, et la couche arable, assez profonde, plus ou moins modifiée par les détritus et les engrais antérieurs, se compose d'argile et de sable de carrière. Ce sol ne doit pas être considéré comme étant très-propre à la culture du lin; il fait partie de la contrée anciennement désignée sous le nom de plateau de Gatine, qui s'étend de l'est à l'ouest, depuis les environs de la source de la Sèvre niortaise jusqu'à l'embouchure de la Sèvre nantaise, sur une largeur de 25 à 40 kilomètres.

Le temps m'ayant manqué pour me procurer en temps utile, pour cette première année, tous les engrais mentionnés dans la note ci-dessus, j'ai tenu néanmoins à faire usage des sortes les plus abondantes, celles qu'on peut obtenir partout avec facilité. C'est ainsi qu'après le fumier d'écurie j'ai eu recours à la poudrette, pour les engrais azotés; à la chaux, pour les engrais calcaires; au noir animal et à la poudre de corne, pour ceux qui sont phosphatés; aux cendres de bois, pour les engrais mixtes, etc.

Dans la généralité des cas, la quantité d'engrais employés a été basée sur la valeur de chacun d'eux, de manière à niveler à peu près les frais, dans chaque expérience, pour une même superficie de terrain.

J'ai employé deux sortes de semence, la graine de Riga et la graine de lin à fleur blanche. Chacune d'elles a donné lieu à autant de champs d'expérience qu'il y avait de variétés d'engrais.

Le tableau ci-après donne le détail des principales opérations de culture, et résume par des chiffres les résultats obtenus :

DATES des semailles.	N°S D'ORDRE.	NATURE de l'engrais.	QUANTITÉ employée par hectare.	NATURE de la semence.	QUANTITÉ employée par hectare.	PRODUITS de la récolte		NATURE de la culture précédente.
						en tiges sèches.	en graines.	
1853.					lit.	kil.	hectol.	
31 mars.	1	....	"	Riga.	250	2,000	4	Carottes.
"	2	Fumier de vaches et tan.	30 mèt.	Riga.	250	3,000	5	Choux vert, roulé
6 avril..	3	Cheval	40 m. cub.	Riga.	250	5,000	4	Idem.
8	4	Cendre, tan et charrée.	32 hect.	Riga.	250	4,800	5	"
8	5	Tan, noir animal	7	Riga.	250	3,200	6	"
8	6	Tan et charrée......	40	Riga.	250	2,200	6	"
"	7	Corne de bœuf.......	16	Riga.	250	5,000	5	Choux vert, roulé
11 avril.	8	Chaux et tan	80	Riga.	250	1,000	1	Carottes.
"	9	Matières fécales, poudrettes mélangées et tan.	25	Fleur bl.	300	"	"	Navets.
"	10	Matières fécales sèches et tan sans mélange.	"	"	300	[1] 2,000	2	Idem.
30 avril.	11	Charrée,...........	80	"	300	3,500	6	Carottes.
30	12	Chaux.............	80	"	300	2,000	3	Idem.
"	13	Poudre de corne......	16	"	100	1,000	1	Idem.
"	14	Noir animal	8	Riga.	100	1,000	1	Idem.

Les résultats consignés dans le tableau qui précède varient

[1] Les produits obtenus de l'expérience numéro 10 ne s'appliquent qu'à la moitié du terrain qui lui a été consacré.

considérablement entre eux : les numéros 3 et 7 ont donné des produits aussi beaux et aussi abondants que dans les meilleurs pays liniers; plusieurs autres ont fourni une récolte moyenne, tandis que sur le terrain des numéros 9 et 10 il n'est même pas resté de traces pouvant indiquer la nature de la semence qui lui avait été confiée.

Parmi les diverses causes qui ont pu concourir à produire les effets signalés, il en est qui sont du ressort de l'agriculture; je vais les indiquer : c'est en premier lieu la nature des engrais, l'époque des semailles, le mode de préparation du terrain et le genre de culture qui a précédé immédiatement. Il en est d'autres qui sont parfaitement indépendantes de la volonté du cultivateur; tels sont : la position physique du sol, les éléments qui le constituent, la présence de certains insectes, et certains phénomènes atmosphériques. La bruine et le puceron sont deux ennemis redoutables, dans ce pays-ci, non-seulement pour le lin, mais encore pour un bon nombre d'autres plantes. Il est vrai qu'on peut quelquefois prévenir les ravages du puceron en agissant immédiatement contre lui quand sa présence se manifeste; mais il n'en est pas ainsi de la bruine, dont les effets peuvent se comparer à des courants électriques. C'est ainsi que, dans les champs d'expérience qui sont l'objet de ce rapport, il s'est trouvé des passages, d'étendue très-variable, dont les tiges de lin étaient complétement bruinées, sans qu'il ait été possible d'assigner une cause à la marche bizarre du fléau.

Il paraîtrait que les inconvénients de la bruine sont inconnus sur le littoral de la mer, et que ses ravages ne se font sentir qu'à une certaine distance dans l'intérieur des terres.

Ses effets sont semblables à ceux du feu; les tiges qui en sont atteintes se dessèchent promptement et ne produisent ni graine ni filaments solides. Il paraîtrait difficile d'assigner la cause de ce phénomène, puisqu'on en éprouve les effets tout aussi bien au milieu des plus belles récoltes, ce qui m'est arrivé, que parmi celles qui réussissent mal. Du reste, les arbres eux-mêmes souffrent fréquemment de la bruine, dont la cause est complétement atmosphérique et ne peut être prévue ni empêchée par les soins de l'agriculteur.

Quelques explications de détail sur chaque champ d'expérience permettront d'apprécier, mieux qu'on ne peut le faire à l'aide d'un simple tableau, les causes qui ont pu contribuer à établir une différence dans les produits de la récolte.

Le numéro 1, semé le 31 mars, dans une terre qui n'a pas reçu d'engrais cette année, n'a produit que 2,000 kilogrammes de paille de lin et quatre hectolitres de graines par hectare. La récolte précédente était des carottes qui sont restées en terre une partie de l'hiver. Ce que ne dit pas le tableau, dont la phrase précédente rappelle les chiffres, c'est que le lendemain des semailles il est survenu une pluie battante qui a durci la surface du sol au point d'empêcher une partie de la semence de lever. Quoiqu'il eût été jeté en terre 250 litres de graine par hectare, ce champ leva comme s'il eût été clair-semé. De là moins de longueur, et par conséquent moins de poids dans les tiges, qui n'ont atteint que 80 centimètres de hauteur; peu nombreuses, elles se sont aussi moins protégées contre la croissance des mauvaises herbes.

Le numéro 2 a été semé le même jour que le numéro 1, dans un terrain engraissé avec du fumier de vache; la récolte précédente se composait de choux verts; le sol a été roulé et a reçu, en outre, une légère couche de tan; le lin a atteint 85 centimètres de hauteur.

En faisant usage de tan, je n'ai pas eu d'autre but que d'éviter l'inconvénient dont le numéro 1 a eu à souffrir par la pluie qui a durci la superficie du sol.

Ce moyen, qui m'a été conseillé par un bon jardinier, mon voisin, semble avoir produit d'assez bons effets dans plusieurs cas ; cependant le tan n'est pas une matière aussi inerte qu'on paraît le croire généralement; quelques-unes des expériences dont il me reste à parler en fournissent la preuve. Du reste, dans les terres susceptibles d'être roulées, on obtiendra, par cette préparation, d'aussi bons résultats que de l'emploi du tan.

Le numéro 3, semé le 6 avril, engraissé avec 40 mètres de fumier de cheval, roulé et précédé d'une récolte de choux verts, a donné des produits qui ne le cèdent en rien aux belles linières de la Belgique et du nord de la France. Ce lin a atteint une longueur moyenne de $1^m,10$, et, sur plusieurs points, celle de $1^m,25$; il a été facile de remarquer que les parties les mieux roulées sont celles qui ont le mieux réussi.

Quelques rames ont été placées dans ce champ, dans les parties où la végétation était la plus active; l'expérience a justifié cette précaution : sans elle, beaucoup de tiges auraient été couchées sur le sol et se seraient détériorées. La bruine a marqué son passage sur une parcelle de ce champ.

Dans les expériences 4, 5 et 6, le sol a été recouvert de tan; la levée de ce lin était très-régulière, et ces trois champs donnaient les plus belles espérances. Le tableau récapitulatif indique suffisamment par ses chiffres dans quelle proportion ils ont réussi; ces chiffres correspondent en quelque sorte à la longueur atteinte par les tiges dans chaque champ d'expérience. Elle a été, au numéro 4, de $1^m,10$; au numéro 5, de 1 mètre, et au numéro 6, de $0^m,95$.

Dans le principe, le numéro 7 donnait bien moins d'espérance que les numéros précédents qui lui étaient contigus; le sol consacré à cette expérience n'ayant point été recouvert de tan, et imparfaitement roulé, il est à croire que les oiseaux ont enlevé une assez forte quantité de semence. Néanmoins, ainsi que les chiffres l'indiquent, les produits ont été très-abondants; les tiges ont atteint une longueur moyenne de $1^m,10$.

Peut-on dire que ces beaux résultats soient dus à la poudre de corne qui a été employée comme engrais dans cette expérience? Nul sans doute ne pourrait l'affirmer; le temps, par des expériences successives, pourra seul résoudre le problème.

Il se pourrait que ce fût à l'emploi du tan qu'on dût attribuer, en partie, la différence qui existe entre les produits de l'expérience numéro 7 et ceux des numéros 4, 5 et 6; l'avenir, il faut l'espérer, éclaircira ces questions.

Dans l'expérience numéro 8, comme pour le numéro 6, c'est la chaux qui a servi d'engrais, et le sol a été recouvert de tan. Les seules différences importantes à signaler, c'est qu'ici la quantité de chaux a été du double, 80 hectolitres au lieu de 40, et la récolte précédente se composait de carottes au lieu de choux verts. Les produits obtenus de l'expérience n° 8 sont inférieurs pour la moitié de ceux du numéro 6, cependant fort minimes eux-mêmes. Au début, ce champ donnait de bonnes espérances; cela a duré pendant plusieurs semaines, puis ensuite on a vu une partie des tiges se dessécher et disparaître; celles qui ont résisté n'ont atteint que $0^m,45$ de hauteur.

Jusqu'ici il ne s'est agi que d'expériences faites avec des graines de lin à fleur bleue, provenant de Riga; la plupart de celles qui suivent ont été faites avec de la graine de lin à fleur blanche.

Ce n'a point été avec intention que les semailles de ce lin ont été plus tardives que les autres; cette circonstance, qui a certainement exercé une grande influence sur les résultats obtenus, a dépendu de causes de force majeure.

Le numéro 9, semé le 11 avril, a été engraissé avec des matières fécales mélangées de terre, à raison de 25 hectolitres par hectare, et le sol a été recouvert de tan. La récolte précédente se composait de navets.

Jusqu'au moment où le lin de cette expérience eut atteint 5 à 6 centimètres de hauteur, son aspect ne présentait rien d'extraordinaire; alors, seulement, on s'aperçut qu'il souffrait. Je le fis sarcler soigneusement, mais ce fut peine perdue, le mal continua à faire des progrès; cependant une partie des tiges atteignit environ 12 centimètres de hauteur. Je fis opérer un deuxième sarclage, mais rien n'y fit : avant que le temps de la récolte fût arrivé, il ne restait plus dans ce champ aucune trace de la semence qui lui avait été confiée, pas même les tiges qui avaient pu s'élever jusqu'à 10 ou 12 centimètres; tout avait disparu.

L'expérience numéro 10 a été faite dans des conditions analogues à celles du numéro 9, à cela près que la moitié de ce champ n'a point été recouverte de tan. C'est sur cette dernière moitié que j'ai récolté 2,000 kilog. de tiges de lin, tandis que l'autre partie a eu exactement le même sort que le numéro 9; d'où il semble qu'on puisse inférer que le tan exerce une action assez importante sur la végétation, puisque la portion du sol où cette matière n'a pas été employée a donné des produits passables. Si les résultats de la partie engraissée uniquement avec des matières fécales n'ont pas été aussi satisfaisants que possible, il faut peut-être en chercher la cause dans la date trop récente de l'extraction de ces matières, qui restaient vraisemblablement trop ammoniacales.

Le terrain consacré aux expériences 11, 12, 13 et 14 était encore occupé par de la jarosse le 23 avril; aussi ne fut-ce que le 30 de ce même mois que les semailles de lin purent avoir lieu.

La seule différence à constater dans les soins de culture entre les numéros 11 et 12 consiste dans la nature de l'engrais. Le premier, engraissé avec de la charrée, a donné une récolte satisfaisante, 3,500 kilog. de tiges de lin qui ont atteint une longueur moyenne de 90 centimètres; le second, engraissé avec de la chaux, n'a produit que 2,000 kilog. de tiges et moitié moins de graine que le numéro 11. Les tiges n'ont pas dépassé 60 centimètres de longueur.

Le numéro 13 a reçu de la poudre de corne pour engrais, et le numéro 14 du noir animal. Ces deux expériences, faites en vue de produire de la graine à semer, n'ont reçu qu'un hectolitre de semence par hectare.

Elles ont mal réussi l'une et l'autre. Il est à remarquer que dans ces deux champs le lin n'a bien levé que dans les parties qui avaient été piétinées, opération qui fut due presque au hasard, mais qui n'en fait pas moins ressortir le mérite du rouleau appliqué à la compression de la superficie du sol après les semailles.

Il ne faudrait pas conclure des propriétés végétatives du lin à fleur blanche par les expériences dont il est parlé ci-dessus, car le numéro 14, dont la semence était la même que celle des numéros 1 à 8, est loin d'avoir aussi bien réussi que ces derniers, et ne dépassait pas en longueur le lin à fleur blanche semé à la même époque et à la suite d'une coupe de jarosse. En dehors de l'action des engrais, il faut chercher dans la date des semailles, ou dans la nature de la récolte précédente, la cause d'infériorité générale qu'on remarque dans les expériences 9 à 14.

En ce qui concerne l'influence de la récolte précédente, il est à remarquer que le terrain occupé antérieurement par la jarosse a donné naissance à une grande proportion de mauvaises herbes, tandis que le contraire a eu lieu dans le terrain occupé par des choux verts, ce qui peut faire considérer cette récolte comme pouvant précéder très-avantageusement la culture du lin.

Les faits consignés dans ce rapport seront la base qui servira à apprécier le résultat des opérations ultérieures; l'agriculture a des secrets qu'elle ne révèle qu'à ceux qui la consultent avec persévérance : c'est ce que je me propose de faire.

Néanmoins on peut, dès maintenant, faire remarquer un fait important et qui confirme ce que j'ai dit ailleurs touchant la facilité avec laquelle le lin se prête à la culture. Le résultat des expériences 3 et 7 en est la preuve, puisque le sol du plateau de Gatine est l'un des moins propres à cette culture.

Les lins récoltés dans les expériences dont il est fait mention ici seront soumis à divers procédés de préparation; ce sera le sujet d'un second rapport.

Dans cette attente, veuillez agréer, etc.

ANNEXE N° 7.

En jetant un coup d'œil sur la carte statistique de la culture du lin en France, et se reportant ensuite sur les mêmes lieux à l'aide de la carte géologique, on verra assez approximativement quelle est la nature des divers terrains où la culture du lin s'est pratiquée jusqu'à ce jour, et, par analogie, quels sont ceux où elle peut être introduite avec succès.

Nous avons déjà fait connaître, volume Ier, page 25, quelle est la constitution géologique des principaux centres de la culture du lin en Belgique; la grande uniformité qui existe dans la nature de ces terrains nous dispense d'en parler plus longuement. Nous croyons aussi avoir suffisamment décrit la constitution géologique des pays de Bergues, Lille et Valenciennes, volume Ier, pages 75 à 79, pour qu'il soit inutile d'y revenir, d'autant que ces centres de la culture du lin diffèrent très-peu de ceux de la Belgique, déjà cités. La description que nous avons donnée, pages 80 et 84, des pays compris dans une ligne tirée de Boulogne à Vervins et de Vervins à Rouen, nous paraît également suffisante, la généralité de ces terrains ayant entre eux une grande analogie; nous y renvoyons donc au besoin. Nous nous réservons, du reste, d'entrer dans plus de détails sur les autres lieux de production, dont le sol diffère plus ou moins de celui des Flandres et des départements du Nord, du Pas-de-Calais, de la Somme et de la Seine-Inférieure. Par là, nous ferons ressortir les variétés du sol qui se prêtent à la culture qui nous occupe.

Ainsi, nous trouvons la culture du lin pratiquée dans l'arrondissement de Rocroy (Ardennes), dans un terrain de transition inférieur, et mieux encore, dans l'arrondissement de Vouziers (même département), dans un terrain composé de grès vert supérieur et inférieur.

Les arrondissements de Montmédy et de Verdun (Meuse), où règne le terrain jurassique, étage moyen et inférieur du système oolitique, cultivent une assez grande quantité de lin; il en est de même des arrondissements de Metz et de Thionville (Moselle); on trouve (même département) cette culture dans l'arrondissement de Sarreguemines, sise dans un terrain du trias, marnes irisées.

Montbéliard et Pontarlier, dans le Doubs, cultivent le lin : le premier de ces arrondissements se compose uniquement de terrain jurassique, des trois étages du système oolitique; le second joint à un terrain de même nature que le précédent quelques parties de grès vert et une langue de terrain tertiaire moyen. Nous ne disons rien du Haut-Rhin, ni du Jura, où le lin cède la place au chanvre, presque exclusivement, de même que dans la Marne, la Côte-d'Or, la Haute-Saône et le Cher.

Nancy et Château-Salins reposent dans des terrains jurassiques et du trias; Lunéville, placée près du confluent de plusieurs rivières, possède des alluvions et marnes d'une certaine importance, en dehors de quoi on ne rencontre plus aussi que des terrains du trias. La culture du lin n'est pas sans importance dans les Vosges, notamment dans les arrondissements d'Épinal, Remiremont et Saint-Dié; le terrain qui domine dans l'arrondissement d'Épinal appartient au grès bigarré et au grès des Vosges. La constitution géologique de Remiremont et de Saint-Dié est très-variée; cependant, dans ce dernier surtout, le grès rouge règne d'une manière presque absolue.

Le Bas-Rhin, si riche en alluvions propres à la culture du lin, donne la préférence au chanvre; ce n'est que dans l'arrondissement de Saverne qu'il se fait une certaine quantité de lin; le terrain qui domine dans cet arrondissement se compose de grès des Vosges et de marnes irisées.

En quittant le nord oriental, nous ne trouvons plus que l'Aisne où la culture du lin soit en honneur, dans les arrondissements de Laon et de Saint-Quentin, dont les terrains se composent d'alluvions et de craies; car les départements de Seine-et-Marne, de l'Aube, de la Haute-Marne, de l'Yonne et de la Nièvre ne cultivent que le chanvre.

En nous dirigeant vers le nord occidental de la France, nous ne nous arrèterons pas aux départements de la Somme et de la Seine-Inférieure, qui en font partie, quoique la culture du lin s'y fasse sur une grande échelle, puisqu'en raison de l'uniformité des terrains de cette contrée nous avons déjà renvoyé à ce que nous en disions volume Ier, pages 80 et 81; nous passerons de suite dans le Calvados.

Les arrondissements de Caen et de Vire sont ceux du Calvados qui cultivent le plus de lin; le terrain jurassique de l'étage inférieur (système oolitique) règne à peu près exclusivement dans le premier de ces arrondissements, tandis que le granit et le terrain de transition inférieur se partagent le pays de Vire.

La Manche est un des départements où il se cultive le plus de lin; on le trouve, dans chacun de ses arrondissements, dans une proportion presque égale, Mortain excepté, quoique là, comme dans le reste du département, ce soit le terrain de transition inférieur et moyen qui domine, entrecoupé de veines granitiques et d'autres moins étendues appartenant au terrain du trias.

Le lin est cultivé dans tous les arrondissements d'Ille-et-Vilaine; dans quelques-uns d'entre eux on ne trouve que des terrains de transition moyens; dans les autres, le même terrain alterne avec des parties granitiques; Rennes et Montfort, reliés par une langue de terrain tertiaire moyen, sont du reste enveloppés par des terrains de transition moyens; ce n'est qu'aux environs de Saint-Malo qu'on trouve quelques terrains d'alluvion.

Le département des Côtes-du-Nord est le second de France pour l'importance de la culture du lin; on la trouve répandue dans chacun de ses arrondissements; toutefois, elle a beaucoup moins d'importance dans celui de Loudéac, placé cependant dans des terrains de transition; tandis que les terrains cristallisés, tels que granit, syénite et micaschiste, dominent dans le reste du département, sauf une bande de terrain de transition moyen, qui, s'appuyant dans la Manche, en face de l'île de Bréhat et de la pointe de Minar, court entre Lannion et Tréguier, jusqu'en face l'île Molènes, où elle se termine en pointe. On trouve encore quelques parcelles de terrain de transition, notamment une coulée étroite qui a son point de départ près de Matignon et prend la forme d'une fourche à la hauteur de Lamballe, qui, comme la majeure partie des Côtes-du-Nord, repose sur un terrain cristallisé.

Les arrondissements de Morlaix et de Brest sont les seuls, dans le Finistère, où la culture du lin ait de l'importance; les terrains de transition et les terrains cristallisés se partagent l'espace dans ces deux arrondissements; cependant le granit y domine.

Dans le Morbihan, Vannes est l'arrondissement qui fait le plus de lin; le granit y règne presque exclusivement; on fait aussi du lin dans l'arrondissement de Ploërmel; là le terrain cristallisé cède le pas à celui de transition moyen et inférieur, qui domine.

Les terrains cristallisés dominent dans les arrondissements de Nantes et de Savenay; c'est à peine s'ils cèdent un peu d'espace au terrain tertiaire moyen; ces deux arrondissements font à eux seuls les deux tiers de ce que produit en lin la Loire-Inférieure, quoique Châteaubriant soit en plein terrain de transition moyen, et qu'Ancenis compte plus de terrain de transition supérieur que de terrain cristallisé.

En dehors des terrains d'alluvion des bords de la Loire, l'arrondissement d'Angers (Maine-et-Loire) cultive le lin dans les terrains schisteux, tertiaires moyens et crétacés qui le composent; le pays de Segré appartient exclusivement au terrain de transition moyen, tandis que l'arrondissement de Beaupréau se compose presque exclusivement aussi de micaschiste et de gneiss, sauf dans la partie qui joint la Vendée, où le sol devient granitique.

La culture du lin a trop peu d'importance dans les départements d'Indre-et-Loire, de Loir-et-Cher, de la Sarthe, du Loiret, d'Eure-et-Loir, de Seine-et-Oise et de l'Oise, pour qu'il soit utile de faire ressortir en détail la nature des terrains qui y sont consacrés; nous passerons de suite dans la Mayenne, qui à une grande étendue de terrains de transition joint des parties cristallisées dans la partie nord-ouest, et quelques parcelles de terrain tertiaire moyen dans le sud-ouest.

Le lin est cultivé dans tous les arrondissements de l'Eure, mais surtout dans ceux de Bernay et de Pont-Audemer, où se rencontrent principalement des terrains tertiaires supérieurs et moyens, alluvions anciennes de la Bresse et grès de Fontainebleau; il existe aussi un banc de terrain crétacé inférieur, grès vert, qui court sur les bords de la Rille, et sur lequel sont assis Pont-Audemer et Bernay.

En quittant le nord occidental, nous n'avons plus qu'à signaler, dans l'Orne, l'arrondissement de Domfront, dont le sol, assez varié, appartient cependant en majorité au terrain de transition moyen et inférieur; cet arrondissement est le seul, dans ce département, où la culture du lin ait quelque importance.

On cultive le lin dans les trois arrondissements qui forment le département de la Vendée; cependant, tous les produits de cette plante n'entrent pas dans le commerce, et Fontenay-le-Comte ne doit d'avoir été signalé comme centre de production et de commerce qu'aux lins récoltés dans la plaine qui l'avoisine, dont le sol est composé de terrains jurassiques, et surtout à ceux récoltés dans le Marais, dont le sol, tout d'alluvions et tourbes, est si riche. (Voyez tome I, pages 202, 204, 205.) Les lins récoltés dans le Bocage vendéen sont employés, sur les lieux, pour les besoins domestiques; le sol qui les produit est généralement granitique, avec quelques parcelles de terrain houiller, de roches plutoniques, d'alluvions et de terrain tertiaire.

L'arrondissement de Bressuire, dont tout le terrain est granitique, est celui qui produit le plus de lin dans les Deux-Sèvres.

La Vienne et l'Indre produisent trop peu de lin pour qu'il soit utile de nous y arrêter.

La Rochelle, située au centre de terrains jurassiques, Saint-Jean-d'Angély, également dans un terrain jurassique, mais d'un étage supérieur à celui de l'arrondissement de la Rochelle, cultivent le lin; il en est de même dans les arrondissements de Rochefort et de Marennes, où domine le grès vert, entrecoupé d'alluvions et tourbes. Saintes et Jonzac, qui dépendent aussi de la Charente-Inférieure, ne cultivent pas de lin.

Angoulême, dans la Charente, est au milieu de grès vert et de terrains jurassiques; le granit et le terrain jurassique se partagent le territoire de Confolens; Ruffec est en plein terrain jurassique, dans lequel apparaissent seulement quelques points de grès de Fontainebleau : ces trois arrondissements cultivent le lin.

Bellac et Rochechouart sont les seuls arrondissements de la Haute-Vienne où on cultive assez le lin pour qu'il en soit fait mention; ils sont l'un et l'autre composés de terrain granitique.

La Dordogne ne cultive le lin que dans l'arrondissement de Sarlat, où domine le grès vert.

Le terrain du trias, le terrain houiller, le terrain jurassique, de divers étages, ainsi que le granit et le micaschiste, se partagent l'arrondissement de Brives, le seul qui, dans la Corrèze, produise une certaine quantité de lin.

La Gironde, aussi heureusement partagée que le département du Nord, fait peu de lin; cependant on en trouve dans tous les arrondissements, celui de Libourne excepté.

Le département des Landes cultive beaucoup le lin; le sol qui le compose est à peu près uniforme, et a une grande analogie avec ceux du Pas-de-Calais et de la Somme, où dominent les alluvions anciennes de la Bresse, parsemées de bandes crétacées et de terrain tertiaire moyen.

La formation des terrains dont se composent les Hautes et Basses-Pyrénées, le Gers, la Haute-Garonne, le Tarn-et-Garonne et le Lot-et-Garonne, diffère très-peu; les alluvions, le grès de Fontainebleau et le grès vert se partagent l'espace; cependant Lectoure, dans le Gers, est exclusivement dans un terrain tertiaire moyen; ce qui ne l'empêche pas de fournir son contingent dans les produits importants que ces six départements fournissent à l'industrie linière.

L'arrondissement de Pamiers, dans l'Ariége, eût été bien colloqué dans les circonscriptions ci-dessus, le sol qui le compose est de même nature; tandis que Foix s'appuie sur un terrain cristallisé vers l'ouest et le sud, et qu'un banc de grès vert, dont il n'est séparé que par une langue de terrain de transition inférieur, le ceinture au nord et à l'est. Le terrain dont se compose l'arrondissement de Saint-Girons est encore plus varié que celui de Foix : le granit, le terrain de transition inférieur, le terrrain jurassique et le grès vert se disputent l'espace, indépendamment d'une pointe de grès bigarré et de quelques roches plutoniques qui apparaissent çà et là. Quoi qu'il en soit, l'Ariége fait passablement de lin.

Des quatre arrondissements du Tarn, c'est celui d'Albi qui produit le plus de lin; la moitié de son territoire appartient aux roches cristallisées et l'autre au terrain tertiaire moyen, tandis que Lavaur et Gaillac, également dans le terrain tertiaire moyen, ont en outre quelques alluvions et tourbes. Castres participe un peu à la position d'Albi, et possède en outre du terrain de transition inférieur.

L'arrondissement de Cahors (Lot) est le seul de ce département qui fasse une certaine quantité de lin; le terrain jurassique, étages moyen et supérieur, d'une part, et le terrain tertiaire moyen occupent sa superficie à peu près par moitié.

Les départements du sud-est de la France donnent la préférence à la culture du chanvre; celle du lin y est généralement négligée; il en est qui ne s'en occupent pas du tout : tels sont les départements de Saône-et-Loire, du Rhône, de la Haute-Loire, de l'Ardèche, de la Drôme, de l'Isère, des Basses-Alpes, du Var, des Bouches-du-Rhône, du Gard, de Vaucluse et de la Lozère. Dans plusieurs autres départements, tels que l'Allier, la Loire, le Cantal, l'Ain, les Hautes-Alpes et l'Hérault, la culture du lin a si peu d'importance qu'il serait superflu, pour ne pas dire impossible même, de désigner la nature du sol qui lui est consacré.

L'Aude cultive un peu de lin, notamment dans l'arrondissement de Limoux, où dominent des terrains crétacés supérieurs et tertiaires moyens; les terrains tertiaires moyens dominent dans l'arrondissement de Castelnaudary; ils ne sont interrompus que par un banc d'alluvions et tourbes qui s'étend de cette ville à Carcassonne.

Dans les Pyrénées-Orientales, Perpignan est le seul arrondissement qui mérite d'être signalé; si les plantes textiles ne jouent pas un plus grand rôle dans cet arrondissement, ce n'est pas faute de qualité dans le sol : le Nord et le Pas-de-Calais possèdent peu d'aussi bons terrains.

On trouve la culture du lin dans tout l'Aveyron, principalement dans les arrondissements de Saint-Affrique et d'Espalion : dans le premier, ce sont les terrains jurassiques et du trias qui dominent; dans le second, le sol varie beaucoup plus, on y trouve le terrain du trias, diverses combinaisons du terrain jurassique, dans lesquels apparaissent quelques roches volcaniques, un peu de terrain houiller; en somme, le plus grand espace est occupé par des terrains cristallisés.

Les roches volcaniques et le granit sont à peine interrompus par une certaine étendue de terrain tertiaire moyen, dans l'arrondissement d'Issoire (Puy-de-Dôme), ce qui n'empêche que cet arrondissement cultive une étendue de 88 hectares en lin.

L'île de Corse est composée à peu près par moitié, dans le sens de sa longueur, par une ligne qui établit une différence très-tranchée entre la partie orientale, où se trouvent Bastia et Corte, et la partie occidentale, où existent Calvi, Ajaccio et Sartène. Cette dernière partie est entièrement granitique; l'autre, au contraire, est exclusivement composée de craie blanche et de craie marneuse. Le lin est cultivé dans toutes les parties de l'île et à peu près dans la même proportion, sur les deux versants d'une nature si différente.

En jetant un coup d'œil rétrospectif sur la nature des terrains divers où la culture du lin est pratiquée en France, nous trouvons qu'elle existe dans les terres d'alluvions et tourbes; dans les terrains tertiaires supérieurs, moyens et inférieurs; dans la craie marneuse et dans le grès vert; dans les terrains jurassiques de tous les étages; dans les marnes irisées, le muschelkalk et le grès bigarré; dans les terrains houillers et ceux de transition des diverses formations; enfin dans les terrains cristallisés diversement composés, c'est-à-dire dans les terrains de toute nature.

Il est du reste à remarquer qu'une partie des départements où le lin, et même les plantes textiles en général, sont délaissés, possèdent néanmoins des terrains des plus convenables pour ce genre de culture. Par exemple, peut-on avoir un meilleur sol que celui que renferme une ligne partant de Narbonne et allant de là à Béziers, Montpellier, Nîmes, Avignon, Orange, Carpentras, Apt, Sisteron, Digne, Aix et Marseille, d'où on peut suivre le rivage de la Méditerranée jusqu'au point de départ?

Il est d'autres localités, et elles sont nombreuses, où, pour une cause ou pour l'autre, le chanvre a eu, jusqu'à ce jour, la préférence sur le lin. Sans doute on ignore, dans ces contrées, que le lin est plus productif que le chanvre, et que, dans les pays les plus avancés, en Belgique par exemple, le chanvre n'est conservé dans la rotation que parce qu'il convient pour préparer une bonne linière.

Une autre cause a pu aussi contribuer à donner un grand développement à la culture du chanvre au préjudice de celle du lin, c'est le préjugé qui a fait croire, pendant longtemps, que le chanvre offrait plus de résistance que le lin. (Voyez t. II, ch. vi, § 9.) C'est donc à l'industrie des hommes plutôt qu'à la nature du sol qu'il faut attribuer l'état des choses. Si le lin ne devait être cultivé que dans les terrains tertiaires et d'alluvions, comment se ferait-il que le département des Côtes-du-Nord, qui repose sur des terrains cristallisés, serait le second de France pour l'importance de sa production linière, et qu'il tiendra peut-être bientôt le premier rang, grâce aux efforts intelligents et dévoués de certains hommes de ce pays? C'est que le granit lui-même peut être modifié par l'agriculture, ainsi qu'il arrive déjà dans plusieurs contrées, où il ne serait plus exact de dire : « Le seigle, le blé sar-
« rasin, les pois, les pommes de terre, sont les seules plantes utiles
« à l'homme qui puissent y réussir. » Au lieu d'y voir, comme autrefois, « de rares champs d'avoine et de blé, dont la paille était
« grêle, et les épis clair-semés ne portaient que des grains rares et
« fort petits, » on trouve d'abondantes récoltes, capables de faire envie aux contrées plus favorisées de la nature.

Omnia possunt qui posse videntur.

FIN DU TOME SECOND.

TABLE DES MATIÈRES.

                                                                  Pages.

INTRODUCTION 1

CHAPITRE Ier.

DU ROUISSAGE DU LIN; MODES SUIVIS EN BELGIQUE.

§ 1er. — Du rouissage à l'eau courante....................... 8
§ 2. — Résultats du rouissage à l'eau courante.................. 14
§ 3. — Du rouissage à l'eau stagnante.......................... 15
§ 4. — Des routoirs d'eau stagnante au point de vue de l'hygiène.. 20
§ 5. — Quels sont les avantages et les inconvénients qui résultent du mode de rouissage à l'eau stagnante?............ 28
§ 6. — Du rouissage sur terre.................................. 29
§ 7. — Effets du rouissage sur terre............................ 32
§ 8. — Rouissage du lin en Hollande........................... 32

CHAPITRE II.

§ 1er. — Du teillage... 35
§ 2. — Teillage du lin en Belgique et en Hollande.............. 36
§ 3. — Du hâlage des lins en Hollande......................... 42
§ 4. — De la broie ancienne (sorte de coupe-paille) comme instrument de teillage... 44

CHAPITRE III.

DESCRIPTION DE DIVERS PROCÉDÉS CHIMIQUES OU MÉCANIQUES EN USAGE, OU SEULEMENT PROPOSÉS, POUR LE ROUISSAGE DU LIN ET DES CHANVRES EN FRANCE ET EN ANGLETERRE.

§ 1er. — Procédés chimiques français........................... 46
§ 2. — Procédé mécanique..................................... 51
§ 3. — Rouissage à l'eau chaude usité en Angleterre, système Schenck... 55
§ 4. — Notes recueillies en 1851, par MM. Six, sur le rouissage (mode américain) pratiqué dans l'établissement de MM. Marshall et Cie, à Patrington, 16 milles de Hull)............................ 64
§ 5. — Autre note sur le procédé de rouissage à l'eau chaude, de Schenck.. 67

§ 6. — Le rouissage américain pratiqué en France.................... 84
7. — Mode de préparation et de rouissage du lin et autres matières filamenteuses, par des agents chimiques et par le vide, par M. Bower. 86
§ 8. — Suppression du rouissage, par MM. Six, ou perfectionnement dans les procédés de blanchiment du lin et du chanvre............. 88
§ 9. — Procédés divers de rouissage............................... 91

CHAPITRE IV.

DESSINS, DESCRIPTION ET AVANTAGES ATTRIBUÉS À DIVERSES MACHINES MÉCANIQUES EMPLOYÉES EN ANGLETERRE, EN IRLANDE ET EN FRANCE, POUR LE BROYAGE, LE TEILLAGE ET LE PEIGNAGE DU LIN.

§ 1er. — Machines et instruments de M. Robert Plummer............... 95
§ 2. — Autre machine de M. Robert Plummer...................... 117
§ 3. — Machine de MM. Lawson et Kiggins........................ 118
§ 4. — Machine de M. Mac Pherson.............................. 119
§ 5. — Machines irlandaises de l'Institut agronomique de Versailles..... 121
§ 6. — Machines de M. L. Terwangne, de Lille.................... 123
§ 7. — Teilleuses de M. Decoster................................ 127
§ 8. — Percuteur mécanique continu de M. Soyez.................. 128
§ 9. — Machine de M. Lotz..................................... 129
§ 10. — Broie de M. Cesbron-Laveau............................. 132
§ 11. — Machine de M. J. Dorey, du Havre....................... 133
§ 12. — Broie Th. Mâreau...................................... 134
§ 13. — Machine de M. Kuthe de Egeln........................... 137

CHAPITRE V.

COMPTE RENDU D'EXPÉRIENCES FAITES, EN 1851 ET EN 1852, SUR LA CULTURE, LE ROUISSAGE, LE BROYAGE ET LE TEILLAGE DU LIN.

§ 1er. — Culture.. 138
§ 2. — Produit de la récolte..................................... 148
§ 3. — Rouissage à l'eau stagnante, avec étendage sur prairie......... 160
§ 4. — Rouissage par procédés industriels......................... 170
§ 5. — Expériences comparatives entre le procédé L. Terwangne et celui de Schenck... 184
§ 7. — De la cotonisation du lin, de la suppression du rouissage, du blanchiment et de son application aux matières textiles, à l'état brut et avant leur transformation en fil............................. 190

CHAPITRE VI.

AVANTAGES DE LA CULTURE DU LIN. — COMMENT ON PEUT LUI DONNER
DE L'EXTENSION.

	Pages.
§ 1ᵉʳ. — Avantages de la culture du lin pour les propriétaires du sol	205
§ 2. — Avantages de la culture du lin pour les fermiers	206
§ 3. — Avantages pour la classe ouvrière de la campagne	206
§ 4. — Avantages de la culture du lin pour le pays entier	207
§ 5. — Des mesures susceptibles de favoriser l'industrie linière	208
§ 6. — Intervention des agriculteurs	209
1° Choix de la graine, moyen d'en constater la fécondité avant les semailles	210
2° Emploi des femmes pour le teillage à la main	210
3° Exposition de produits agricoles. — Distributions d'outils perfectionnés	210
4° La culture en grand exige des centres populeux	211
5° Classement régulier des lins	211
6° Usage des tourteaux et de la graine de lin pour la nourriture et l'engraissement du bétail	212
§ 7. — Intervention des industriels	212
1° Moyens mécaniques	213
2° Fabrication régulière	213
3° Emploi des déchets de lin	214
§ 8. — De l'action du Gouvernement	214
1° Fraude au détriment des semences; moyen de la combattre	214
2° Affranchir les graines à semer des droits d'entrée	215
3° Augmenter les droits d'entrée sur les lins teillés	215
4° Application du drawback aux fils et tissus de lin	215
5° Utilité d'augmenter les voies de communication	216
6° Marque de fabrique	217
7° Application du système métrique au numérotage des fils de lin.	217
§ 9. — Considérations en faveur des toiles de lin, comparées à celles en chanvre, pour les armements maritimes	217
§ 10. — Considérations politiques	219

ANNEXES.

ANNEXE N° 1. — Le rouissage du chanvre et du lin considéré sous le rapport de l'hygiène publique	223
ANNEXE N° 2. — Même question	226
ANNEXE N° 3. — Effets du rouissage sur les poissons	308

		Pages.
Annexe n° 4.	— Effets des routoirs manufacturiers....................	309
Annexe n° 5.	— Procédés Claussen. — Le lin mélangé au coton, à la laine et à la soie..	313
Annexe n° 6.	— Compte rendu d'expériences sur divers engrais appliqués à la culture du lin...	361
Annexe n° 7.	— Nature du sol où on cultive le lin dans les divers arrondissements de France.................................	370

FIN DE LA TABLE DES MATIÈRES DU DEUXIÈME VOLUME.

TABLE

DES FIGURES ET DES PLANCHES

CONTENUES DANS LES DEUX VOLUMES

DU RAPPORT SUR L'INDUSTRIE LINIÈRE.

Planches.			Pages.
	Rouleau pour comprimer la superficie du sol..........	Ier vol.	229
	Idem..	Idem.	230
	Drége pour enlever les capsules des tiges de lin.........	Idem.	249
	Fac-simile d'ouvriers occupés à dréger................	Idem.	250
	Figure du lin mis en haie...........................	Idem.	252
	Ballon pour rouissage, usage de Courtray.............	IIe vol.	10
I.	Maillet cannelé pour broyer le lin...................	Idem.	37
II.	Écang pour teiller à la main........................	Idem.	37
	Pièces détachées de l'écang.........................	Idem.	38
III.	Planche à écanguer................................	Idem.	38
IV.	Peigne pour teillage à la main......................	Idem.	40
V.	Racloir pour teillage à la main......................	Idem.	40
VI.	Moulin à teiller...................................	Idem.	41
VII.	Bâtiments d'exploitation pour rouissage industriel.......	Idem.	58
VIII.	Machine à égrener................................	Idem.	59
	Coupe-racines.....................................	Idem.	60
IX.	Machine à brosser.................................	Idem.	103
X, XI.	Machine à peigner à double cylindre..................	Idem.	105
XII, XIII.	Machine à peigner à double montant oscillatoire........	Idem.	107
XIV.	Machine à teiller à disque rotatoire; crampon..........	Idem.	109
XV.	Crampons perfectionnés; tables et lits................	Idem.	113
XVI.	Machine à broyer	Idem.	117
XVII.	Machine à broyer les tiges..........................	Idem.	121
XVIII.	Teilleuse Mertens..................................	Idem.	122

Planches.			Pages.
XIX.	Fig. 1.	Broie rurale demi-teilleuse................	IIe vol. 123
	Fig. 2.	Teilleuse L. Terwangne...................	Idem. 125
XX.	Fig. 1.	Teilleuse à lin Decoster..................	Idem. 127
	Fig. 2.	Teilleuse à chanvre Decoster.............	Idem. 128
XXI.		Percuteur mécanique continu Soyez.........	Idem. 128
XXII.		Machine à manége direct Lotz.............	Idem. 129
XXIII.	Fig. 1, 2, 3.	Broie Cesbron-Laveau....................	Idem. 132
	Fig. 4, 5, 6.	Broie Th. Mâreau.......................	Idem. 134
XXIV.		Broie Kuthe...........................	Idem. 137
XXV.		Appareil en fonte pour rouir à la vapeur......	Idem. 171
XXVI.		Broie et teilleuse rurales irlandaises, avec légendes................................	Idem. 213
XXVII.		Machine à concasser la graine de lin........	Idem. 213
XXVIII.		Carte statistique de la culture du lin et du chanvre en France......................	Idem. 370

FIN DE LA TABLE DES FIGURES ET DES PLANCHES.

OMISSIONS ET RECTIFICATIONS.

TOME Ier.

Page 44, ligne 8, *lisez* qualité *au lieu de* quantité.
Page 45, ligne 4, *lisez* y *au lieu de* en.
Page 61, ligne 2, *lisez* importations de l'étranger *au lieu de* à l'étranger.

	Lin.	Chanvre.
Page 92 . . . . { Seine-et-Oise	117	967
Indre	34	1956

Page 111, ligne 33, *lisez* préparation du lin *au lieu de* préparation du chanvre

TOME II.

Page 125, ligne 23, *lisez* planche XIX *au lieu de* planche XXI.

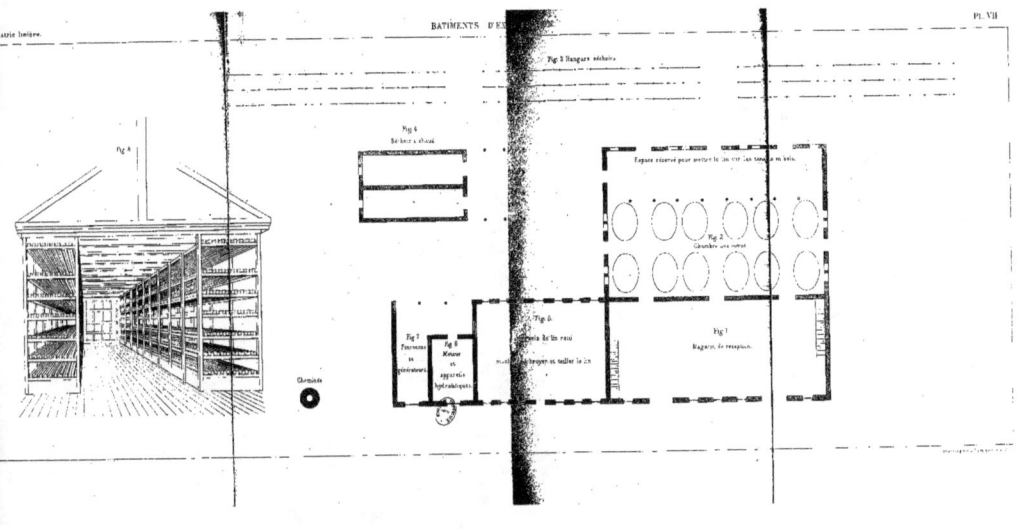

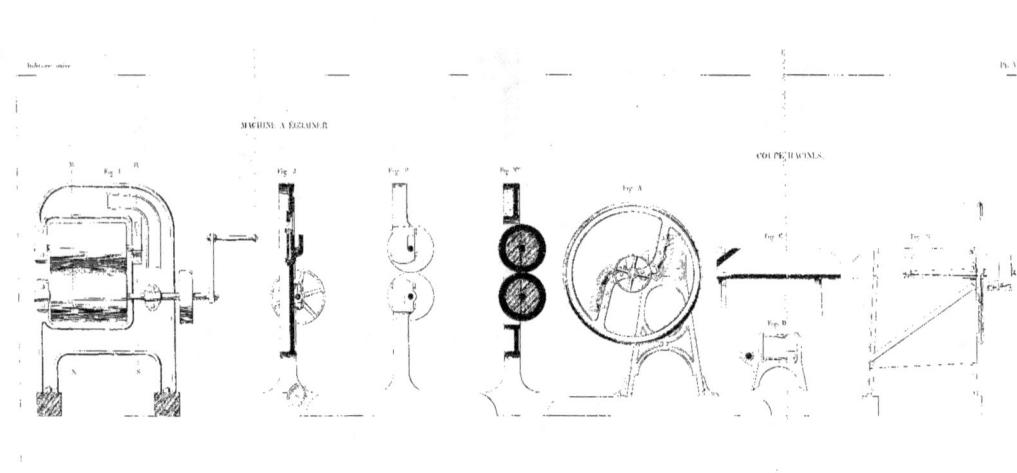

MACHINE A ÉCRÉMER. COUPE-RACINES.

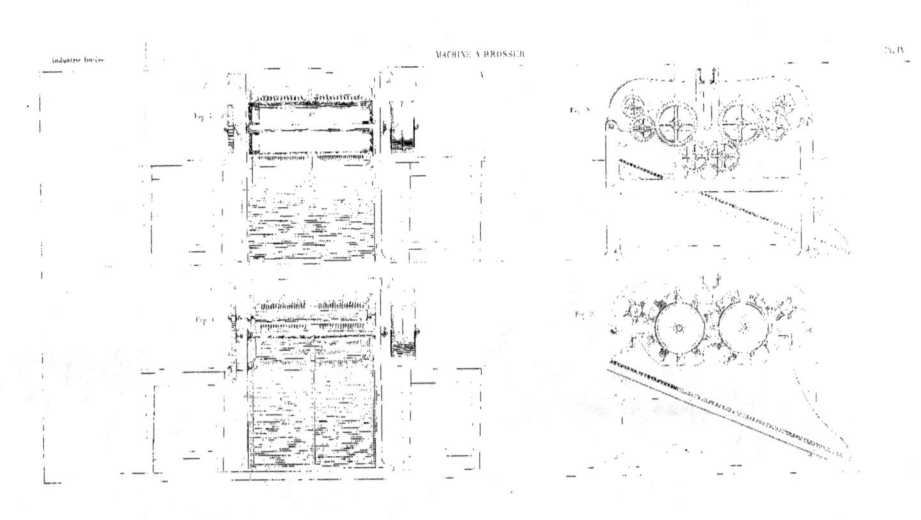

MACHINE A BROSSER

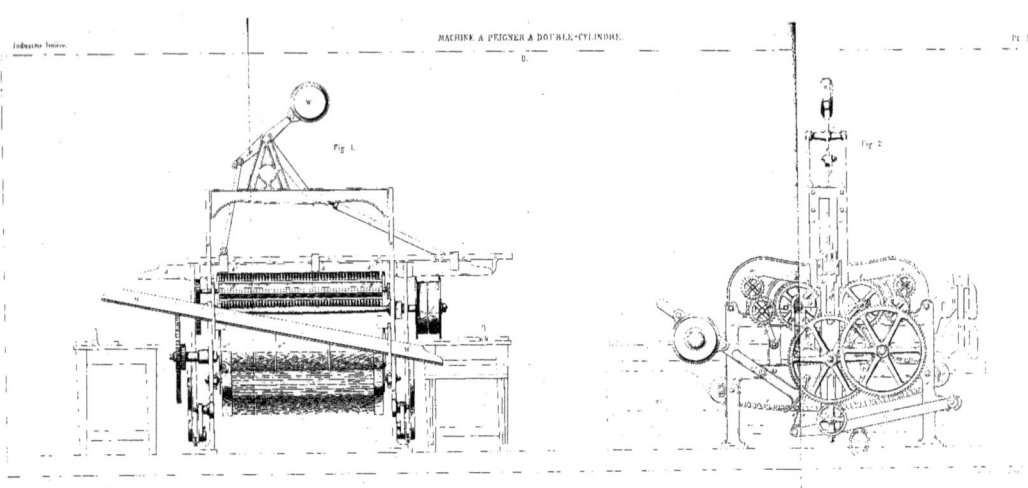

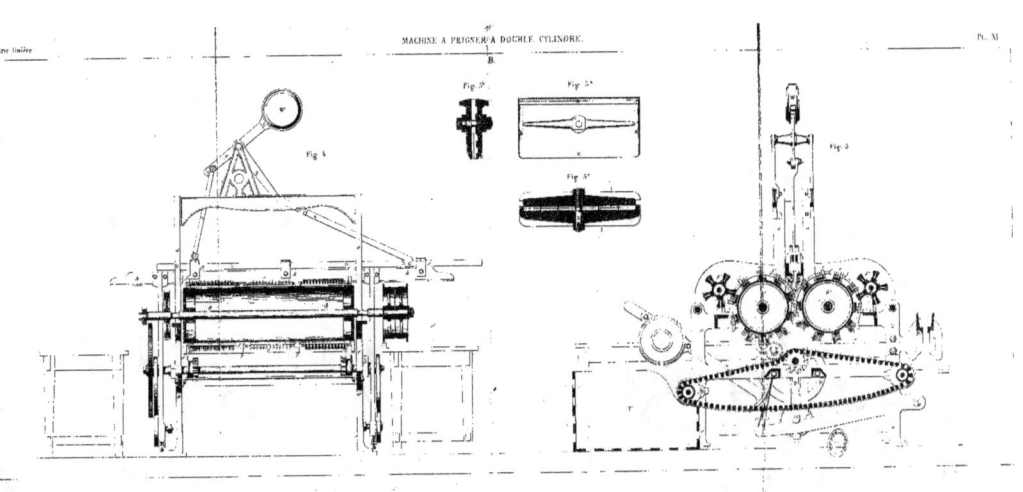

MACHINE A PEIGNER A DOUBLE MONTANT OSCILLATOIRE.

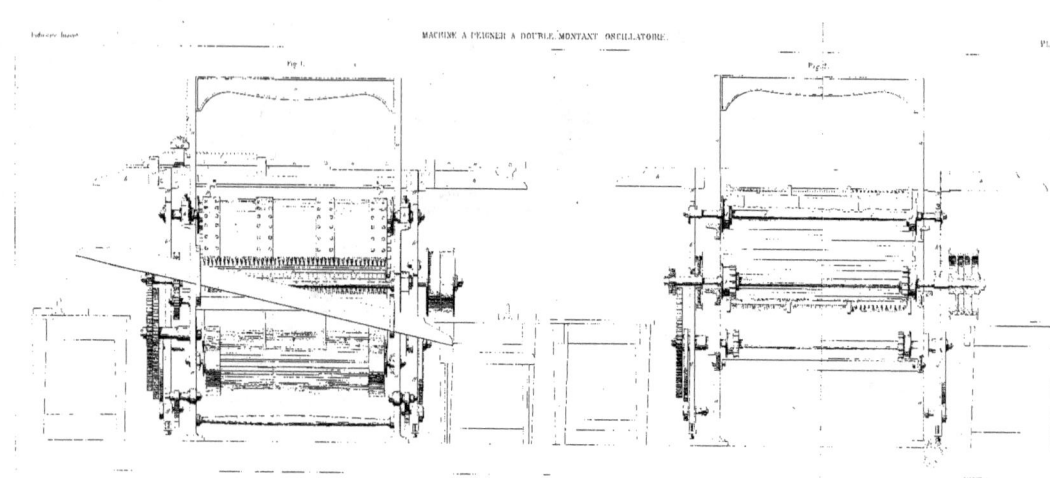

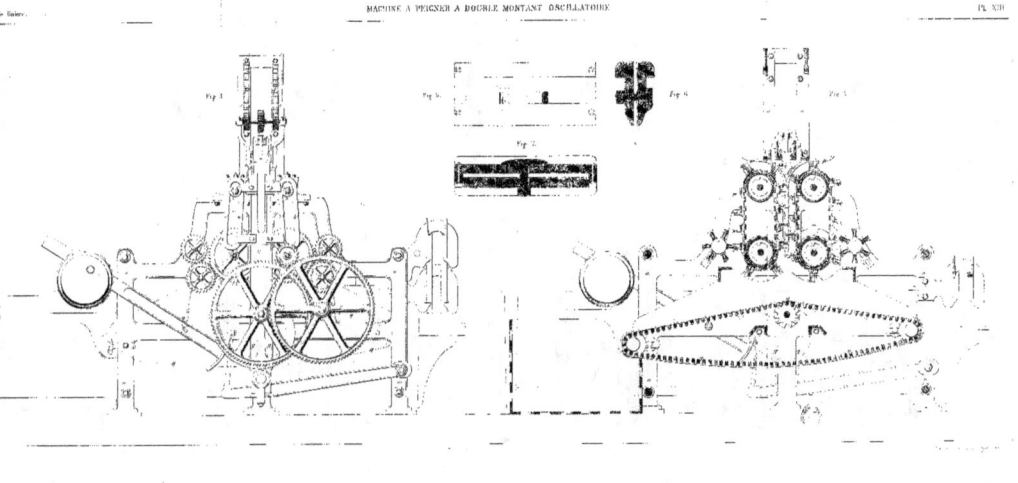

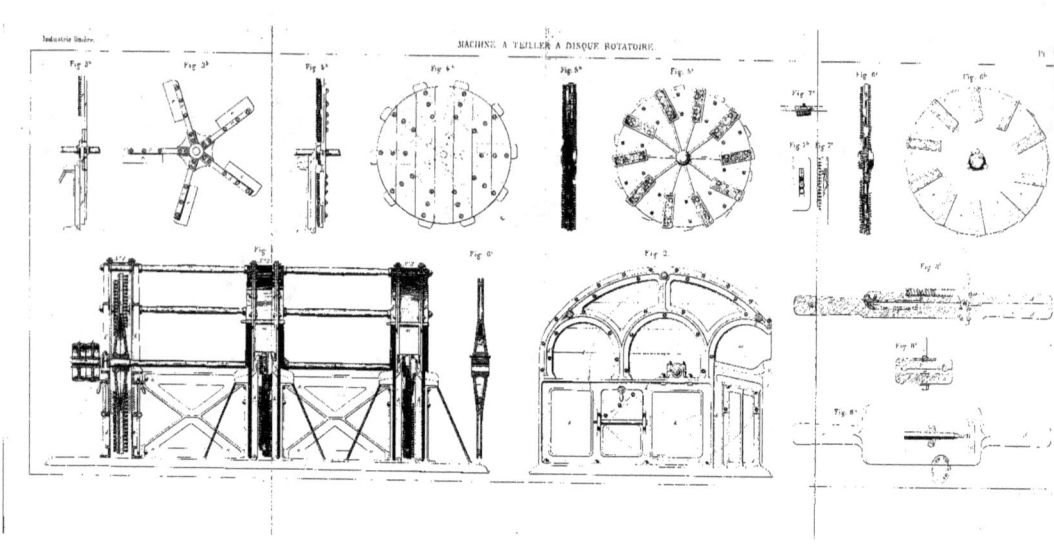

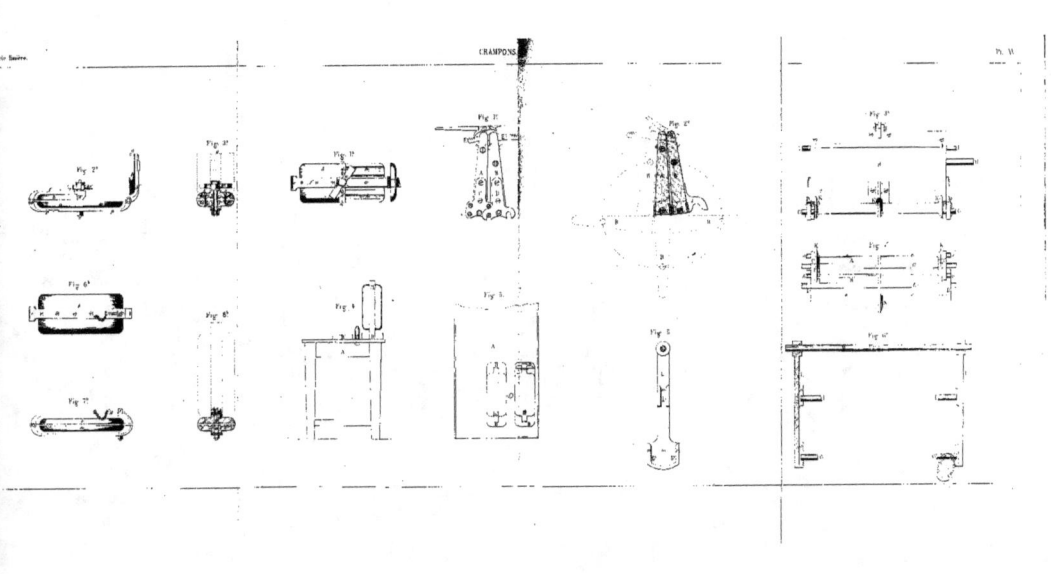

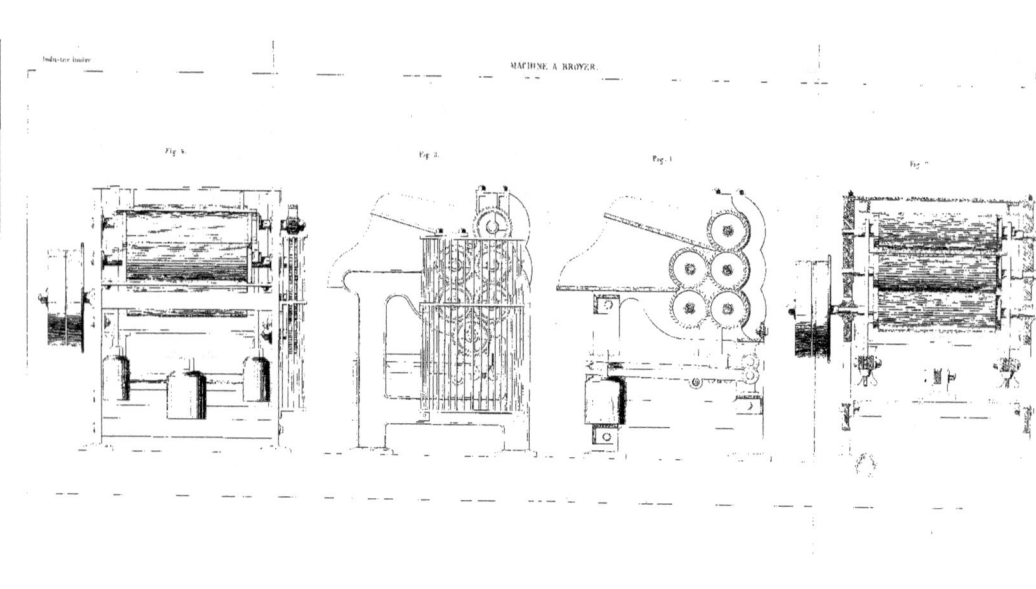

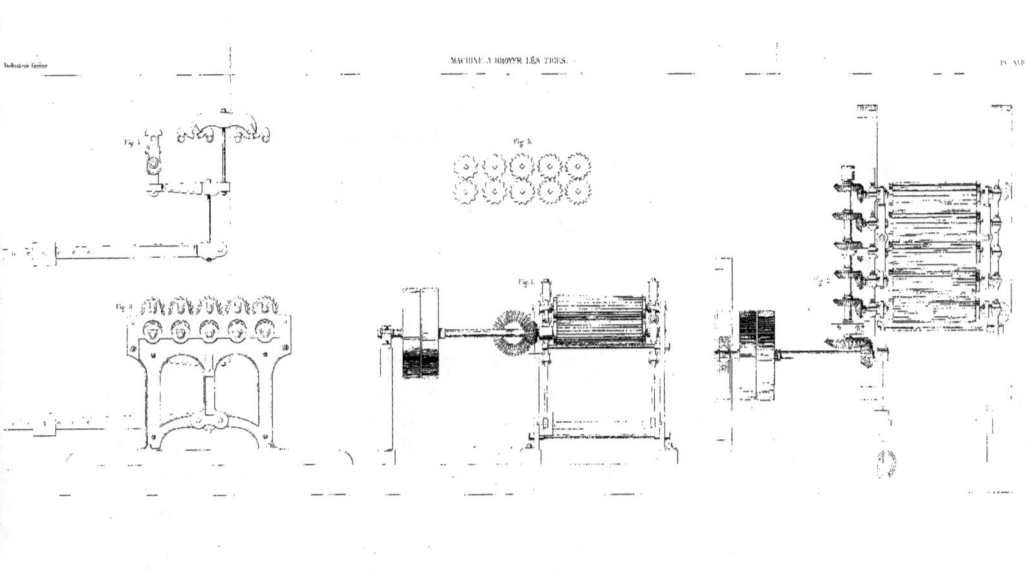

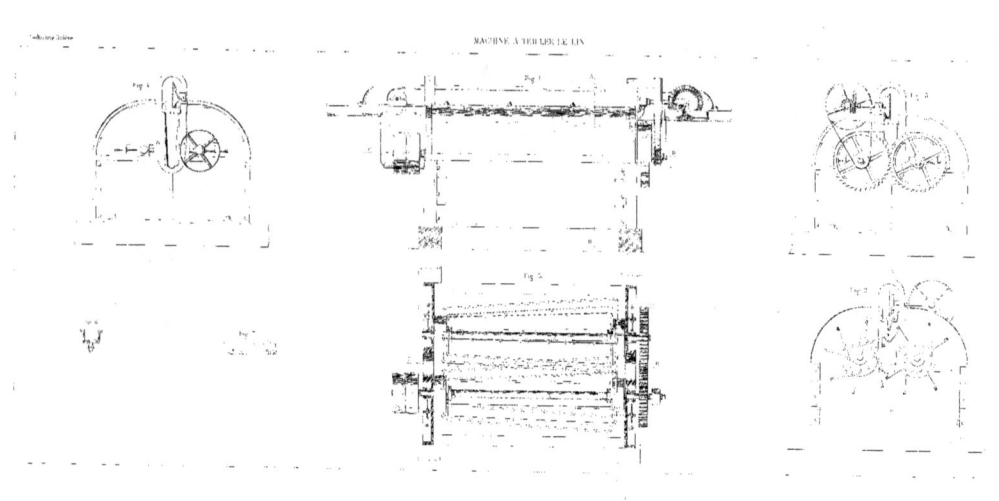

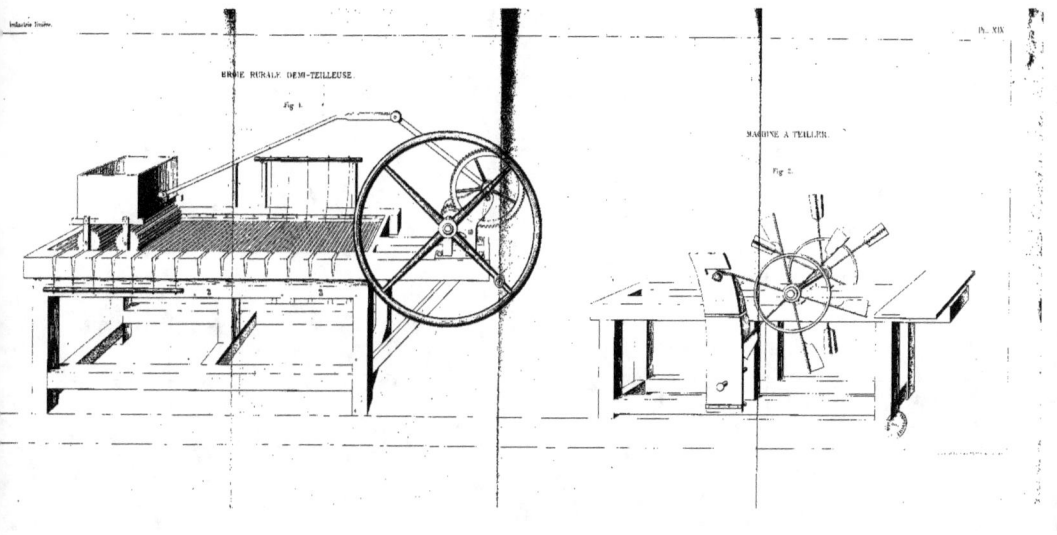

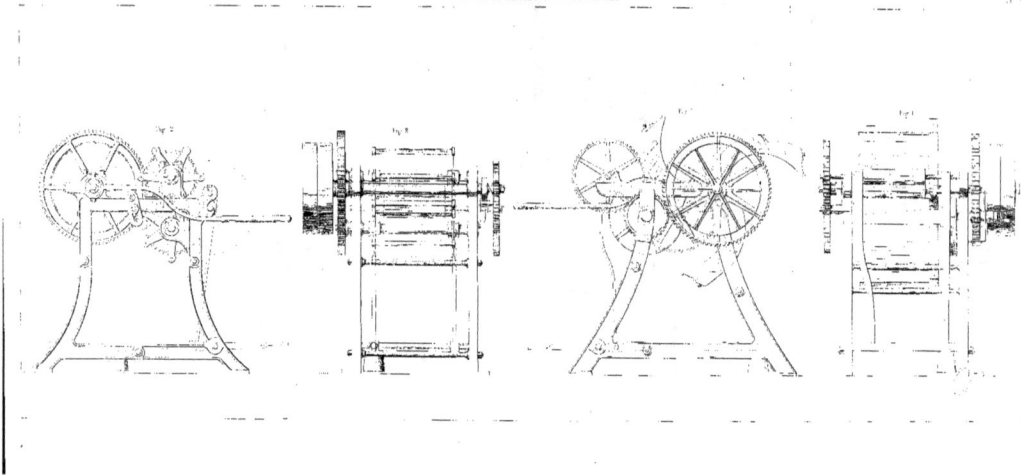

PERCUTEUR MÉCANIQUE CONTINU

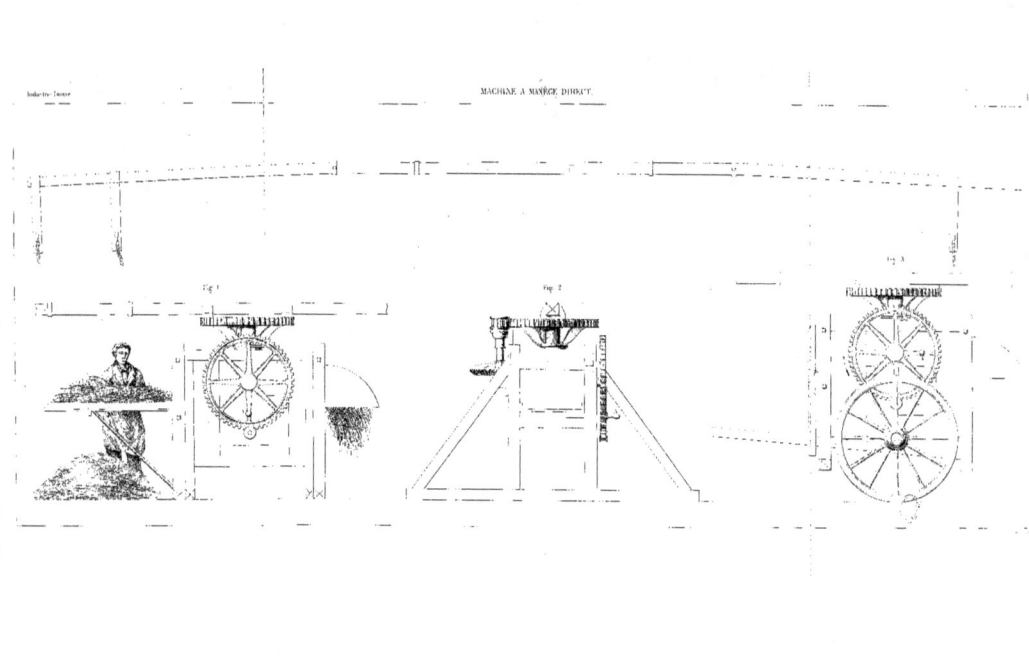

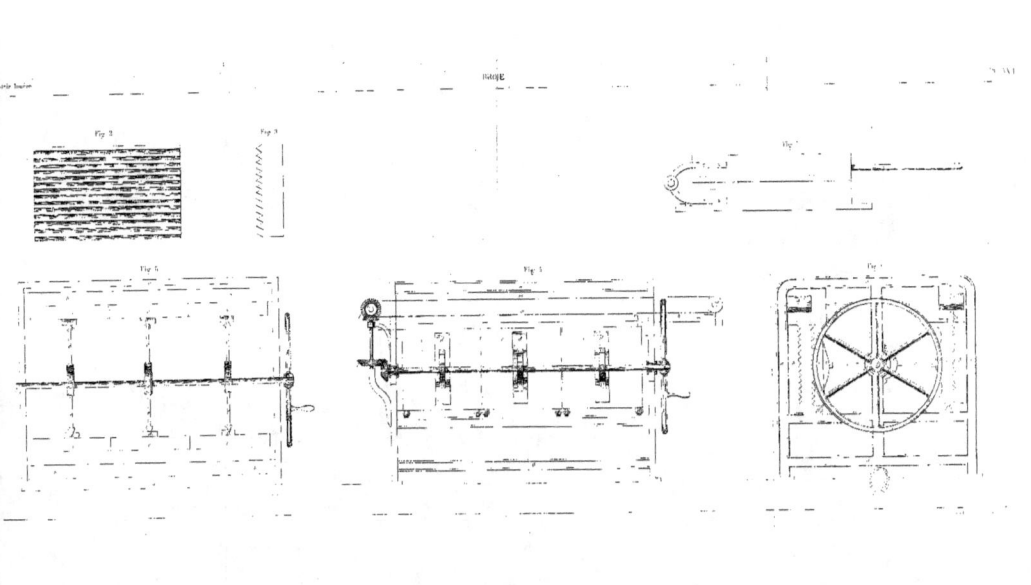

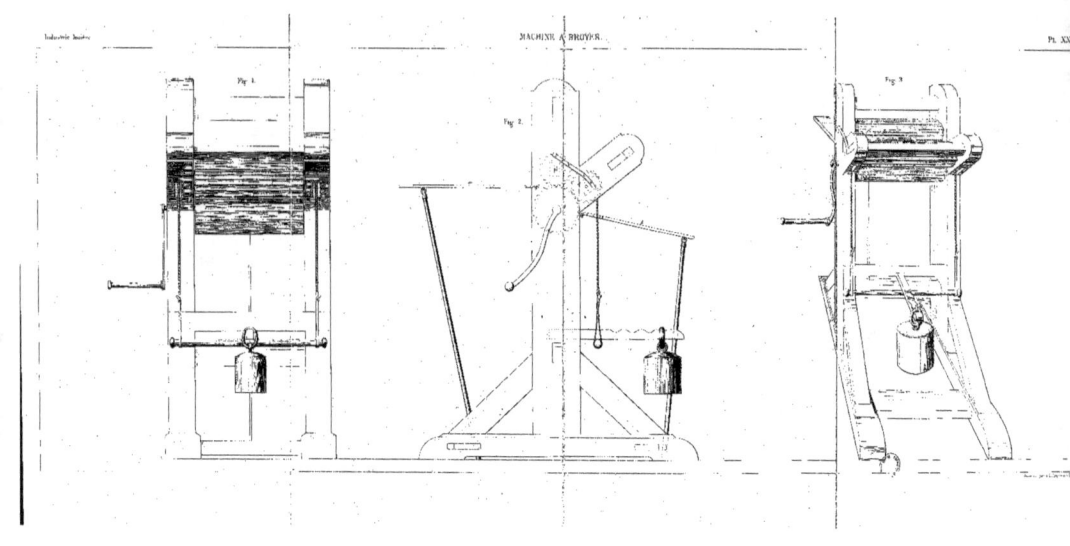

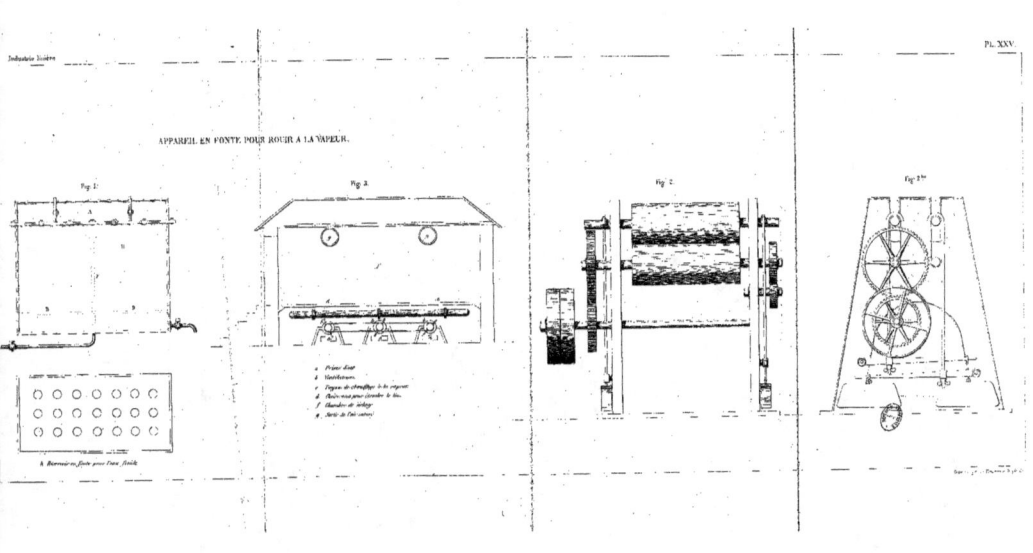

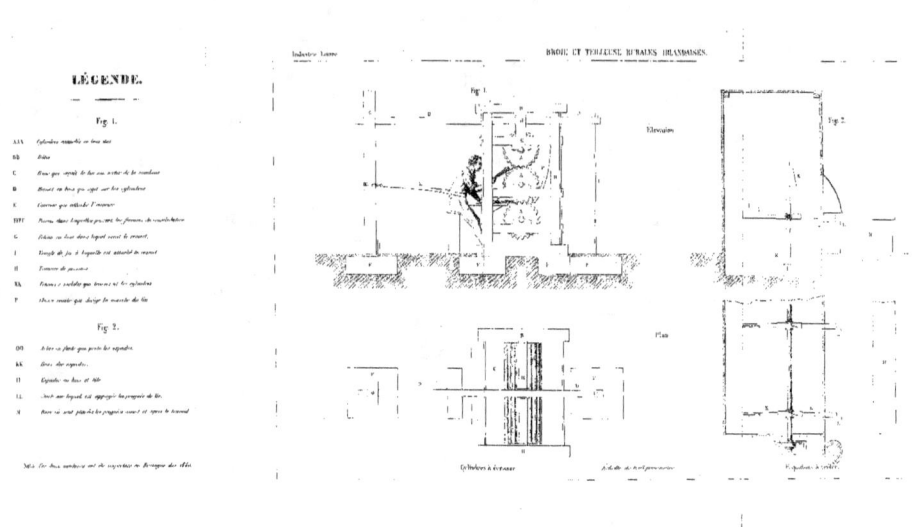

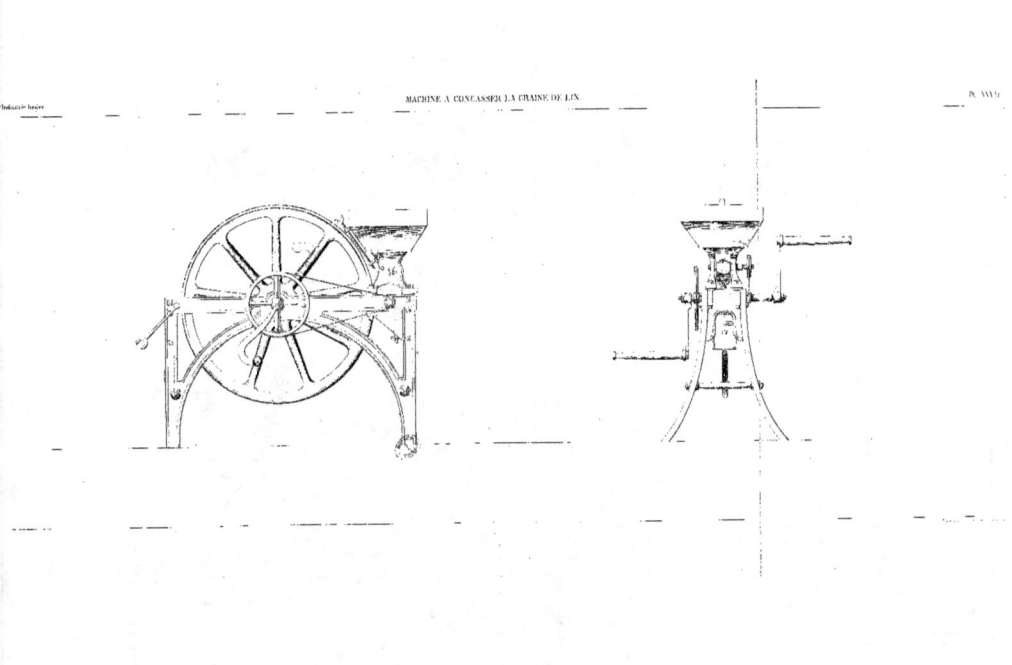

MACHINE A CONCASSER LA GRAINE DE LIN.

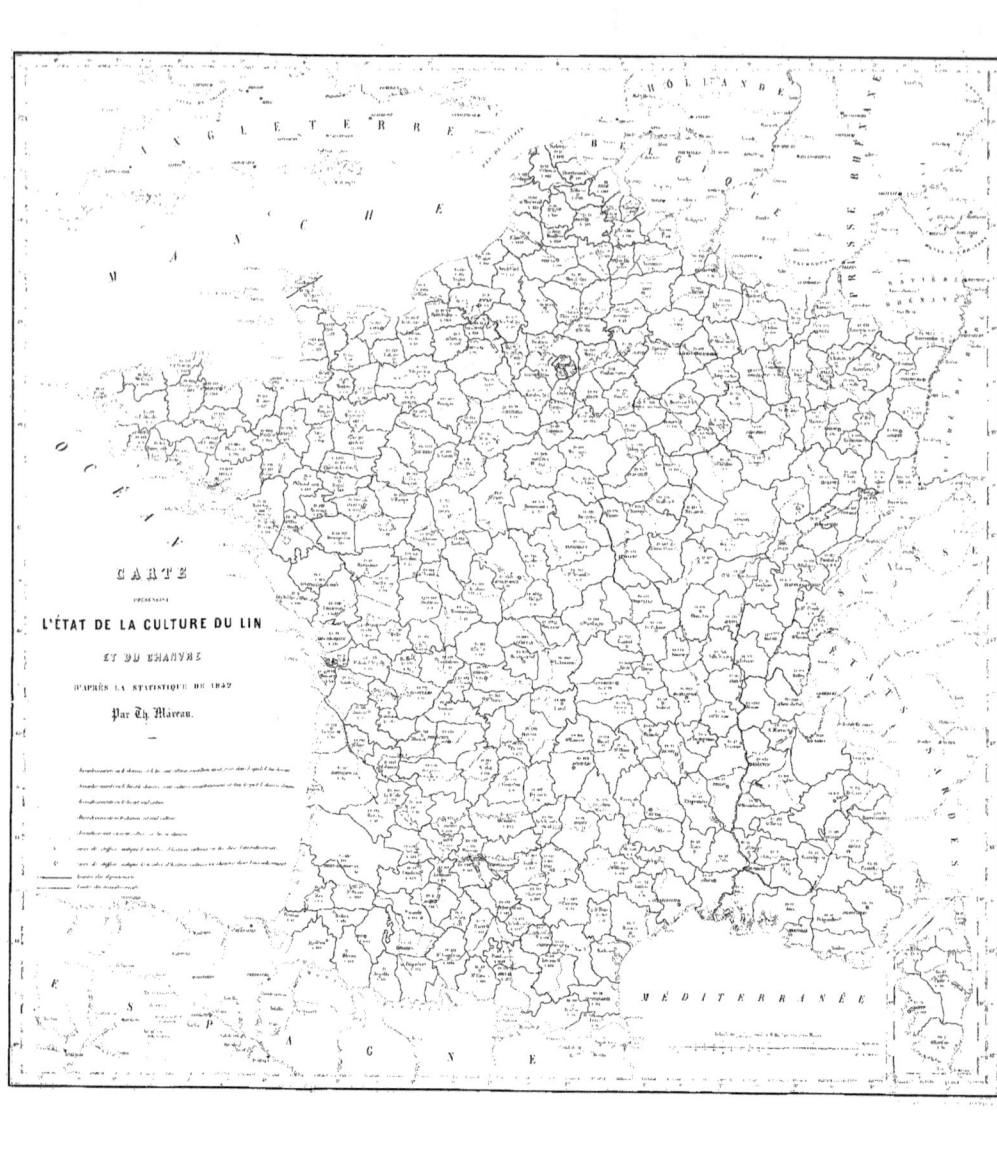

www.ingramcontent.com/pod-product-compliance
Lightning Source LLC
Chambersburg PA
CBHW052119230426
43671CB00009B/1046